空间电化学复合

推进技术

Space
Combined
Electric-Chemical
Propulsion
Technology

方进勇
王效顺
黄惠军

／

著

化学工业出版社

·北京·

内容简介

本书基于新型空间机动任务对大推力和高比冲推力器的应用需求,主要介绍了融合氢氧爆震燃烧与等离子体电磁加速机理发展而成的一种空间电化学复合推进技术。该技术将燃烧反应释放的化学能与电源提供的电能同时高效地利用,从而实现较大的推力和适中的比冲。

本书首先介绍了空间推进系统的发展现状及新型空间任务对其提出的技术要求,然后介绍了磁等离子体推进和脉冲爆震发动机技术,接着对电化学复合推力器关键部件复合加速腔、电源及工质供给模块的方案设计及地面实验验证样机研制与性能评估情况进行了详细介绍,最后探索了相关数值模拟技术以及电化学复合推进的空间应用前景。

本书可供从事空间电推进、轨道动力学、空间飞行器平台设计、深空探测任务规划等方面研究的科技人员和高等院校相关专业师生参考。

图书在版编目(CIP)数据

空间电化学复合推进技术 / 方进勇,王效顺,黄惠军著. —北京:化学工业出版社,2023.2
ISBN 978-7-122-42616-1

Ⅰ.①空… Ⅱ.①方…②王…③黄… Ⅲ.①航天器-推进系统-研究 Ⅳ.①V43

中国版本图书馆 CIP 数据核字(2022)第 236207 号

责任编辑:张海丽
责任校对:张茜越
装帧设计:刘丽华

出版发行:化学工业出版社
　　　　　(北京市东城区青年湖南街13号　邮政编码100011)
印　　装:中煤(北京)印务有限公司
710mm×1000mm　1/16　印张19½　字数370千字
2023年4月北京第1版第1次印刷

购书咨询:010-64518888
售后服务:010-64518899
网　　址:http://www.cip.com.cn

凡购买本书,如有缺损质量问题,本社销售中心负责调换。

定　　价:168.00元　　　　　　　　　　　版权所有　违者必究

了解我专业背景的人看到这么一本专著得到的第一印象肯定是"不务正业"。说实在话，在我的学术研究规划中，这本专著的编写的确是一场意外"邂逅"的成果。

2016春，一个阳光明媚的周末早晨，我正在院子里散步，突然一个熟悉的声音叫住了我，我抬头一看，正是我在西北核技术研究院工作时的老领导黄文华研究员，当时其正在担任军委科技委某重大领域的首席专家。他告诉我军委科技委刘国治主任布置了一个课题，但国内军工集团、科研院所、大专院校无人承接，问我能不能承担这么一个研究课题。我自然感到受宠若惊，但直觉告诉我，这绝不是一个什么好啃的"果子"。果然如我所料，这是一个有关电推进的课题，既要求大推力（百 N 甚至 kN 量级），又要求高比冲（1500s 以上），同时还需适应太空百 kW 量级能量供给条件。我虽然没有干过电推进，但常识告诉我，电推力器推力通常都是 mN 至百 mN 量级，达到 N 级已经很难，百 N 绝对是国际水平了，课题希望达到 kN 级，这跨度也太大了吧？黄首席告诉我，kN 级只是一个牵引性指标，并不是真正的要求，刘国治主任的真实目的是能够在大推力电推进技术方向取得颠覆性突破。我说国内干电推进的优势单位包括航天五院 502 所、510 所，哈尔滨工业大学，西北工业大学等，这是他们应该干的呀？黄首席说暂时没有人愿意承担该项目，你是干航天的，又是刘主任的学生，别人不干你不能不干！你责无旁贷！我怀着激动而复杂的心情承揽下了该项研究工作，正式开启了我学术生涯中的电推进技术研究。

接下黄首席布置的任务后，我马上组织了以王效顺博士和黄惠军高工为核心的论证团队，经过广泛的调研及充分的分析，认为该项目的核心在于"大推力"及"高比冲"，通俗地讲，就是"既让马儿跑得快，又让马儿少吃草！"对于我们搞理工科的研究人员，这不是写科幻小说，任何项目的实施都必须遵循最为基础的物理规律。

该项目也不例外，其实质应该是在推力、比冲及效率之间寻求一种平衡，达到最优的实用化效果。经过对现有各类推进方式，尤其是电推进方式的综合比对研究，项目组最终确定了基于氢氧爆震的电化学复合推进技术路线。根据理论分析，氢氧爆震有潜力提供超过400s的比冲及接近一半的推力，基于百kW量级能源供给，电推进能够将总比冲提高到1000s以上，同时总推力加倍，达到约50N。50N、1000s的技术指标最终得到了黄文华首席的认可，项目组后续工作均是围绕如何实现该技术指标开展的。

本书的主要内容取材于该项目的研究成果。经过5年多的艰苦攻关，项目组深信基于氢氧爆震的电化学复合推进技术路线是实现大推力及高比冲推力器研制的较优选择，但也面临着诸多技术难题，需要进一步攻关，尤其是实验研究需要巨量的经费支持，这显然不是我组织的研究团队所能独立达到的。"一花独秀不是春，百花齐放春满园"，我们希望将近几年团队研究成果进行详细总结，提供给国内同行，尤其是电推进技术优势单位的研究人员进行参考，希望能够给他们带来少许启示，吸引更多的科研人员加入到该研究方向上来，早日促成我国百N级高比冲电推力器研制成功，为未来我国空间战略平台大范围快速机动提供可靠的动力保障。

本书共11章。第1章为绪论，简要介绍了空间推进系统技术现状及电化学复合推进的技术基础和技术内涵；第2章介绍了航天器轨道转移相关知识，明确了新型空间任务对推进系统的技术要求；第3、4章分别介绍了与电化学复合推进存在技术关联性的磁等离子体推进和脉冲爆震发动机技术，包括它们的技术内涵、研究现状及应用前景等；第5章介绍了空间电化学复合推进的系统组成，并扩展探讨了未来可能面临的空间电能供给、工质储存与供给等问题；第6～8章分别介绍了复合加速腔、电源及工质供给模块等电化学复合推力器关键部件的设计方案及地面实验验证样机研制情况；第9章介绍了电化学复合推进实验研究及性能评估情况；第10章介绍了基于多物理场弱耦合方法对电化学复合推进技术数值模拟方面的探索；第11章结合对电化学复合推进技术先进性的合理判断，分析了其空间应用前景和相关配套技术。

本书由方进勇研究员拟定全部章节大纲并进行统稿，黄惠军高工具体编写了第 1 ～ 3 章内容，王效顺博士具体编写了第 4 ～ 10 章内容，方进勇研究员具体编写了第 11 章内容，工程师赵成仁、吴江牛为本书的校对及图表修改做了大量细致的工作。

特别感谢西北核技术研究院黄文华研究员为我们团队提供的宝贵研究机会及在研究过程中给予的指导和帮助。特别致敬中国空间技术研究院科技委李明主任，在开展本项研究工作的过程中，李明主任始终给予鼓励与支持，李明主任是我学术研究领域真正的伯乐，我在粒子束技术方向及高功率微波技术方向的研究进展同样都倾注了李明主任的心血。感谢杨勇研究员及孙安邦教授对本书全文的仔细审阅和提出的宝贵建议。本书的编写还得到了空间微波技术国家重点实验室基金的资助，在此一并表示感谢。本书在编写过程中参考和引用了相关国内外文献，本书的完成离不开这些文献作者的开创性工作，在此表示深深的谢意。本书对相关参考与引用已经竭尽全力进行了详细标注，如有疏漏或标注不当，敬请提出异议并及时与我们取得联系，我们将虚心接受并在未来的版本中予以修正，同时也向您表示深深的歉意。

虽然竭尽全力，但囿于理解水平及能力所限，书中难免有诸多不妥之处，敬请广大读者不吝批评指正。

方进勇

2022 年 6 月

目·录

第 **1** 章
绪论

　　推进系统一直以来都承载着人类进入太空、探索宇宙的梦想，是人类开展各种空间活动的动力之源。自 1957 年苏联 Sputnik-1 号卫星进入太空，开启太空时代以来，人类在半个多世纪的太空活动中，对于航天器推进系统的研究从未止步，推进技术由原来的冷气推进到化学推进，再到电推进，还有未来的核电推进、太阳帆推进等。进入 21 世纪，随着人类探索太空的步伐加快，空间任务类型日趋多元化，新形势下航天活动的发展又对空间推进系统提出了更高的要求。具体来讲，多元化空间任务的执行迫切需要航天器平台具备多次、大范围、快速机动能力，要求平台推进系统既能提供较大推力，又能实现较高比冲，这使现有空间化学推进和电推进技术面临新的严峻挑战。

　　空间电化学复合推进是一种新型的复合推进技术，采用一套加速装置实现了化学能和电能的高效利用，通过电能的注入获得比化学推进更高的比冲，并通过化学能的有效利用有望实现比纯电推进更大的推力和更低的电功耗，在未来多次、大范围、快速机动任务中更具应用优势。其具体工作过程如下：

　　① 可燃气体工质混合物在高电压脉冲作用下电离并点燃；

　　② 燃烧释放出的化学能使气体向后端膨胀加速，进一步发展为高效的爆震燃烧状态；

　　③ 同时，电离与燃烧生成的等离子体混合物在大电流与自身感应磁场相互作用产生的洛伦兹力作用下进一步加速喷出，从而为空间平台提供向前的推力。

　　本书将重点阐述作者所在研究团队近年来围绕空间电化学复合推进这一新型空间推进技术所开展的研究工作以及取得的技术进展，并力图对其技术特点、提出背景、技术基础及空间应用潜力等进行较全面的介绍。

1.1 化学推进

根据能量来源和转换方式的不同，空间推进方式可以简单区分为化学推进和非化学推进。化学推进是通过化学反应将工质的化学能转变为热能，再转变为动能，产生推力。目前，空间化学推进（图 1.1）仍是卫星的主要推进方式之一，广泛用于卫星的入轨转移、姿态控制等任务，代表技术有单组元推进、统一双组元推进和双组元双模推进等 [1-3]。

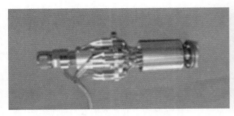
(a) 单组元

(b) 双组元

图 1.1　常用空间化学推力器

单组元推进系统最早在空间应用可追溯到 1968 年发射的 Intelsat Ⅲ 卫星，经过 50 多年的发展，技术已非常成熟。它采用肼（N_2H_4）作为推进剂，系统结构简单，但性能较低，可提供的比冲范围仅为 150 ～ 240s，适合应用于卫星和运载火箭的姿态控制以及小卫星的主推进任务中。美国 AMPAC-ISP 公司姿态控制推力器 MONARC-1 采用肼推进剂，推力为 0.89N，比冲为 230s；Aerojet 公司 MR-104A/C 推力器推力高达 400N，比冲达到 239s，可用于轨道控制、深空探测器着陆器的下降任务等。

双组元化学推进系统 [2] 有两种类型：一种是以一甲基肼（MMH）/四氧化二氮（NTO）作为推进剂的统一双组元推进系统，另一种是以无水肼（N_2H_4）/四氧化二氮（NTO）为推进剂的双模式推进系统。统一双组元推进系统由于具有比冲高的优点，美、俄、日等航天大国早在 20 世纪 80 年代已开始研究，自从在地球同步轨道（GEO）卫星应用以来，取得了极大的成功，应用范例有国际通信卫星、亚太二号通信卫星 AsiaSat-2 以及 Marquardt 公司研制的军用外层空间导弹辅助推进系统等。统一双组元推进系统由一台双组元远地点发动机和十几台小推力双组元姿控发动机组成，它们共用一套推进剂供给系统。最具代表性的先进统一双组元推进系统是欧洲的 Thales Alenia Spacebus-4000，它的 10N 姿控推力器稳态比冲达到了 293s，490N 轨道控制发动机比冲达到了 318s。另外，欧洲 Astrium 公司的 500N 轨道控制发动机、美国 AMPAC-ISP 公司

458N LEROS 1C 轨道控制发动机皆采用统一双组元推进模式，比冲高达 325s；AMPAC-ISP 公司 22N 姿控推力器稳态比冲也在 300s 以上。在我国，"东方红三号"卫星是国内第一颗采用统一双组元推进系统的卫星，其推进系统包括 490N 远地点发动机和 10N 姿控推力器。整个系统及所有部件完全立足于国内，使我国的卫星推进技术从冷气推进、单组元肼推进一跃发展到具有国际先进水平的统一双组元推进。

虽然统一双组元推进系统的比冲高于单组元推进系统，但在实用过程中也暴露了一系列问题和不足，如燃料和氧化剂不会同时耗尽造成浪费，羽流污染较为严重等，而采用双模式推进系统就可以较好地解决这些问题。双模式推进系统是从 20 世纪 80 年代开始研制的新型化学推进系统，一般包括一台使用 N_2H_4/NTO 推进剂的双组元远地点发动机和若干台单组元姿控和位置保持发动机。N_2H_4 既作为双组元主发动机的燃料，同时又作为单组元姿控发动机的推进剂。双组元双模式推进系统是对航天器推进系统的重要改进，可通过最佳设计和使用单、双组元发动机，把单组元高可靠性、低推力、脉冲性好的优点和双组元高比冲的优点有机地结合起来，使系统具有更高的整体性能。双模式推进较为适合中小型航天器，美国洛克希德·马丁公司 A2100 平台使用的 AsiaSat-2、英国 Royal Ordnance 公司的 LEROS1 远地点发动机、日本的 EST-6 和 COMETS 皆是双模式推进系统在 GEO 卫星上的重要应用实践。其中，AsiaSat-2 远地点发动机采用 N_2H_4/NTO 推进剂，真空推力高达 614N，真空比冲为 318s，推进剂管理采用表面张力管理装置，变轨期间采用恒压式推进剂供应，在轨运行期间采用落压式供应，全面继承了双组元统一推进系统的优点。LEROS1 远地点发动机于 1987 年开始研制，于 1990 年 7 月完全通过飞行鉴定，推力为 500N，额定比冲为 315s。LEROS1 双模式远地点发动机是在过去验证过的成熟设计基础之上研制成功的，成本较低，而且制造流程以及喷注器、推力室的优化及测试流程都有继承性。日本通信广播技术卫星 COMETS 于 1998 年发射，其 N_2H_4/NTO 双模式推进系统是由日本石川岛播磨重工业公司（IHI）研制，采用了氦气瓶与调压器，使远地点发动机工作在恒压模式，推力高达 1700N，真空比冲达到 321.4s。双模式推进系统的应用在国际上已很成熟，除了在地球同步轨道通信卫星上大量应用外，还将向其他航天任务，如深空探测等扩展。当前，美、英等国家双模式推进技术在同步轨道卫星上已经成熟，而且这些卫星平台大多已经采用电弧推进技术以提高整体比冲，增加有效载荷和延长寿命。而对于深空探测任务，双模式推进系统也逐渐投入应用，仍然有相当广阔的发展前景。

化学推进的优势在于推力大，可实现航天器的快速机动，但其工质喷射速度受限于推进剂化学内能一般低于 5000m/s，对应的最高比冲为 500s，低于电推进系统一个数量级，将导致推力器执行轨道转移任务时燃料消耗过大。提高双模式推进系统性能的主要措施就是应用电弧、电阻发动机。因为这类电热发动机和化学推进系统有很好的相容性，如肼工质电弧推力器比冲可达 500 ～ 600s，效率为 35%，功耗为 0.5 ～ 2.0kW。当前，化学推进仍然是卫星推进的主要形式，但推进系统的综合性能（即有效比冲）将进一步提高，具体表现在轨控发动机平均比冲将从现在的 325s 提高到 336s，双组元姿控推力器的比冲从 290s 提高到 300s，最小脉冲冲量提高到 30mN·s，单组元推力器寿命提高到 15 年以上等。

1.2　电推进

化学推进在使用过程中只有推进剂分子化学键的断裂与重新组合，受限于推进剂能量，释放出来的能量较低，提高比冲的潜力已很小。与传统化学推进相比，电推进具有更高效率的能量转化机制。电推力器借助于外部电能的激励，内部发生大量的解离 - 电离 - 复合反应，产生许多带电粒子，这些带电粒子在电磁场中得到加速，通过与其他粒子碰撞等作用进一步提高整个推进系统可利用的能量，从而具有更高的性能，能够获得比化学推进高出一个数量级以上的比冲，有利于节省推进剂，在 GEO 卫星的位置保持、轨道转移，深空探测器的主推进等任务中已获得广泛使用。

1.2.1　中小功率电推进应用现状

目前，在非化学推进系统中，以电推进在空间的应用最为广泛。电推进系统是利用星上电源系统提供的电能将推进剂电离并使其加速喷出，为卫星提供推力。与化学推进相比，电推进由于不受推进剂化学能的约束，可以实现高比冲，能够降低推进剂消耗，提高卫星载荷比。如图 1.2 所示，对于具有单次任务所需总冲小、推力小而全寿命周期任务执行较频繁、总次数多、总冲大等特征的卫星位置保持、无拖曳控制、轨道机动和调整等任务，或者任务执行容许时间较长、任务所需总冲量大的大速度增量轨道转移任务，典型如深空无人探测任务，高比冲电推进已取代化学推进成为最有前途的推进方式。

根据电能转化为推进剂动能方式的不同，电推进大致可将分为三类：电热型、静电型和电磁型，具体分类如图 1.3 所示。电热型推力器利用电能加热推进剂使其膨胀加速喷出产生推力，是最早提出的电推进类型，也经常通过传统的化学火箭发动机改装而来。静电型推力器先将推进剂电离为等离子体状态，再利用静电场将等离子体加速喷出产生推力。电磁型推力器利用电场和磁场交互作用来电离和加速推进剂产生推力。

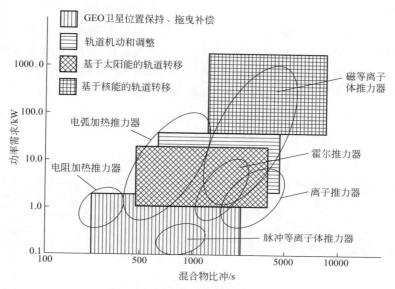

图 1.2　几种典型的电推进性能及应用范围

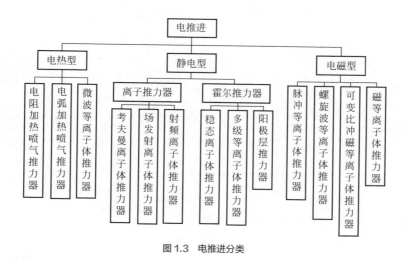

图 1.3　电推进分类

目前，已经在空间应用的电推进类型包括肼电热、肼电弧、氙离子、氙霍尔、脉冲等离子推力器等，其中直流放电型离子推力器（Ion Thruster）和霍尔推力器（Hall Thruster）是目前应用最多的主流产品，而早期使用的肼电热推力器基本被淘汰，肼电弧推力器逐步被更高性能的离子推力器和霍尔推力器所替代。离子推力器在 20 世纪 60 年代至 80 年代初，由于采用铯、汞等有腐蚀或污染的推进剂，且未能验证典型任务所需的寿命，一直处于空间试验阶段。1984 年，休斯公司首先在离子推力器上采用氙推进剂，成功解决了离子推力器的推进剂问题，离子推力器正式在空间应用。截至目前，已有超过 200 台的氙离子推力器实现在轨应用。霍尔电推进具有合适的比冲和推力，系统简单、工作电压较低、综合性能好等特点，主导了目前的电推进应用。美国的 LS-1300、A2100M，俄罗斯的 MSS-2500、USP 和 US-KMO，欧洲的 Spacebus 4000、Eurostar 3000、@bus 和 Small GEO 等 9 种 GEO 平台均已采用霍尔电推进，系统功率正从 1.5 kW 向 5 kW 发展。

国外典型空间电推力器如表 1.1[3] 所示，具体应用情况 [4] 如下。

表 1.1　国外空间应用的典型电推力器

技术指标	MR-510 电弧推力器	SPT-100 霍尔推力器	PPS1350-G 霍尔推力器	BPT-4000 霍尔推力器	XIPS 13 cm 离子推力器	XIPS 25cm 离子推力器	NSTAR 离子推力器
功率 / kW	2.0	1.35	1.5	3.0 ~ 4.5	0.42	2.0 ~ 4.3	0.52 ~ 2.32
比冲 /s	>585 ~ 615	1600	1650	1769 ~ 2076	2507	3420 ~ 3500	1951 ~ 3083
推力 / mN	222 ~ 258	80	89	168 ~ 294	17.2	80 ~ 166	19.0 ~ 92.7
推进剂	肼	氙	氙	氙	氙	氙	氙
应用型号	A2100 平台	LS-1300、Eurostar 3000、Spacebus 4000 平台	"智慧一号"探测器	A2100M 平台	BSS 601HP 平台	BSS 702 平台	"深空一号""黎明号"探测器

（1）静止轨道通信卫星位置保持任务

美国洛克希德·马丁公司在早期的 A2100 平台卫星上采用了 MR-510 型肼电弧推力器用于南北位置保持任务，发射卫星数量为 38 颗，后期的 A2100M 卫星平台上开始应用 BPT-4000 霍尔电推进完成南北位置保持任务，共发射卫星 3 颗。应用 SPT-100 霍尔电推进系统完成南北位置保持任务的卫星平台主要有美国劳拉空间系统公司的 LS-1300 卫星平台、欧洲阿斯特姆公司的 Eurostar-3000 卫星平台以及欧洲泰雷兹 - 阿莱尼亚公司的 SpaceBus-4000C 卫星平台等，共发射卫星 23 颗。美国波音公司在 BSS-601HP 卫星平台应用 XIPS-13 离子电推进系统完成南北位置保持任务，发射卫星数量 18 颗，并在 BSS-702 卫星平台上应用 XIPS-25 完成全部位置保持任务，发射卫星数量 22 颗。

(2) 静止轨道卫星轨道转移任务

在静止轨道卫星轨道转移方面，美国波音在 BSS-702 卫星平台上应用 XIPS-25 离子电推进系统完成静止轨道的部分轨道转移任务，其中，化学推进把卫星送入近地点约 30000km、远地点约 42000km、倾角 0° 的中间椭圆轨道，电推进在 1.5 个月内把卫星送入地球静止轨道。截至 2011 年 5 月，该型推力器已经应用于 16 颗卫星。

(3) 深空探测主推进任务

在深空探测方面，欧洲"智慧一号"月球探测器采用 PPS1350-G 霍尔推力器完成主推进任务，美国"深空一号"探测器采用单台 NSTAR-30 离子推力器完成小行星探测的主推进任务，美国"黎明号"小行星探测器采用 3 台 NSTAR-30 离子电推进系统完成对主带小行星中灶神星（Vesta）和谷神星（Ceres）的科学探测主推进任务。

在国内，氙离子电推进和霍尔电推进技术已发展几十年，技术已日趋成熟，研制的产品基本达到国外同类产品的水平。2012 年发射的实践 -9A 卫星上同时搭载了兰州空间技术物理研究所的 LIPS-200 离子推力器和上海空间动力机械研究所的 HET-40 霍尔推力器（图 1.4），在同一颗卫星上验证了氙离子和霍尔两种电推进技术，为后续型号应用奠定了良好基础。2017 年发射的中星 9A 卫星虽然由于运载火箭三级二次点火出现异常，导致卫星未能正常入轨，但利用自身推进系统进行了 10 次变轨和 6 次定点捕获，于 7 月 5 日成功定点，验证了我国卫星推进系统修复

(a) LIPS-200   (b) HET-40

图 1.4　工程样机实物照片

轨道错误的能力。新一代"东方红五号"平台，配备了 LIPS-300 多模式离子推力器及矢量调节机构。在 5kW 大功率模式下，具有大推力的特点，推力为 200mN，比冲约 3500s，担负卫星转移轨道后期变轨任务；在 3kW 小功率模式下，具有高比冲的特点，单台推力器推力为 100mN，比冲约 4000s，担负卫星全寿命周期在轨南北、东西位置保持以及动量轮角动量管理 [5]。

1.2.2 大功率电推进研究现状

随着人类空间探测的广度和深度不断提升，空间任务向多元化发展，太空摆渡车、大型货物运输、行星际探测、大型深空探测、大规模采样返回等均已列入国际航天发展规划。在不远的将来即将开展的载人深空探测活动中，为了满足航天员的乘坐和生活需求，首先要求航天器有效载荷质量大、运行平稳，其推进系统应具备高比冲以降低推进剂质量占比，且能平稳工作；其次需要考虑航天员的安全和承受能力，航天器推进系统应具备大推力以实现快速的轨道转移和机动来缩短航行时间。由于化学推进的比冲较低，完成任务需要携带巨量的推进剂，导致航天器规模极大，超出目前运载火箭的能力极限。而成熟的中等功率电推进技术存在推力不足的问题，导致任务周期"无限延长"，同样无法满足任务需求。在此背景下，开展大功率电推进技术研究势在必行。大功率电推进具有比冲高、推力大、寿命长等特点，且比冲、推力均可在较宽的范围内调节，应用于大型空间探测任务，不仅可大幅节省推进剂，提高任务的可实现性，而且能够满足不同空间任务阶段对电推进性能的不同需求。下面简要介绍各类大功率电推力器技术现状。

（1）大功率离子电推进

功率在 5kW 以下离子电推进已经成为各类航天器的常用配置，在位置保持、姿态控制等任务中表现优异。在现有技术基础上，进一步提升离子电推进功率水平，发展性能更高的大功率电推进成为重要研究方向之一。在普罗米修斯计划支持下，喷气推进实验室（JPL）和 NASA 格伦研究中心（GRC）分别研制了 NEXIS 和 HiPEP 大功率离子推力器（图 1.5）。其中，NEXIS 推力器在供电功率达到 27kW 时，获得比冲 8700s、推力 517mN、效率 81% 的输出性能 [6]。HiPEP 推力器设计为独特的矩形放电室，通过验证，当功率在 10 ~ 40kW 范围内调节时，获得比冲 5970 ~ 9600s、推力 240 ~ 670mN、效率 72% ~ 80% 的输出性能 [7]。

GRC 还牵头研制了 NEXT 推力器 [8]（图 1.6），当功率在 0.5 ~ 6.9kW 范围内调节时，获得推力 26 ~ 236mN、比冲 1320 ~ 4190s 的输出性能。2005 年开始该推力器工程样机的寿命试验，截至 2012 年年底已经达到 43000h。

(a) NEXIS大功率离子推力器　　　　　　　　　　(b) HiPEP大功率离子推力器

图1.5　NEXIS 和 HiPEP 大功率离子推力器

　　另外，目前在研的两种大功率离子电推进是德国与俄罗斯联合研制的 RIT-45 离子推力器[9] 和欧洲计划研制的 DS4G 高比冲离子电推进[10]。其中，RIT-45 离子推力器目标性能为：功率 35kW、比冲 7000s、推力 0.76N。DS4G 高比冲离子电推进的目标性能为：功率 20kW、比冲 10000s、推力 0.45N。

　　综合分析以上大功率离子电推进的性能不难发现，功率提升以后，起到的有益效果主要体现在比冲的提升，对推力的提升并不明显。这是由于离子推力器用于离子加速的栅极中只有离子，受空间电荷极限效应的限制，推力密度和功率比极低，为获得大推力整个系统的体积、重量以及电源功耗将变得不可接受，进一步增加推力代价高昂。相比之下，等离子体推力器，如霍尔推力器、磁等离子体推力器、可变比冲磁等离子体推力器以及螺旋波等离子体推力器等，理论上没有空间电荷效应限制，可实现较大的功率，极具应用潜力而备受关注。

图1.6　NEXT 离子推力器

(2) 大功率霍尔电推进

　　俄罗斯是最早开展霍尔电推进技术研究和应用的国家，其霍尔电推进产品型谱最全，功率覆盖 50W ～ 50kW 范围。苏联于 20 世纪 60 年代开始大功率霍尔电推进技术的研究，主要研制单位包括火炬设计局（Fakel）、克尔德什研究中心（Keldysh Research Center）、中央机械制造研究院（TsNIIMASH）等。Fakel 研制的 SPT-290 大功率霍尔推力器工程样机（图 1.7），是较早的大功率霍尔推力器之一，功率为 5 ～ 30kW，放电电压为 200 ～ 600V，最大推力为 1500mN，最高比冲超过 3000s，寿命达 27000h，远远高于其他大功率霍尔推力器的寿命[11]。该推力器各项性能，尤其是比冲、寿命均优于同类推力器，居于国际领先地位。TsNIIMASH 瞄准大型货物运输和行星际探测等任务对大功率电推进技术的需求，一直致力于大功率阳极层霍尔电推进（TAL）技术的研究。其研制的 D-160 推力器是目前已验证的功

图1.7 SPT-290 工程样机

率最高的霍尔推力器，验证最高功率为 140kW，采用铋金属推进剂，最高比冲达到 8000s，效率超过 70%；研制的 D-200 推力器同样为双级设计，采用辐射冷却和铋推进剂，已验证的比冲达到 2000～5200s，功率为 10～34kW。当工作在 25kW 时，推力达到 1.13N，比冲为 3000s，效率为 67%。为了满足未来大型深空探测任务对电推进更高比冲的需求，TsNIIMASH 与美国 NASA 喷气推进实验室（JPL）还联合研制了使用铋推进剂的超高比冲阳极层霍尔推力器 VHITAL-160，其已经验证的性能包括：功率为 25～36kW，比冲为 6000～8000s，推力为 650～700mN，效率为 78%～79%[12]。

美国开展大功率霍尔推进技术研究的主要机构有 NASA 格伦研究中心（GRC）、Busek 公司等。NASA 在"空间推进路线图"中明确指出，美国将研制 50kW 和 100kW 两款大功率霍尔推进用于执行地球近地轨道和火星轨道等大型货物运输的轨道转移任务。GRC 从 1997 年开始，联合多家机构研制了 T-220 大功率多模式霍尔推力器，在 7～20kW 范围内，推力为 0.5～1.0N，比冲为 1500～2500s，效率约 59%，并成功进行了 1000h 试验。2000 年，GRC 成功研制了 NASA-457 大功率霍尔推力器，并进行了测试，在 72kW 功率下推力达到 3N 的水平，比冲为 2930s、效率为 58%。2003 年，GRC 针对 NASA Prometheus 项目对大功率、高比冲霍尔推力器的需求，基于 NASA-457 霍尔推力器，研制出了 NASA-400M 型号，并开展了 Xe 和 Kr 推进剂的试验测试。其中，使用 Kr 时最大试验功率为 64kW，放电电压在 1050V 时，比冲达到 4700s。此外，NASA-400M 还进行了 300h 的磨损试验。2010 年，GRC 又研制了 20kW 级的 NASA-300M，功率覆盖 2.5～20kW 范围，同时也开展了 Xe 和 Kr 推进剂的性能测试。此外，密歇根大学研制了 200kW 量级的 X3 嵌套式霍尔推力器（图 1.8）。2017 年 10 月，NASA 对 X3 霍尔推力器进行了试验验证，测试最大功率为 102kW，最大电流为 260A，最大推力可达 5.4N，为迄今最高推力水平[13]。另外，密西根大学还与空军实验室联合研制了嵌套式高功率霍尔电推进，包括 2 通道的 NHTX-2 和 3 通道的 NHTX-3 推力器。其中，NHTX-3 的功率范围为 30～240kW，最大特点是可以工作在多模式。

图 1.8　X3 嵌套式霍尔推力器

　　欧洲针对未来深空探测任务，从 2009 年开始，通过为期 3 年的"大功率电推进"计划，基于现有霍尔电推进技术，由多家研究机构组成的联合团队，设计出 20kW 级的 PPS-20k 霍尔推力器（图 1.9），在 2012 年的验证性能为：功率 22.4kW，推力 1.05N，比冲 2700s，效率 60%[14]。另外，意大利 Alta 公司针对 GEO 平台轨道提升和深空探测主推进的需求，正在研制 HT-30k 霍尔推力器，设计指标为：功率 30kW，比冲 2500s，推力 1.55N，总效率 60%[15]。

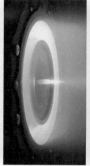

图 1.9　PPS-20k 霍尔推力器及不同工质下的工作照

　　我国中等功率霍尔电推进技术已经发展成熟，正处于在轨应用阶段。其中，亚 kW 级霍尔推力器曾在国际上首次完成 2500h 的地面 1∶1 长寿命试验验证。kW 级霍尔推力器地面 1∶1 长寿命试验超过 8000h。为其配套的发射电流为 2.5A 的空心阴极，成功通过 28000h 地面长寿命试验验证，达到了国际同等水平。5kW 多模式霍尔推力器在工程样机地面测试中获得最大推力为 324mN，最高比冲为 3167s，最高工作效率为 62%，性能指标与国际水平接轨。在中等功率方面的技术积累为我国大功率霍尔电推进技术的发展奠定了良好的基础。在大功率霍尔电推进技术研究方面，针对未来载人空间任务动力需求，已经完成大功率电推进技术优选和总体方案论证。2017 年 10 月，上海空间推进研究所通过国际合作，完成了 10kW 级大功率霍尔推力器的研制，测试推力达到 511.5mN，比冲为 2625s，效率为 63.6%，并通过 500h 有限寿命试验预估，预估寿命超过 10000h。2022 年 1 月，航天五院兰州空间技术物理研究所（510 所）电推进事业部完成了大功率霍尔推力器试验（图 1.10），首次成功实现国内 105kW 阳极功率的电推力器稳定工作，指标为：推力 4.58N，比冲 2930s，与目前国际上霍尔推力器最高工作功率相当，极大地提升了我国在大功率电推进领域的影响力。

图 1.10　510 所百 kW 级霍尔推力器及工作照

（3）大功率磁等离子体电推进

磁等离子体推力器（Magneto Plasma Dynamic Thrusters，MPDT）是通过大电流的高温电弧电离推进剂并注入能量，利用磁场和电流相互作用产生的洛伦兹力来加速等离子体而产生推力。MPDT 概念的提出源于 1963 年以前美国热电弧喷射器和等离子体加速器的研究。Ducati 在 1964 年报道了一项研究成果：在热离子加速中，氢作为推进剂，比冲达到 1×10^4s，效率为 46%[16]。20 世纪 60 年代，随着离子推力器技术研究的不断深入，发现大功率离子推力器存在两个技术限制：一是比冲在 4×10^3s 以下时，推力器效率呈现快速下降的效率；二是离子推力器是高电压（kV 量级）、低电流（mA）功率模式，星上电源是低 - 中电压（低于 200V）、中 - 高电流源，二者不容易匹配。MPDT 可获得与静电推进同等的比冲，推力由电场和磁场同时决定，在大流量工况下，推进剂利用率高，在达到高比冲的同时，容易获得大推力，推力密度也更高。另外，MPDT 是低电压（100V）、高电流（高于 100A）工作，更容易与星上电源匹配，且结构简单、可靠。因此，美国首次提出将 MPDT 技术作为空间推进应用的设想，进一步引发了 MPDT 技术研究热潮。已开展的功率在 2kW ～ 11MW 的 MPDT 研究表明，其比冲范围为 2×10^3 ～ 1.1×10^4s，效率为 30% ～ 70%，5MW 以上的核电功率与 MPDT 结合，比冲可达到 1×10^4s 以上，推力在百 N 量级以上 [17]。

由于电化学复合推力器的一部分粒子加速机理与 MPDT 类似，技术上具有一定的继承性，本书将在第 3 章详细介绍 MPDT 的技术内涵、研究进展以及空间应用前景，这里不做展开论述。

（4）大功率可变比冲磁等离子体电推进

可变比冲磁等离子体火箭（Variable Specific Impulse Magnetoplasma Rocket，VASIMR）是一种新型的电磁推力器，具有大功率、长寿命、可变推力比冲、高功率密度（4000kW/m²）、大推力密度（4×10⁵N/m²）和高效率（50% ~ 80%）等优点。VASIMR 具体原理如图 1.11 所示，它是将氩气、氙气或氢气之类的气体通过螺旋波等离子体源电离产生高密度等离子体（最高可达 $10^{19}\mathrm{m}^{-3}$ 量级），并通过离子回旋共振加热单元（Ion Cyclotron Resonant Heating，ICRH）将射频能量主要耦合给离子，形成高能离子束流，最后采用强磁场约束和控制等离子体，利用磁喷管的洛伦兹力、气动力和静电场力的共同作用，形成高速等离子体射流并产生推力。

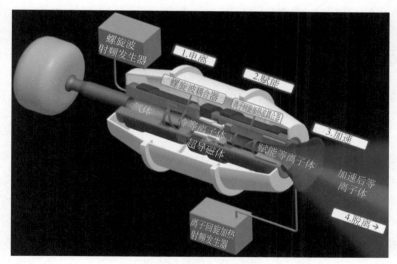

图 1.11　VASIMR 工作原理

VASIMR 的概念是由美籍华人张福林（Franklin Chang-Díaz）于 1979 年首次提出的。张福林创办的阿德斯特拉火箭公司（Ad Astra Rocket Company，AARC），在 NASA 支持下从 2005 年开始组织研制可变比冲磁等离子体火箭动力系统，目前已成为国际上主要的 VASIMR 研制单位。AARC 先后研发了 VX-10（10kW）、VX-30（30kW）、VX-50（50kW）、VX-100（100kW）、VX-200（200kW）等多款VASIMR 原理样机。其中，2009 年研制成功的 VX-200 样机（图 1.12），采用 Ar推进剂，在功率 200kW 下，实现推力 5.7N、比冲 5000s、效率 72%[18]。后来基于

VX-200 研制的 VF-200 发动机，达到推力 6N、比冲 5000s、效率 76%。VF-200 发动机还计划在国际空间站（ISS）上进行空间搭载验证试验。2015 年 8 月，AARC 将在美国 NASA 下一代航天技术（NextSTEP）合同支持下，对 VX-200 的升级版 VX-200SS（稳态）进行长持续时间、高功率试验，100kW 功率水平下最少持续 100h，并将 VASIMR 推力器技术成熟度提升至 5 级，最终达到空间飞行试验要求。在 2017 年年底，该公司成功地积累了 100h 的非连续大功率测试，氩气工质被加热到超过 200 万℃。2018 年 5 月 25 日，加拿大航天局宣布为 AARC 提供 150 万美元的资金，支持 2018 年第四季度进行的 VX-200SS 发动机 100h 连续高功率点火测试。

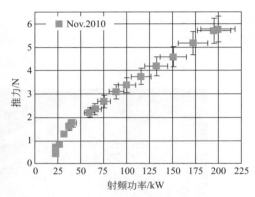

图 1.12　VX-200 原理样机及测试结果

　　与其他等离子体推力器相比，VASIMR 具有三个显著优势：首先，VASIMR 的推力和比冲可以灵活变化，能够以给定的燃料，实现最短的行程时间和最高的载荷比；其次，VASIMR 使用电磁波产生并激发等离子体，不存在与热等离子体接触的物理材料电极，去除电极意味着将能实现更高的可靠性和更长的使用寿命，并能够实现比离子和霍尔推力器更高的功率密度；最后，VASIMR 很容易实现大功率，这意味着它可以产生更大的推力。这种输出更大推力的能力有望使其用于在低地球轨道上运输大型有效载荷，或者将有效载荷从地球转移到月球甚至于外太阳系。张福林博士在论文 VASIMR Human Mission to Mars 中进行了测算，如果给予 20 万 kW 的电能，供电设备的质量功率比（设备质量与发电功率的比值）优化到 1kg/kW，VASIMR 最快可以让宇航员在 39 天内到达火星，将节省大量的燃料、食物、水和空气，宇航员也能摆脱长时间的宇宙射线辐射。NASA 马歇尔空间飞行中心（MSFC）为载人火星探测设计的应用核电和 VASIMR 电推力器的动力系统（NEP-VASIMR）组成方案如图 1.13 所示。其中，按照热辐射器比质量 1kg/m²，核反应堆重 3000kg，2MW 推力器电能利用效率 70%、重 1000kg，设计得到的

NEP-VASIMR 系统指标为总功率 30MW、比功率 2kg/kW[19]。但是 VASIMR 推力器的缺点也相当突出，系统结构笨重复杂、尺寸庞大，以及由于使用超导线圈需要配备专用的低温冷却系统等问题。因此，VASIMR 的复杂性、大尺寸和大质量将极大制约其发展。国际上，AARC 是目前少数持续开展 VASIMR 研究工作的单位之一，但近 10 年在推力器技术指标上也并未取得重大突破。

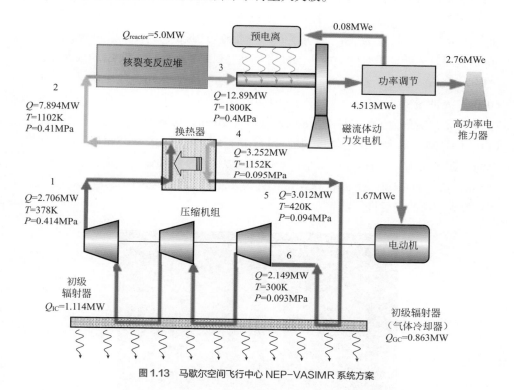

图1.13　马歇尔空间飞行中心 NEP-VASIMR 系统方案

国内西安航天动力研究所、北京航空航天大学是 VASIMR 发动机的主要研究单位，主要针对螺旋波等离子体源、等离子体参数诊断等开展研究。其中，西安航天动力研究所完成了 VASIMR 第 2 级 4kW 螺旋波源、第 2 级离子回旋共振单元、第 3 级磁喷管试验和关键技术验证，完成了 50kW 的 HiMPE 发动机系统集成设计以及 30kW 发动机系统点火试验和性能测试[20,21]。另外，中国航天科技集团五院总装与环境工程所搭建有螺旋波电离试验装置，开展了气体电离特性的研究。中国科学院等离子体所针对磁约束核聚变加热，搭建有 MW 级的离子回旋加热系统。

（5）大功率场反构型电磁推进

无电极场反构型等离子体电磁推力器（Electrodeless Lorentz Force，ELF）是由美国 MSNW 公司发展的一款新型电磁推力器，目前已被列入美国未来 MW 级电推进技术发展战略中。它是采用非感应射频旋转磁场（RMF）驱动等离子体电流产生场反构型（FRC）等离子体，等离子体电流和径向磁场产生的洛伦兹力加速并排出等离子体而产生反推力。MSNW 公司于 2008 年研制了第一代 FRC 等离子体构型的 ELF 电磁推力器，测试结果为：单脉冲元冲量为 0.3mN·s，采用空气作为推进剂，效率为 30%，比冲为 1500s[22]。ELF-v2 是第二代推力器，于 2012 年研制成功，其长度为 2m，锥角为 12°，直径为 20cm，电压为 2800V，比冲为 5000s，同时还验证了水作为推进剂的可行性。ELF-300 是另一款 ELF 推力器，其锥厚为 5mm，锥角为 8°，半径为 14cm，长度为 42cm，采用氮气工质时，比冲为 6000s，元冲量为 1mN·s，效率为 50%。ELF-160A 是 ELF-v2 的改进产品，其锥厚为 3mm，锥角为 12°，半径为 8cm，长度为 20cm，功率为 30kW，验证了 H_2O、CO_2、CH_4 和火星大气作为推进剂的可行性[23]。另外，MSNW 公司研发了尺寸更小的 EMPT 推力器（图 1.14），功率为 1～5kW，每个脉冲馈入能量为 1J，直径为 44mm，长度为 0.1m，在功率 5kW 时比冲为 4000s，元冲量为 0.02mN·s，是目前相对较为成熟的场反推力器[24]。

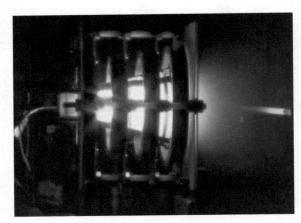

图 1.14　EMPT 推力器放电照片

目前，国内主要是兰州空间技术物理研究所近年来对 ELF 技术现状进行了跟踪调研，该单位曾面向未来 MW 级高功率电推进应用前景，基于场反构型洛伦兹力加速理论，设计了无电极电磁等离子体推力器缩比样机（FRPT），试验验证了正交天线电磁场对束流聚焦和 FRC 团的影响，并验证了 Ar、N_2 等多元推进剂的适应性。

（6）螺旋波等离子体电推进

螺旋波等离子体推力器（Helicon Plasma Thruster，HPT）是一种新型的无电极式磁等离子体推力器，其结构相对简单、重量较轻而紧凑，并具有很高的性能[25-30]。HPT 结构如图 1.15 所示，主要由射频功率源、射频匹配器、激发天线、放电室、磁路系统及工质供给系统组成。

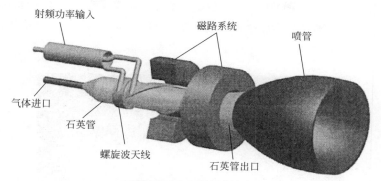

图 1.15　HPT 结构示意图

螺旋波的概念最早是由 Aigrain 于 1960 年提出的。1999 年，澳大利亚国立大学（ANU）的 Charles 发现了螺旋波等离子体中存在双层加速机制，并开始探索将其应用于空间等离子体推进中。目前，国外主要有澳大利亚、美国、法国、荷兰、意大利和西班牙等国家正致力于 HPT 相关技术的研究，提出了 HDLT、mHTX、HPH、PMEP、HPHT 等多种螺旋波等离子体推力器。各研究机构正在对螺旋波等离子体的产生机理、双层加速机制、数理模型、不同工质等开展理论研究，且已经设计出各式各样的推力器原理样机并开展实验。大多数样机研制集中在小功率（几百瓦）水平，由于参数匹配不佳，存在推进剂利用效率不高等问题，效率在1% ～ 20%。性能最好的是华盛顿大学研制的 HPHT，输入功率为 20 ～ 50kW，推力最大约 2N，比冲优于 1500s。

美国斯坦福大学开展了以氩气和水蒸气为工质的螺旋波等离子体推力器试验。其中，以水蒸气作为推进工质的试验情况如图 1.16 所示，可以看出：水蒸气羽流呈现白色，且完全沿着磁场方向，羽流中心具有明显的等离子体束流；羽流呈现出复杂的结构，且中心处等离子体束流被浓密的羽流和发散的羽流所环绕；内部的束流和浓密的羽流沿着磁力线方向，而发散的羽流未沿着磁力线方向。通过光谱分析及计算，给出了特定 HPT 结构的 H_2O^+、OH^+、H^+ 的离子密度与电子温度的函数关系。

此外，美国密歇根大学电推进实验室利用双螺旋天线开展了轴向磁场中 CO_2放电研究，发现其主要分解产物是 CO 和 O_2。另外，该研究机构还验证了以空气作为 HPT 推进工质的可行性。澳大利亚国立大学对 CO_2 作为 HPT 推进工质开展了研究，发现沿发散的磁场线，离子密度约为 $7\times10^{15}m^3$；并且其也以 CH_4 为推进工质对 HPT 进行了性能测试，测得其离子喷气速度范围为 21 ～ 27km/s。2014 年，欧洲航天局基于 "HPH.com" 项目建立了 "针对空间任务的螺旋波等离子体推力器" 工程计划，为了研究不同工质下（主要针对的是 H_2、O_2、N_2 和 N_2O）的螺旋波等离子体推力器的性能，建立了零维数值模型，包含大量的等离子体 - 化学反应机理、简化的带电粒子和中性粒子扩散方程，并应用粒子网格法对等离子体羽流进行了模拟，获得了螺旋波等离子体推力器的性能参数。

图 1.16　水蒸气螺旋波等离子体推力器羽流

国内中国科学院物理所、南开大学、河北大学等单位早期报道了螺旋波等离子体放电及其在薄膜沉积及刻蚀方面的工作。近些年，苏州大学吴雪梅团队围绕螺旋波等离子体系统对托卡马克石墨壁材料的清洗应用开展了实验研究。北京印刷学院陈强团队采用射频补偿朗缪尔单探针测量了螺旋波等离子体的放电特性。中国工程物理研究院吴卫东采用 Langmuir 探针和发射光谱法研究了螺旋波诱导氢等离子体的密度跳跃现象。北京航空航天大学针对 VASIMR 设计了一套螺旋波等离子体源，开展了电子数密度的实验测量。国防科学技术大学杨雄等开展了磁场对螺旋波等离子体波和能量吸收影响的数值研究。西安航天动力研究所对螺旋波等离子体开展了相关研究工作，使用阻滞能量分析仪测量了螺旋波等离子体源的离子能量分布，使用射频双探针测量了螺旋波等离子体喷出羽流的电子数密度。北京卫星环境工程研究所为了验证螺旋波电推进的合理性和工程可行性，研制了 HPT 原理样机，进行了射频电源的设计与分析、磁场位型的三维仿真以及小功率下的推力测量等工作。大连理工大学空间电推进技术实验室初步完成了螺旋波等离子体推力器地面实验原理样机的设计，并对螺旋波等离子体推力器工作原理开展了较深入的研究，搭建了 HPT 地面样机，以 Ar 作为工质气体进行了放电试验。

综合来看，电推进技术发展至今已形成覆盖小功率至中、大功率范围的完整型谱。kW 量级的小功率型电推进系统，如离子推力器和霍尔推力器，已在空间应用，但推力很小，仅为亚牛级。中、大功率类型电推进系统的能耗将高达百kW甚至惊人的MW量级，在当前太阳能供电的空间电源系统功率容量仅有几十kW且大功率空间核电源技术尚不成熟的形势下，仅开展了地面实验研究和小功率下的空间技术验证，未来空间应用之路还很漫长。

1.3　电化学混合式推进

没有任何一种推进系统在所有空间应用中是万能的。每种推力器因为自身的局限性或性能特点，其应用领域基本固定下来，但在复杂的交叉任务中一般寻求将多种推力器组合起来使用，如卫星配备的电化学混合推进模式。

由于双模式化学推进系统的姿控推力器比冲相比双组元姿控推力器略低，执行非轨控速度增量较大的空间任务时，需要消耗更多推进剂。双模式推进由于采用了肼推进剂，为更高比冲的肼电热和肼电弧发动机的广泛应用铺平了道路。在电热和电弧发动机技术取得实质性进展后，可以很方便地在双模式推进系统内集成电热和电弧发动机，从而发展成为现代电化学混合双模式推进系统，系统布局如图1.17所示[2]。早期与双模式系统配套的电推进发动机主要是电阻加热无水肼推力器（Resistojet），它使姿控推力器的比冲从220s提高到300s，这已接近其物理上的极限。后来电弧加热推力器（Arcjet）的研究和问世使推力器的性能又前进了一大步，1kW功率以上的无水肼电弧推力器比冲达到650s，500W左右的推力器比冲也达到了500s。

美国洛克希德·马丁公司设计的AsiaSat-2是早期一种典型的现代双模式推进系统，曾广泛应用于S5000、S7000与A2100系列卫星平台。它的远地点发动机采用N_2H_4/NTO推进剂，最大推力为614N。在远地点发动机工作时，22N单组元发动机用于保证卫星的三轴稳定；在轨运行时，0.9N单组元发动机执行姿态控制和东西位保任务，0.2N电弧发动机则执行南北位保任务。

随着更高性能离子和霍尔电推力器技术进步和广泛应用，早期使用的肼电热推力器已基本被淘汰，肼电弧推力器也逐步被替代。由离子或霍尔电推力器与化学推力器组成的电化学混合双模推进系统逐渐成为当代卫星平台的标准配置。例如，美国新一代BSS-702平台采用了化学推进与离子推进的混合模式推进系统，配备的4台离子推力器可以完成卫星姿轨控所需的所有任务，包括南北位保、东西位保、姿态控制和动量轮卸载等。此外，还可以完成卫星的位置转移、轨道提升以及寿命末期的离轨等任务。

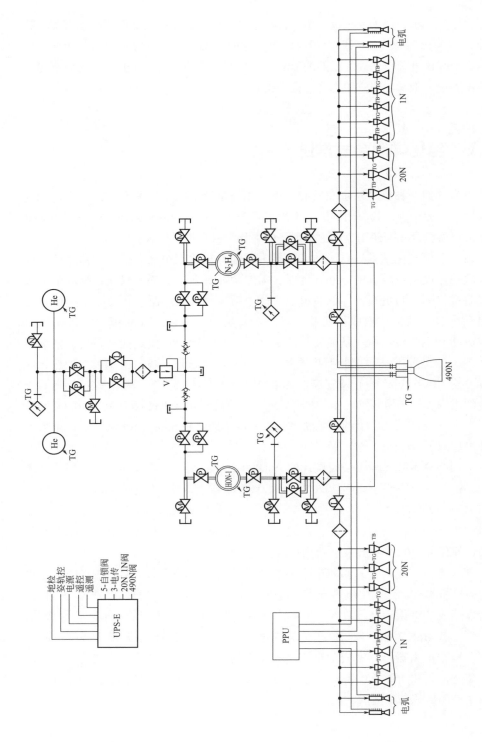

图 1.17　电化学混合双模推进系统布局

虽然上述电化学混合双模推进将在未来很长时间内作为高轨大型卫星平台的主要推进系统，但在未来空间多次、大范围、快速机动任务中将不再适用。主要原因在于：其远地点发动机比冲仅有几百秒，完成一次大范围入轨机动推进剂消耗殆尽，很难进行多次机动。以 GEO 轨道卫星而言，完成入轨化学推进系统将消耗星上总燃料的 80% 左右，执行多次、大范围、快速机动任务时唯有多带燃料，这无疑会降低卫星平台的载荷比，同时会增加卫星发射成本，可行度很低；另外，现有电推进系统仅能提供亚牛级推力，快速机动更是无从谈起。因此，空间多次、大范围、快速机动任务的执行更加依赖于新型大推力、高比冲推进系统的技术突破和应用。

1.4 电化学复合推进

1.4.1 气体燃烧动力学基础

燃烧是化学推进系统中十分重要的过程。目前，大部分化学推进系统是基于燃烧理论将燃料释放的化学能转化为工质动能而产生推力。爆燃使流体比体积增加，压力略有下降，可近似认为是等压过程；而爆震燃烧过程由于没有足够的时间使压力平衡，接近等容燃烧过程。现有的航空航天动力装置主要基于等压燃烧方式，技术相对成熟，但性能受到基本热力学的限制也接近瓶颈。基于爆震燃烧过程的发动机比基于等压燃烧过程的发动机具有更高的热效率和潜在的性能优势。

(1) 燃烧条件及传播形式

燃烧是伴随有发光和发热现象的剧烈氧化还原反应。燃烧的发生和发展必须具备三个必要条件：

① 可燃气体：氢气，碳氢燃料如甲烷、乙烯、乙炔等；
② 氧化剂（助燃剂）：空气、氧气等；
③ 点火源：明火、电火花或高温等。

除上述三个必要条件外，还需具备可燃气体与助燃剂的比例或浓度在可燃范围内以及点火源的能量必须高于最小点火能量等充分条件方能引起燃烧。

在燃烧进行时，火焰的传播是一个复杂的物理化学过程。可燃气体混合物首先借助外加能源使其局部点燃，火焰前锋内剧烈的燃烧化学反应在已燃和未燃气体边界产生较大的温度和浓度梯度，从而导致边界发生强烈的热质交换，将热量及活性粒子输送至未燃气体混合物中引起新的化学反应，由此形成化学反应区在空间的移动。根据火焰传播形式的不同，燃烧可以区分为爆燃和爆震燃烧两种。爆燃主要受层流或湍流的质量与热量扩散的控制，通常以相对低的速度向未燃混合物传播，如大多数碳氢燃料与空气混合物的火焰传播速度为每秒 1 米至十几米。爆震燃烧是由绝热压缩引起的火焰传播，依靠激波的压缩作用使未燃混合物温度升高而发生化学反应，其传播速度高达每秒几千米。

(2) 链式化学反应机理

研究表明，大部分燃烧反应不是直接进行的，而是通过自由基和原子这些中间产物进行的链式反应。光和热是燃烧过程中的物理现象，而由自由基参与的链式反应是这些燃烧反应的实质，反映了燃烧的真实动力学过程。因此，大部分燃烧发生和发展需要 4 个必要条件，即可燃物、助燃剂、点火源和链式反应自由基，燃烧条件由原来的着火三角形发展为由图 1.18 所示的着火四面体来表示。

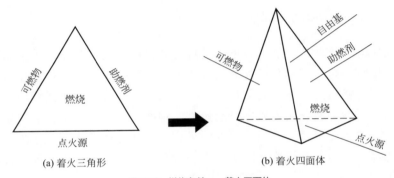

(a) 着火三角形 (b) 着火四面体

图 1.18 燃烧条件——着火四面体

链式反应与简单反应的主要不同点在于反应中存在一种称为"自由基"的链载体，它是气体分子获得能量而裂解成的原子或原子基团。在链式反应过程中，开始阶段的反应速度取决于由麦克斯韦 - 波尔兹曼能量分布规律所决定的活化分子数目，即初始活化分子浓度，而反应本身所创造的活化分子数目远远超过麦 - 波定律所决定的分子数目。链式反应包括以下三个基本过程：

① 链的激发：在引发剂、热、光、电等作用下反应物分子断裂生成自由基，由原反应物产生中间活性产物的过程。该过程需要足够的能量，是反应最艰难的阶段；

② 链的传递：自由基与分子相互作用，旧的自由基消失的同时产生新的自由基；

③ 链的断裂：自由基结合生成正常分子后，新的自由基不再产生，反应就中

断。自由基结合产生的多余能量被其他分子带走称为气相销毁，被器壁吸收称为器壁销毁。

以氢气在氧气中的燃烧为例，研究氢的链式反应机理。常用的氢气和氧气化学反应表达式为：

$$2H_2 + O_2 \Longrightarrow 2H_2O \tag{1.1}$$

该表达式只描述了氢气和氧气反应结果，并不能说明反应进行的实际途径和中间过程。

氢气在氧气中的真实链式反应过程[31]为：

链的激发：

$$H_2 + M^* \longrightarrow 2H + M + 436\,kJ/mol \tag{1.2}$$

链的传递：

$$H + O_2 \longrightarrow OH + O + 70\,kJ/mol \tag{1.3}$$

$$O + H_2 \longrightarrow OH + H + 8\,kJ/mol \tag{1.4}$$

$$OH + H_2 \longrightarrow H_2O + H - 62\,kJ/mol \tag{1.5}$$

气相中断：

$$H + O_2 + M \longrightarrow HO_2 + M - 203\,kJ/mol \tag{1.6}$$

器壁中断：

$$2H + 器壁 \longrightarrow H_2 \tag{1.7}$$

反应式（1.2）为热自燃状态下发生的链触发反应，需要借助外部能量打开分子的化学键形成自由基 H，对应键能如表 1.2 所示。反应式（1.3）～反应式（1.5）为支链反应传递过程，链的传递速度主要取决于反应式（1.3）的反应速率，进行过程中会有新的活化中心产生，使支链反应持续，而反应式（1.6）和反应式（1.7）会造成活化中心 H 的消失，会造成链的中断。

表 1.2　化学键键能

类型	H—H	O=O	O—H	H—OH	H—O₂
键能 /（kJ/mol）	436	498	428	488	203

当支链反应速率低于链中断速率时，自由基的浓度接近稳定，反应缓慢进行；当支链反应速率超过链中断速率时，将造成自由基的指数增加，进而引发快速反应，使气体发生爆炸。随着反应的进行，当气体的温度和压强达到一定范围才可能

引发爆炸，对应的氢气和氧气混合物的爆炸极限如图 1.19 所示。

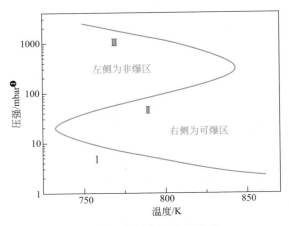

图 1.19　氢气和氧气混合物爆炸极限

研究表明：在链式反应进行时，每一条支链都是独立发展的，对应的支链反应长度是由该链进行过程中不同阶段反应速度比值决定的。因此，在链式反应中增加自由基、激发态原子或分子以及离子可以加速链式反应，进而改变链长并扩展爆炸范围。这为等离子体助燃技术的提出和发展奠定了理论基础。

1.4.2　等离子体助燃技术

等离子体点火助燃是利用等离子体的高温效应、化学效应和气动效应，提高点火能力和燃烧效率的新型点火助燃技术，其基本原理是通过产生自由基、氧原子等粒子，增强点火，提高火焰传播速度和稳定能力，拓宽熄火极限，进而在更高气压、更低火焰温度下实现高效燃烧。

等离子体的产生可通过先将燃烧室外的气体分子电离获得等离子体，然后将其输送至燃烧室内点燃混合气体，也可以通过直接将可燃混合气体置于具有一定电压梯度的电场中进行放电点火等两种途径实现。常用的放电（等离子体）点火方式主要包括火花塞点火和瞬态等离子体点火两种。火花塞点火属于点点火，所需的能量小，点火强度不高；瞬态等离子体点火相比之下具有更高的点火能量、更大的点火面积，能够使气体发生大面积电离，产生更多的反应自由基，从而快速触发链式反应。放电生成的自由基和活性粒子的种类与换算后的电场强度 E/N 密切相关，其中 E 为电场强度，N 为气体浓度。对于氢气和氧气混合气，E/N 较高时，注入的能量大部分用于混合气体分子的电离和离解；E/N

❶　1bar=0.1MPa。

较低时，注入的能量主要用于产生 O、O_2（$a^1\Delta_g$）和 O_2（$b^1\Sigma_g^+$）以及引起振动激发。典型的瞬态等离子体点火装置结构及点火照片如图 1.20 所示[32]，主要由阴极、阴极绝缘套、阳极（燃烧室内壁）等组成。其中，阴极位于燃烧室的中心，连接高压电源。工作时，连接在阴极的高压脉冲击穿阴阳极之间的混合气，实现大面积的快速点燃。

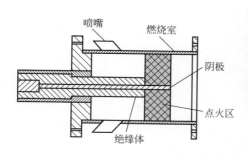

图 1.20　瞬态等离子体点火装置结构及点火照片

等离子体助燃的优点首先表现为加速链式反应进程，缩短点火延迟时间。对于内燃式发动机来讲，点火延时的缩短能够使其燃烧更为充分；对于超声速燃烧发动机来讲，能够提高其火焰稳定性。采用放电点火的氢气燃烧，自燃反应过程［式（1.2）～式（1.4）］将被电子碰撞引起的气体分子离解反应代替，具体反应式为：

$$H_2 + e \longrightarrow H + H + e \tag{1.8}$$

$$O_2 + e \longrightarrow O + O + e \tag{1.9}$$

文献 [31] 研究结果如图 1.21 所示：当 E/N 为 100 ～ 300Td（在 20℃时，1Td=0.33V/（cm·Torr[❶]）=10^{-17}V·cm^2）时，式（1.8）和式（1.9）的反应速率达到 10^{-10} ～ $10^{-8}cm^3/s$，这相比普通自燃反应的离解速率提高将近两个数量级。

Bozhenkov 等 [33] 通过纳秒高压脉冲放电实验研究了放电点火燃烧与自燃的点火延迟差异。实验中采用的混合气体比例为：$H_2/O_2/Ar$=12/6/82，气体温度和压强范围分别为 800 ～ 1400K 和 0.25 ～ 0.75atm[❷]，放电输入能量为 30 ～ 50mJ/cm^3。实验结果如图 1.22 所示：放电点火所需的点火温度降低了 200 ～ 250K，点火延迟时间明显降低。

等离子体助燃的另一优点体现在使爆炸极限模型向低温区移动，即爆炸在相对较低的温度下能够发生，能够促进低温区的完全燃烧，从而提高全周期能量转化效率以及减少不完全燃烧造成的有害辐射。Gorchakov 等 [34] 开展的 $2H_2$-O_2 混合气

❶ 1Torr=133.322Pa。
❷ 1atm=101325Pa。

体的瞬态等离子体点火实验验证了这一结论。如图 1.23 所示，爆炸极限曲线（右侧为可爆区）出现了明显的低温移动现象，并且移动的幅度与放电电流密切相关，放电电流越大越明显。

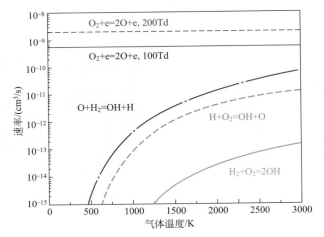

图 1.21　放电点火离解与自燃离解速率（E/N 为 100Td，200Td）

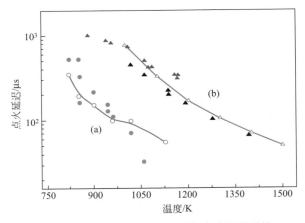

图 1.22　放电点火离解（a）与自燃（b）点火延迟比较

等离子体点火助燃的链式化学反应过程更为复杂，可能的助燃途径如图 1.24 所示[35]，将涉及燃烧动力学与活性基、激发态粒子、离子、电子以及其他中间产物间的强烈相互作用。为了探究复杂的链式反应机理，Breden 等[36]仿真研究了纳秒脉冲等离子体放电在超声速 H_2-O_2 流中的热力学现象，仿真参数设定为：背景气体浓度为 $7.243×10^{24}$ molecules/m^3，其中氢气占比 10%，氧气占比 90%；初始负电荷浓度为 10^9 molecules/m^3；击穿电压为 ±2000V；放电电流为 50 ~ 300mA。仿真得到了气体击穿以后不同基团的浓度占比，其中 O 原子基团浓度最高，为

10^{21}molecules/m³ 量级；激发的亚稳态氧分子浓度为 10^{20}molecules/m³；H 原子最大浓度为 10^{19}molecules/m³；OH 基团最大浓度为 10^{17}molecules/m³。这为助燃条件下新的氢氧反应模型的建立提供了依据。Breden 建立的模型中反应过程既包括传统的电子与分子的碰撞过程，还考虑了离子与离子、离子与中性粒子、O（¹D）、O_2（$a^1\Delta_g$）和 O_2（$b^1\Sigma_g^+$）等亚稳态以及振动态、转动态的激发等过程。Popov[37] 采用实验和仿真手段研究了"燃料 + 氧气""燃料 + 空气"混合气体的等离子体助燃机理。研究发现：放电产生的激发态 O（¹D）原子由于与氢气、碳氢分子的反应速度很快而在可燃混合物的氧化和重组中发挥主导作用，单态氧分子 O_2（$a^1\Delta_g$）虽然也参与链的激发和支链反应，但助燃作用不及氧原子明显。

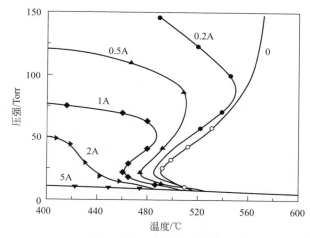

图 1.23　放电点火下氢爆炸极限的低温移动

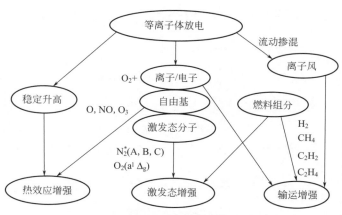

图 1.24　放电点火可能的助燃途径

1.4.3　等离子体在电磁场中的运动

等离子体是由离子、电子以及未电离的中性粒子组成的物质第四态，宏观上呈电中性，其运动主要受电磁力支配，并表现出显著的集体行为[38,39]。

在分析等离子体在电磁场中的运动情况时，可以做如下简化：

① 忽略中性粒子的作用，等离子体中只包含电子和单电荷离子两种组分，且在运动过程中正负粒子不分离；

② 工作流体在整个运动过程中保持准电中性：$n_e \approx n_i = n$；

③ 由于电子的质量比离子的质量小得多，所以忽略电子流的动量；

④ 忽略黏性效应和局部效应。

在上述假设下，电磁场中任意位置离子和电子的动量守恒方程可表示为：

$$m_i n \frac{\mathrm{d}\boldsymbol{u}_i}{\mathrm{d}t} = ne(\boldsymbol{E} + \boldsymbol{u}_i \times \boldsymbol{B}) - \nabla p_i + \boldsymbol{P}_{ie} \tag{1.10}$$

$$0 = -ne(\boldsymbol{E} + \boldsymbol{u}_e \times \boldsymbol{B}) - \nabla p_e + \boldsymbol{P}_{ei} \tag{1.11}$$

式中，m_i 是离子的质量；n 是电子和离子的通用数密度；$\boldsymbol{u}_i$ 和 $\boldsymbol{u}_e$ 分别为离子流和电子流在实验坐标下的速度；$\boldsymbol{E}$ 和 $\boldsymbol{B}$ 为该位置对应的电场强度矢量和磁感应强度矢量；p_i 和 p_e 分别为离子和电子的压强，而 $\boldsymbol{P}_{ie}$ 和 $\boldsymbol{P}_{ei}$ 分别为离子流与电子碰撞获得的动量以及电子流与离子碰撞获得的动量。从式（1.10）和式（1.11）可以看出，无论是离子还是电子，在电磁场中运动时不仅受到电场力 $ne\boldsymbol{E}$ 作用，还会受到磁场作用力即洛伦兹力 $ne(\boldsymbol{u} \times \boldsymbol{B})$ 的作用。

对于离子和电子的相互碰撞作用项，可以采用双理想流体假设进行简化：$\boldsymbol{P}_{ie} = -\boldsymbol{P}_{ei}$，结合式（1.10）和式（1.11）可得到：

$$m_i n \frac{\mathrm{d}\boldsymbol{u}_i}{\mathrm{d}t} = ne(\boldsymbol{E} + \boldsymbol{u}_i \times \boldsymbol{B}) - \nabla p_i - ne(\boldsymbol{E} + \boldsymbol{u}_e \times \boldsymbol{B}) - \nabla p_e \tag{1.12}$$

这里定义：$\nabla p = \nabla p_i + \nabla p_e$，$\rho = m_i n$，则有：

$$\rho \frac{\mathrm{d}\boldsymbol{u}_i}{\mathrm{d}t} = ne(\boldsymbol{u}_i - \boldsymbol{u}_e) \times \boldsymbol{B} - \nabla p \tag{1.13}$$

而由电子和离子的速度差可以计算电流密度：

$$\boldsymbol{j} = ne(\boldsymbol{u}_i - \boldsymbol{u}_e) \tag{1.14}$$

则式（1.13）简化后右边只剩下洛伦兹力项 $\boldsymbol{j} \times \boldsymbol{B}$ 和压力梯度项 ∇p：

$$\rho \frac{\mathrm{d}\boldsymbol{u}_i}{\mathrm{d}t} = ne(\boldsymbol{u}_i - \boldsymbol{u}_e) \times \boldsymbol{B} - \nabla p = \boldsymbol{j} \times \boldsymbol{B} - \nabla p \tag{1.15}$$

由式（1.15）可以看出，如果忽略压力梯度的影响，洛伦兹力将成为引起粒子加速的主要因素。电子被场加速但与离子碰撞时转移所有的动量，而离子也被场加速并且动量由于与电子不断碰撞而增加。等离子体平均速度近似认为 $u \approx u_i$，则式（1.15）也可描述整个等离子体流在电磁场中的运动规律。

1.4.4　电化学复合推进技术内涵

电化学复合推进是将爆震化学推进、等离子体助燃和电推进技术巧妙融合在一起而形成的一种新型推进技术。工质的化学加速和电加速过程在同一加速腔内同时进行，使推力器既能输出大推力，又具有较高比冲，有望解决传统化学推力器和传统电推力器存在的实质性问题。

（1）电化学复合推进结构

电化学复合推进结构如图1.25所示，主要组成部分包括电源、复合加速腔、尾喷管、工质储存及注入控制模块等。其中，电源用于提供混合气体电离和等离子体加速所需的高压脉冲和大电流；复合加速腔是工质燃烧和加速的载体，包括阴极、阳极、推力壁和固定板，其阳极为柱状圆筒结构，前端采用推力壁和固定板封闭，后端与尾喷管固定连接，柱状阴极与阳极同轴安装；工质储存及注入控制模块用于气体燃料和氧气的安全储存以及精确的流量注入控制。

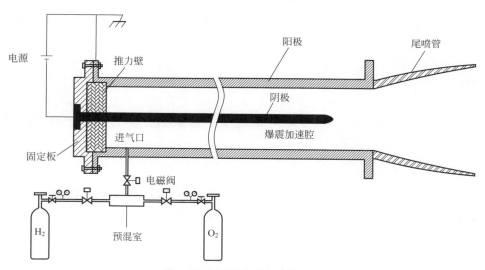

图1.25　电化学复合推进结构示意图

（2）电化学复合推进工作原理

电化学复合推进工作时采用脉冲重频模式，一个脉冲周期内的工作过程简单归纳如下：

① 首先将气体燃料和 O_2 预混后注入加速腔内，然后关闭进气阀；

② 注气结束，电源输出高压脉冲，将混合气体部分电离并点燃。燃烧释放的热能转化为工质的动能使其向后端膨胀加速，并逐步完成由爆燃向爆震状态的转变；

③ 在燃烧发展的同时，随着电离和燃烧的进行，阴极和阳极之间的阻抗状态逐步由高阻转变为低阻，电源输出电流逐步增大，使放电和燃烧产生的等离子体在洛伦兹力作用下继续加速，进一步提高推力器的比冲和推力。

④ 气体从尾喷管喷出后，一个脉冲周期结束。

（3）电化学复合推进性能预测

电化学复合推进与传统的电化学混合式推进系统有着本质的区别。所谓的"复合"不是将两种推进模块简单地并联整合和功能叠加，而是采用一套系统同时进行工质粒子的爆震燃烧化学加速和洛伦兹力电加速，并且两种加速过程是相互影响、彼此促进的，从而使推力器获得比传统混合式推进系统更优的性能。

① 电离助燃：在电推进过程中，电能除了用于加速带电粒子外，还有一部分能量用于电离工质气体，气体放电诱导产生更多的高效燃烧反应物，如单态氧分子 O_2（$a^1\Delta_g$）、O 原子、H 原子，提高化学燃烧效率，提升化学推进比冲。

② 燃烧高温促进电离：燃烧反应产生的高温能够提升等离子体密度，进而改变加速腔阻抗特性，增大放电电流，提升电加速效率。

对于纯电推进系统，用于电离的电能并不能用于工质的加速。而在复合推进系统中，这部分能量将被有效利用，用来产生更多的高效助燃剂，促进化学燃烧释放更多的能量，有利于提高化学推进比冲。同时，燃烧高温对于提高电推进电能利用效率会产生积极作用。因此，电化学复合推进系统相比纯电推进系统能够明显降低电能消耗。

参考
文献

[1] 禹天福. 空间化学推进技术的发展 [J]. 火箭推进，2005，31（6）：23-29.

[2] 陈健，曹永，潘海林，等. 双模式化学推进技术发展研究 [J]. 火箭推进，2006，32（4）：31-37.

[3] 杭观荣，洪鑫，康小录. 国外空间推进技术现状和发展趋势 [J]. 火箭推进，2013，39（5）：7-14.

[4] 张伟文，张天平. 空间电推进的技术发展及应用 [J]. 国际太空，2015，3：1-8.

[5] 李峰. 中国新一代大型地球同步轨道卫星公用平台 - 东方红五号卫星平台 [J]. 国际太空，2020，4：27-31.

[6] Goebel D M. Discharge Chamber Performance of the NEXIS Ion Thruster [R]. AIAA 2004-3813，2004.

［7］ Foster J. The High Power Electric Propulsion（HiPEP）Ion Thruster［R］. AIAA 2004-3812，2004.

［8］ Polk J E. An Overview of NASA's Electric Propulsion Programs［C］. IEPC-2011-330.

［9］ Loeb H W，Feili D. Design of High-Power High-Specific Impulse RF-Ion Thruster［C］. IEPC-2011-290.

［10］ Marques R I. Dual Stage Four Grid（DS4G）Ion Engine for Very High Velocity Change Missions［C］. IEPC-2009-157.

［11］ Zurbach S. A 20kW High Power Hall Effect Thruster for Exploration［C］. blst International Astronautical Congress，2010，C4. 4. 2.

［12］ Semenkin A V，Testoedov N A，Yakimov E N. Overview of Electric Propulsion Activity in Russia［C］. 30th International Electric Propulision Conference，Florence，Italy，2007：IEPC-2007-275.

［13］ Gorshkov Florenzre O A，Hall S J，Gallimore A D，et al. First Firing of A 100-kW Nested Channel Hall Thruster［C］. 33rd International Electric Propulision Conference，Washington D. C.，USA，2013：IEPC-2013-394.

［14］ Zurbach S，Cornu N. Performance Evaluation of A 20kW Hall Effect Thruster［C］. IEPC-2011-020.

［15］ Hall S J，Cusson S E，Gallimore A D. 30kW Performance of A 100-kW Class Nested-channel Hall Thruser［C］. Joint Conference of 30th International Symposiumon Space Technology and Science，34th International Electric Propulsion Conference and 6th Nano-satellite Symposiun，Hyogo-Kobe，Japan，2015：IEPC-2015-125/ISTS-2015-b-125.

［16］ Ducati A C，Giannini G M，Muehlberger E. Experimental Results in High-Specific Impulse Thermo-ionic Acceleration［J］. AIAA Journal，1964，2（8）：1452-1454.

［17］ 汤海滨，王一白，魏延明. 磁等离子体动力推力器回顾和认识［J］. 推进技术，2018，39（11）：2401-2413.

［18］ Squire J P. VASIMR VX-200 Operation at 200kW and Plume Measurements：Future Plans and an ISS EP Test Platform［C］. IEPC-2011-154.

［19］ Chang F R，Carter M D. Fast and Robust Human Missions to Mars with Advanced Nuclear Electric Power and VASIMR Propulsion［C］. Proceedings of Nuclear and Emerging Technologies for Space 2013，Albuquerque，NM，2013(Paper 6777).

［20］ 韩先伟，魏建国，孙斌，等. 大推力磁等离子体发动机技术分析与研究进展［C］. 第十一届中国电推进技术研讨会，北京，2015.

［21］ 孙斌，赵杨，魏建国，等. 30kW 级磁等离子体发动机实验研究［C］. 第十二届中国电推进技术研讨会，哈尔滨，2016.

［22］ Hill C S. Translation Studies on An Annular Field Reversed Configuration Device for Space Population［D］. Houghton：Mechanical Engineering Technological University，2012.

［23］ Panctti A P，Little J M，Neuhoff J S，et al. Electrodeless lorentz force（ELF）thruster for ISRU and sample return mission［C］. Joint Conference of 30th International Symposiumon Space Technology and Science，34th Internationnal Electric Propulsion Conference and 6th Nano-satellite Symposiun，Hyogo-Kobe，Japan，2015:IEPC-2015-67.

［24］ Kirtley D，Slough J，Pfaff M，et al. Steady Operation of An Electromagnetic Plasmoid

Thruster [C]. The 8th MSS/6th LPS/5th SPS Joint Subcommittee Meeting，JANNAF，2011：123-129.

[25] Biggs D，Avery S，Raymond L，et al. A Compact Helicon Thruster for Cubesat Applications [C]. Joint Conference of 30th International Symposium on Space Technology and Science，34th International Electric Propulsion Conference and 6th Nano-satellite Symposium，Hyogo-Kobe，Japan，2015：1-10.

[26] Spencer L F，Gallimore A D. Efficiency of CO_2 Dissociation in A Radio-frequency Discharge [J]. Plasma Chemistry and Plasma Processing，2011，31（1）：79-89.

[27] Charles C. High Density Conics in A Magnetically Expanding Helicon Plasma [J]. Applied Physics Letters，2010，96（5）：051502.

[28] Charles C，Boswell R W，Laine R，et al. An Experimental Investigation of Alternative Propellants for the Helicon Double Layer Thruster [J]. Journal of Physics D：Applied Physics，2008，41（17）：175213.

[29] Bosi F，Trezzolani F，Fabris A L，et al. Modelling and Optimization of Electrodeless Helicon Plasma Thruster with Different Propellants [C]. AIAA/ASME/SAE/ASEE Joint Propulsion Conference，USA，2013：1-17.

[30] 夏广庆，王冬雪，薛伟华，等. 螺旋波等离子体推进研究进展 [J]. 推进技术，2011，32（6）：857-863.

[31] Starikovskaia S M. Plasma Assisted Ignition and Combustion [J]. J. Phys. D：Appl. Phys.，2006，39：R265–R299.

[32] 于锦禄，何立明，丁未，等. 瞬态等离子体点火和火花塞点火起爆过程的对比研究 [J]. 推进技术，2013，34（11）：1575-1579.

[33] Bozhenkov S A，Starikovskaia S M，Starikovskii A Y. Nanosecond Gas Discharge Ignition of H_2 and CH_4 Containing Mixtures [J]. Combust. Flame，2003：133-46.

[34] Gorchakov G，Lavrov F. Influence of Electric Discharge on the Region of Spontaneous Ignition in the Mixture $2H_2$-O_2 [J]. Acta Physicochim.，1934，URSS 1：139-144.

[35] 吴云，李应红. 等离子体流动控制与点火助燃研究进展 [J]. 高电压技术，2014，40（7）：2024-2038.

[36] Breden D，Raja L L. Simulations of Thermal Phenomena in Nanosecond Pulsed Plasma Discharges in Supersonic O_2-H_2 Flows [C]. The 48th AIAA Aerospace Sciences Meeting Including the New Horizons Forum and Aerospace Exposition，2010.

[37] Popov N A. Kinetics of Plasma-assisted Combustion：Effect of Non-equilibrium Excitation on the Ignition and Oxidation of Combustible Mixtures [J]. Plasma Sources Sci. Technol.，2006，25：043002.

[38] Andrenucci M，Paganucci F. Fundamental Scaling Laws for Electric Propulsion Concepts Part 2：MPD Thrusters [C]. The 40th AIAA/ASME/SAE/ASEE Joint Propulsion Conference and Exhibit，2004.

[39] 毛军奎，韩启祥，等. 推进与动力 [M]. 北京：北京理工大学出版社，2016，6：383-385.

第**2**章
航天器轨道转移

轨道转移是指航天器在其控制系统作用下，由沿初始轨道运动改变为沿目标轨道运动的一种轨道间机动。从地球发射的航天器，当运载火箭无法直接将航天器送入预定轨道时，需要借助于轨道转移。例如，行星探测器、月球探测器、高轨人造地球卫星等都需要经过轨道转移才能达到预定目标轨道。轨道之间的转移有多种形式，按变轨次数分为一次、两次、多次和连续小推力变轨；按初始轨道和目标轨道的形状分为圆轨道之间、椭圆轨道之间、圆轨道与椭圆轨道之间的转移；按初始轨道和目标轨道相对位置分为共面和不共面转移；按能源效率和转移速度又可分为霍曼轨道转移、双椭圆轨道转移以及地球同步轨道转移等。

航天器轨道转移的变轨控制是一个十分复杂的过程。设计变轨控制策略时必须首先满足初始轨道和目标轨道的边界条件，还必须满足地面测控、星上控制以及推进系统硬件条件的限制，如每次变轨前进行轨道测定所需的时间，发动机推力大小、方向及点火方式，星敏感器工作高度和视场的限制等。最后，还要根据燃料消耗量或机动耗时对轨道转移控制策略进行优化。

2.1　航天器轨道转移基础

2.1.1　空间坐标系

研究航天器的运动，本质上就是研究它的位置在空间中相对于某点的距离矢量随时间的变化规律，而矢量的表达则取决于空间坐标系的选择。本节内容主要介绍分析航天器在轨运动特征时常用的空间坐标系[1]。

（1）地心赤道坐标系

地心赤道坐标系可以分为地心第一赤道坐标系（又称地心惯性坐标系）、地心第二赤道坐标系、地心第三赤道坐标系和地心第四赤道坐标系（又称地心直角坐标系）。其中，地心惯性坐标系比较常用，如图 2.1 所示。它以赤道面为基本平面，以地心 O 为原点。其 X 坐标轴在赤道面内，指向春分点；Z 轴垂直于赤道面，且与地球自转角速度矢量一致；Y 轴与 X 轴和 Z 轴垂直，且 Y 轴与 X、Z 轴构成右手坐标系。

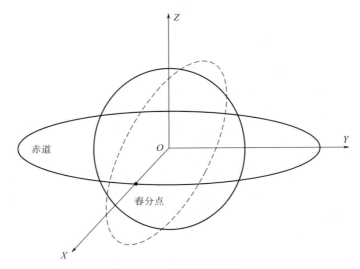

图 2.1 地心惯性坐标系

（2）轨道坐标系

航天器轨道坐标系如图 2.2 所示，其原点在航天器质心 O，Z 轴向下指向地心，X 轴沿轨道速度方向并与 Z 轴垂直，Y 轴垂直于轨道平面并与其他两轴构成右手坐标系。

（3）近焦点坐标系

近焦点坐标系如图 2.3 所示，它以轨道的焦点 O 为坐标原点，以航天器轨道平面为基准面，坐标轴分别为 p、q 和 w，p 轴由坐标原点指向椭圆轨道的近地点，将 p 轴在轨道平面内按航天器运动方向旋转 90º 即 q 轴的方向，w 轴垂直于轨道平面，并与 p 轴和 q 轴构成右手坐标系。

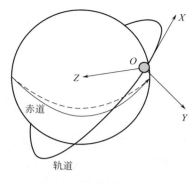

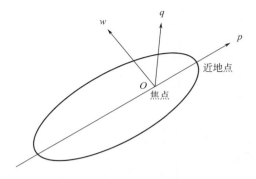

图 2.2　轨道坐标系　　　　　　　　　　　　　　　　图 2.3　近焦点坐标系

2.1.2　二体问题与轨道要素

（1）二体问题

在天体力学中，把研究两个天体（质点）在万有引力作用下的运动问题称为二体问题。在研究人造卫星相对地球运动时，若忽略其他天体引力和稀薄大气对卫星阻力以及把地球视作质量分布中心对称的正球体，卫星 - 地球系统可简化成二体问题[2]。

在二体系统中，可以轻易得出航天器绕地球运动的微分方程：

$$\frac{\mathrm{d}^2 \boldsymbol{r}}{\mathrm{d}t^2} = -\frac{\mu \boldsymbol{r}}{r^3} \tag{2.1}$$

在地心第一赤道坐标系中，式（2.1）可分解为：

$$\begin{cases} \ddot{x} = -\dfrac{\mu x}{r^3} \\[2mm] \ddot{y} = -\dfrac{\mu y}{r^3} \\[2mm] \ddot{z} = -\dfrac{\mu z}{r^3} \end{cases} \tag{2.2}$$

式中，x、y、z 为卫星坐标；r 为卫星到地心的距离，且有 $r = \sqrt{x^2 + y^2 + z^2}$；$\mu$ 为地球引力常数，值为 398600.5 km³/s²。

航天器的运动方程也存在一些积分。微分方程积分的本质是寻找机械系统的不变量，这些积分通常具有明确的物理意义。如果式（2.2）有解，则可写成如下形式：

$$\begin{cases} x=x(\sigma_i,t) \\ y=y(\sigma_i,t) \\ z=z(\sigma_i,t) \\ \dot{x}=\dot{x}(\sigma_i,t) \\ \dot{y}=\dot{y}(\sigma_i,t) \\ \dot{z}=\dot{z}(\sigma_i,t) \end{cases} \tag{2.3}$$

式中，σ_i $(i=1,2,\cdots,6)$ 为 6 个独立的积分常数。式（2.3）列出了积分常数和卫星位置、速度之间的关系。如果已知 t_0 时刻卫星的位置和速度为 x_0、y_0、z_0 及 $\dot{x}_0$、$\dot{y}_0$、$\dot{z}_0$，可以唯一地确定积分常数 $\sigma_i=\sigma_i(x_0,y_0,z_0,\dot{x}_0,\dot{y}_0,\dot{z}_0,t_0)$ $(i=1,2,\cdots,6)$，则通过式（2.3）可以解出任意时刻对应的卫星位置和速度。

下面通过一系列具体积分变换获得对应的积分常数。式（2.2）经简单变换可写成：

$$\begin{cases} \dfrac{\mathrm{d}}{\mathrm{d}t}(\dot{y}z-\dot{z}y)=0 \\ \dfrac{\mathrm{d}}{\mathrm{d}t}(\dot{y}x-\dot{x}y)=0 \\ \dfrac{\mathrm{d}}{\mathrm{d}t}(\dot{x}z-\dot{z}x)=0 \end{cases} \tag{2.4}$$

进而得出：

$$Ax+By+Cz=0 \tag{2.5}$$

式中，A、B、C 为积分常数，其中两个是独立的。该式表明，卫星是在轨道平面内运动的。

在轨道平面内建立极坐标系 $O\xi\eta$。其中，ξ、η 为卫星坐标，且满足 $\xi=r\cos\theta$，$\eta=r\sin\theta$。卫星在轨道极坐标系下的运动方程可写为：

$$\begin{cases} \ddot{r}-r\dot{\theta}^2=-\dfrac{\mu}{r^2} \\ r\ddot{\theta}-2\dot{r}\dot{\theta}=0 \end{cases} \tag{2.6}$$

将式（2.6）的第二式直接积分得到：$r^2\dot{\theta}=h$，h 为积分常数，进一步做 $\dfrac{1}{r}=u$ 变换，并以 θ 为自变量，可得：

$$\frac{\mathrm{d}^2u}{\mathrm{d}\theta^2}+u=\frac{\mu}{h^2} \tag{2.7}$$

式（2.7）的一般解为：

$$r = \frac{1}{u} = \frac{h^2\mu}{1 + e\cos(\theta - \omega)} \tag{2.8}$$

式（2.8）为圆锥曲线方程，存在两个积分常数 e 和 ω。若 $e=0$，则 r 等于常数，式（2.8）为圆周运动方程。当 $0 < e < 1$ 时，式（2.8）为椭圆方程，地心处在椭圆的一个焦点，e 为椭圆偏心率；$e=1$ 时，式（2.8）为抛物线方程；$e > 1$ 时，式（2.8）为双曲线方程。这里仅讨论 $0 < e < 1$ 的情形。

令 $v^2 = \dot{\eta}^2 + \dot{\xi}^2$，由 $\xi = r\cos\theta$，$\eta = r\sin\theta$ 可得到：

$$\mathrm{d}v^2 = -\frac{\mu}{r^2}\mathrm{d}r$$

积分后可得：

$$v^2 = \frac{2\mu}{r} - \frac{\mu}{a} \tag{2.9}$$

式（2.9）为能量（活力）积分，a 是积分常数，为椭圆轨道半长轴。容易证明：$h = \sqrt{\mu(1-e^2)a}$。

前面已经得到 5 个独立的积分常数，接下来由开普勒方程的推导获得第 6 个积分常数。有下列方程组：

$$\begin{cases} r^2\dot{\theta} = \sqrt{\mu(1-e^2)a} \\ v^2 = \dot{r}^2 + r^2\dot{\theta}^2 = \frac{2\mu}{r} - \frac{\mu}{a} \end{cases} \tag{2.10}$$

消去 $\dot{\theta}$ 可得：

$$\dot{r}^2 = \frac{\mu}{r^2 a}\left[a^2e^2 - (a-r)^2\right]$$

令 $n = \sqrt{\mu}a^{-\frac{3}{2}}$，$r = a(1 - e\cos E)$，式（2.10）可写成：

$$n\mathrm{d}t = (1 - e\cos E)\mathrm{d}E$$

积分可得：

$$n(t - \tau) = E - e\cos E \tag{2.11}$$

式（2.11）称为开普勒方程，τ 为其积分常数。开普勒方程反映了航天器在其轨道上的位置与时间的函数关系。τ 表示过近地点的时刻，n 为航天器在轨道运动上的平均角速度，E 为偏近点角。

至此，式（2.2）解中的 6 个积分常数都已经找到，并建立了 x、y、z、$\dot{x}$、$\dot{y}$、$\dot{z}$ 和积分常数的关系。

（2）轨道要素

在航天领域，一般习惯用二体问题解析解中的 6 个积分常数 a、e、i、ω、Ω、

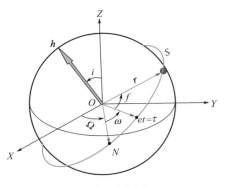

τ 来描述轨道的状况。这些参量称为轨道要素，也称轨道根数。图 2.4 描述了各轨道要素的几何意义，其中 ON 表示升节线，是轨道平面与地球赤道平面的交线。

① 半长轴 a。a 的几何意义是椭圆轨道的半长轴。

② 偏心率 e。e 的几何意义是椭圆轨道的偏心率。

③ 近地点幅角 ω。ω 表示升节线 ON 与 e 的夹角。

图 2.4 轨道要素

④ 升交点赤经 Ω 和轨道倾角 i。Ω 表示升节线 ON 与 X 轴的夹角，i 为动量矩 h 与 Z 轴的夹角。

式（2.5）中的轨道平面方向数 A、B、C 可表示为：

$$A=\sin i\cos\Omega$$
$$B=-\sin i\cos\Omega$$
$$C=\cos i$$

⑤ 过近地点时刻 τ。根据前面的定义 $r=a(1-e\cos E)$，E 为偏近点角。显然，$E=0$ 和 $E=180°$ 分别为近地点和远地点。当 $t=\tau$ 时，$E=0$，因此，能够看出 τ 为卫星过近地点时刻。定义 $M=n(t-\tau)$ 为平近点角，其意义是从近地点开始，以平均角速度 n 运动的卫星转过的角度。

2.1.3 航天器运行轨道

（1）轨道分类

航天器的运行轨道具有多种分类方式。最为常见的划分方式是按照高度不同将航天器运行轨道区分为低轨道（LEO）、中轨道（MEO）、高轨道、地球同步轨道以及地球静止轨道（GEO）。一般将运行高度不高于 2000km 的轨道称为低轨道，运行高度处于 2000 ～ 20000km 之间的轨道称为中轨道，运行高度大于 20000km 而又小于 35786.6km 的轨道称为高轨道，运行高度恰好为 35786.6km 的轨道称为地球同步轨道，而将轨道倾角为零的地球同步轨道称为地球静止轨道。处于地球同步轨道的

航天器运行周期（23 小时 56 分 4 秒，即 1 恒星日）与地球自转周期相同，而处于地球静止轨道的航天器运行于赤道轨道，从地面上看，航天器相对于地球是静止的。

按照轨道倾角 i 的不同，航天器轨道可区分为赤道轨道（$i=0°$）、顺行轨道（$0°<i<90°$）、极轨道（$i=90°$）、逆行轨道（$i>90°$）和太阳同步轨道（$96°<i<110°$）。赤道轨道处于赤道平面内，地球静止轨道卫星的轨道属于该轨道。多数卫星采用顺行轨道，可以利用地球自转速度，从而节省发射需要的能量。逆行轨道中地球自转速度起负作用，一般不被采用。太阳同步轨道卫星的轨道平面绕地球自转轴的旋转方向和角速度与地球绕太阳公转的方向和平均角速度相同。直观地讲，即卫星、太阳和地球保持三点一线。

按照轨道偏心率 e 的不同，航天器运行轨道还可划分为圆轨道（$e=0$）、椭圆轨道（$0<e<1$）、抛物线轨道（$e=1$）和双曲线轨道（$e>1$）。偏心率大于 0.2 的轨道又称为大椭圆轨道。沿大椭圆轨道运行的卫星，探测范围相对较大。沿抛物线和双曲线轨道运行的航天器将飞离地球的引力场。卫星探测器的星际航行一般采用这两种轨道。

（2）轨道选择

以人造地球卫星为例，不同类型的卫星为满足自身功能实现，对于运行轨道的选择具有特定的要求。对地观测卫星要求具有高的地面分辨率和识别波谱特性。军用对地观测卫星一般采用近地近圆轨道，而对于地球和海洋资源观测卫星一般采用高度为 800km 左右的太阳同步圆轨道。

通信卫星一般处于地球静止轨道，相对地球静止不动，有利于地面站天线的跟踪，用来实现昼夜连续通信。另外，一些通信卫星采用了大倾角、远地点达 4 万千米的大椭圆轨道，用于高纬度地区的通信。

气象卫星多采用太阳同步轨道或地球静止轨道，其中太阳同步轨道高度呈圆形，偏心率小于千分之一，倾角大于 90°，为保证云图质量，高度一般在 800 ～ 1000km。

导航卫星的轨道均选用圆轨道，高度一般为中高轨道至地球同步轨道。例如，多普勒导航卫星选用高度为上千公里的圆形极轨道，既能减少大气阻力对轨道的影响，又不会使多普勒频移减小和传递误差增大。

电子侦察卫星的轨道一般为近圆形和圆形。为了兼顾定位精度和卫星长期工作的要求，单星定位卫星的轨道高度一般在 400 ～ 500km，多星定位卫星的轨道高度一般为 1000km 以上，有利于实现对特定区域的长期、大面积监视。

2.1.4 轨道转移动力学问题

（1）推力模型

推进发动机用于为航天器轨道机动提供动力，在空间应用已有几十年的历史，主要类型有冷气推进、单组元推进、双组元推进和电推进等。虽然空气动力、太阳光压、电磁力等环境力也可用于变轨，但当今多数航天器的变轨推力还是由推进发动机产生的。变轨发动机种类不同，其推力大小和可控性也不相同，对应的变轨动力学过程也将存在较大差异。

本节将根据不同类型发动机的特点，分别介绍脉冲推力、有限推力和小推力三种推力模型[3]。

① 脉冲推力模型。

早期的地球静止轨道卫星都是利用固体发动机来进行远地点变轨的。固体发动机推力大（如几十 kN）、作用时间短（几十秒），其推力的大小和持续时间是不可控的，且总冲量是预先设定的，一次性使用。因为固体发动机推力作用时间比变轨前后轨道的周期短得多，可以将推力随时间变化的函数近似为脉冲函数，使其冲量等于元推力的冲量，也称这种满足冲量假设的变轨方式为脉冲式变轨。

在脉冲式变轨前后，航天器在空间的位置不变，而速度矢量突然获得改变量 Δv，其方向沿推力矢量，大小为 Δv，同时航天器质量也突然改变 Δm（推进剂消耗量）。Δv 和 Δm 的关系式满足：

$$|\Delta v| = -u\lg\left(1 - \frac{T\Delta t}{m_0 u}\right) \tag{2.12}$$

$$\Delta m = -\frac{T\Delta t}{u} \tag{2.13}$$

式中，T 为变轨过程中发动机推力，Δt 为推力作用时间，u 为发动机出口排气速度，m_0 为变轨前航天器总质量。对于固体发动机，$T\Delta t$ 即等于发动机的总冲 P。

② 有限（连续）推力模型。

固体发动机比冲较低，脉冲式变轨需要的推进剂多，导致卫星有效载荷比很低。现在，卫星基本采用性能更高的液体发动机进行变轨。液体发动机比冲高于固体发动机，并且可以进行多次点火，前一次点火中产生的误差可在后续点火期间进行修正，其低推力特性在变轨期间容易维持卫星的三轴稳定性。

液体发动机提供的推力较低（零点几牛至几百牛），可视其为有限推力。当推力较小，作用时间较长时，冲量假设将不再成立，需要处理成变轨中连续作用的有限推力模型。在推力非常小时，推力作用弧段甚至可能遍及整个轨道机动过程的大部分或全部。在推力作用时，航天器的质量变化服从变质量体动力学方程：

$$\dot{m} = \frac{T}{u} \tag{2.14}$$

在进行控制策略设计和优化时，常假定 T 和 u 为恒值，以简化分析过程。

③ 小推力模型。

当使用推力极小的电推进系统或利用太阳光压等自然力进行轨道机动时，航天器的加速度极小。整个轨道机动延续的时间比起轨道周期长得多，轨道根数在一个轨道周期中变化很小，一般将这种情况处理成小推力模型。

(2) 轨道转移动力学方程

航天器的运动状态常采用位置、速度以及开普勒轨道根数两种方式进行描述[4]。

① 用位置和速度表达的运动方程。

在中心引力场和有限推力假设下，一般的以位置和速度为状态量的轨道转移动力学方程为：

$$\begin{cases} \dot{\boldsymbol{r}} = \boldsymbol{v} \\ \dot{\boldsymbol{v}} = -\dfrac{\mu}{r^3}\boldsymbol{r} + \dfrac{\boldsymbol{T}}{m} \\ \dot{m} = -\dfrac{T}{u} \end{cases} \tag{2.15}$$

式中，$\boldsymbol{r}$，$\boldsymbol{v}$ 分别是航天器相对于引力中心惯性坐标系的位置和速度矢量，m 是航天器质量，μ 是引力常数，$\boldsymbol{T}$ 是发动机推力矢量，T 是对应的推力大小，u 是推进剂喷射速度。

② 用轨道根数描述的运动方程。

轨道根数是二体运动的积分常数。在受摄或受控运动中，轨道根数与同一时刻的位置和速度矢量是一一对应的，其在控制力作用下的变化规律可以用高斯型摄动方程描述，摄动方程和变质量动力学方程一起构成了变轨过程的动力学方程。具体形式如下：

$$\begin{cases} \dot{a} = \dfrac{2a^2 e \sin\theta}{h} f_r + \dfrac{2a^2 p}{hr} f_t \\ \dot{e} = \dfrac{p\sin\theta}{h} f_r + \dfrac{(p+r)\cos\theta + re}{h} f_t \\ \dot{i} = \dfrac{r\cos(\theta+\omega)}{h} f_n \\ \dot{\Omega} = \dfrac{r\sin(\theta+\omega)}{h\sin i} f_n \\ \dot{\omega} = -\dfrac{p\cos\theta}{he} f_r + \dfrac{(p+r)\cos\theta}{he} f_t - \dfrac{r\sin(\omega+\theta)\cos i}{h\sin i} f_n \\ \dot{M} = n + \dfrac{p\cos\theta - 2er}{ahe} f_r - \dfrac{(p+r)\sin\theta}{ahe} f_t \\ \dot{m} = -\dfrac{T}{u} \end{cases} \tag{2.16}$$

式中：

$$p=a(1-e^2)$$

$$h=\sqrt{\mu p}$$

$$n=\sqrt{\frac{\mu}{a^3}}$$

$$r=\frac{p}{1+e\cos\theta}$$

M 为平近点角。$[f_r \ f_t \ f_n]$ 为施加在航天器上的加速度，包括推力加速度和摄动加速度，具体满足：

$$\begin{bmatrix} f_r \\ f_t \\ f_n \end{bmatrix} = \frac{T}{m}\boldsymbol{u} + \boldsymbol{f}_p \tag{2.17}$$

式中，$\boldsymbol{f}_p$ 为摄动加速度矢量。

2.2 一般情形航天器轨道转移过程

2.2.1 轨道转移控制策略

在实施轨道转移任务时，变轨分几次进行、每次变轨量的大小、每次变轨在什么时候进行等，都属于控制策略范畴。目前，多数航天器一般依靠液体发动机实施轨道转移任务。以我国的"东三"卫星平台为例，变轨发动机主要由 1 台 490N 远地点液体发动机和 14 只 10N 单组元推力器组成。虽然液体发动机相比以往使用的固体发动机在比冲上有所提高，但毕竟属于化学推力器，比冲仅有 350s 左右，执行大速度增量的变轨任务时需要携带大量燃料。

根据齐奥尔科夫斯基公式，航天器最终质量和初始质量的关系式可表示为：

$$M_f = M_0 - M_p = M_0 e^{-\Delta v / u} = M_0 e^{-\Delta v / (g I_{sp})} \tag{2.18}$$

式中，M_f 为消耗工质之后的航天器质量；M_0 为任务前航天器质量；M_p 为消耗的工质质量；g 为重力加速度；I_{sp} 为比冲，单位为 s，其大小与排气速度成正比。由式（2.18）可见，在变轨发动机性能参数和卫星平台质量以及载荷能力固定后，在制定轨道转移控制策略时，为降低燃料消耗量 M_p，应尽可能地通过最优的转移轨道变轨，即以最小速度增量转移轨道实施变轨。

轨道能量 ε 可以定义为：

$$\varepsilon = \frac{v^2}{2} - \frac{\mu}{r}$$

变轨前后轨道能量的改变量为：

$$\Delta\varepsilon = \boldsymbol{v}_0 \cdot \Delta\boldsymbol{v} + \frac{1}{2}\Delta v^2 \tag{2.19}$$

由式（2.19）可知，变轨前后能量改变量与速度增量成正比关系，因此，最优的变轨策略对应的轨道转移也称为最小能量转移。并且，为了最有效地控制 ε，应使 $\Delta\boldsymbol{v}$ 与 $\boldsymbol{v}_0$ 共线，此时控制前后速度方向不变，轨道面不变。控前速度 $\boldsymbol{v}_0$ 越大，则控制 ε 的效率越高。因此，在近地点附近沿速度方向施加推力是改变 ε 的最有效方法。

2.2.2 几种常见的轨道转移过程

本节介绍几种空间常见的轨道转移过程 [2]，主要包括共面圆轨道之间的转移、共面椭圆轨道之间的转移、非共面圆轨道之间的转移以及月球探测器的轨道转移。

（1）共面圆轨道之间的转移

共面圆轨道之间的转移是最简单的一种情况。设 t_1 时刻，航天器位于停泊轨道的 A 点，其运动参数为 r_A 与 v_A，航天器上的发动机在 A 点点火后，在同一平面内航天器获得速度增量 Δv_A，从停泊轨道进入转移轨道。设转移轨道与目标轨道相交于 B 点，对应运动参数为 r_B 与 v_B，为了使航天器进入目标轨道，需要在 B 点施加第二次脉冲推力，产生速度增量 Δv_B。当 A 点和 B 点分别为转移轨道的远地点和近地点且转移椭圆轨道和停泊轨道在近地点相切而和目标轨道在远地点相切时对应的转移轨道为最佳转移轨道，也称为霍曼转移轨道。霍曼转移总的速度增量大小为：

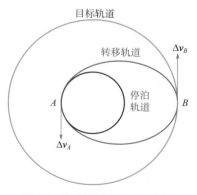

图 2.5　共面圆轨道之间的霍曼转移

$$\Delta v = v_A \left[\frac{2n_{\mathrm{T}}}{1+n_{\mathrm{T}}} \left(1 - \frac{1}{\sqrt{n_{\mathrm{T}}}} \right) - 1 \right] \tag{2.20}$$

式中，$n_{\mathrm{T}} = r_B / r_A$。

对于共面圆轨道之间的转移，对应最小速度增量的转移轨道是霍曼提出的和内圆外切和外圆内切的双切椭圆，如图 2.5 所示。霍曼转移虽然能量最省，但完成转移所花费的时间并不最优，而且对航天器的位置和速度都有严格的要求。

当目标轨道和停泊轨道半径比值大于

11.938765 时，三冲量双椭圆转移轨道所需的速度增量比霍曼转移轨道的速度增量还要小，具体转移过程如图 2.6 所示。

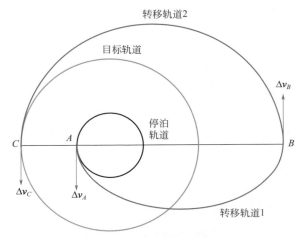

图 2.6　共面圆轨道之间的三冲量最优转移

（2）共面椭圆轨道之间的转移

共面椭圆轨道之间的转移又可分为拱线相同而大小不同的共面椭圆轨道转移、拱线不同而大小相同的共面椭圆轨道转移以及拱线不同、大小不同的共面椭圆转移三种类型。这里只给出论证得到的三种类型对应的最优转移结果。

① 拱线相同大小不同的共面椭圆轨道转移。

假设停泊轨道和目标轨道为共拱线不相交的椭圆轨道，它们的近地点（或远地点）方向一致，如图 2.7 所示。内椭圆偏心率和近地点距离分别为 e_1 和 r_{p1}，外椭圆偏心率和近地点距离分别为 e_2 和 r_{p2}。最优转移轨道应是在 A 处和内椭圆轨道相切、在 B 处和外椭圆轨道相切的椭圆轨道，完成轨道转移所需的速度增量大小为：

$$\Delta v = \Delta v_A + \Delta v_B = \left[\frac{\mu}{r_{p1}} \left(\sqrt{\frac{\frac{2r_{p2}}{r_{p1}}}{1 + \frac{r_{p2}}{r_{p1}}}} - \sqrt{1 - e_1} \right) \right] + \left[\frac{\mu}{r_{p2}} \left(\sqrt{1 - e_2} - \sqrt{\frac{2}{1 + \frac{r_{p2}}{r_{p1}}}} \right) \right] \quad (2.21)$$

② 拱线不同大小相同的共面椭圆轨道转移。

假设停泊轨道和目标轨道为拱线不同大小相同的椭圆轨道，它们的拱线相交于 O，夹角为 $\Delta \omega$，如图 2.8 所示。最优转移轨道应是在交点 A 处施加速度增量 Δv，或者在 A 处施加速度增量 Δv，轨道转移结果相同，完成轨道转移所需的速度增量为：

$$\Delta v = 2e\sqrt{\frac{\mu}{p}}\sin\frac{\Delta\omega}{2} \qquad (2.22)$$

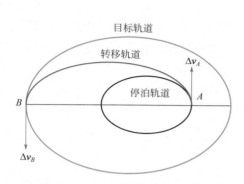

图 2.7 拱线相同大小不同的共面椭圆轨道最优转移

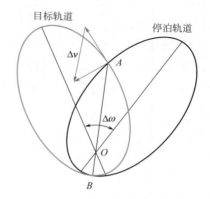

图 2.8 拱线不同大小相同的共面椭圆轨道最优转移

③ 拱线不同大小不同的共面椭圆轨道转移。

假设停泊轨道和目标轨道为拱线不同大小不同的椭圆轨道，如图 2.9 所示。最优转移轨道应是在停泊轨道的交点 A 处施加速度增量 Δv_A，使航天器进入转移轨道；在转移轨道与目标轨道的交点 B 施加速度增量 Δv_B，使航天器进入目标轨道。对应的速度增量的计算过程较为复杂，这里不做介绍。

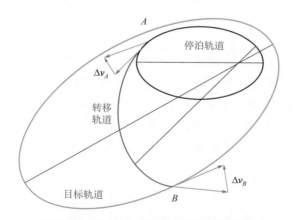

图 2.9 拱线不同大小不同的共面椭圆轨道最优转移

(3) 非共面圆轨道之间的转移

非共面圆轨道之间的转移是最普遍的轨道转移情况。这里以地球静止轨道卫星的发射入轨过程为例进行介绍。地球静止轨道卫星发射时，最省能量的转移过程如图 2.10 所示。首先由运载火箭把卫星送入半径为 r_1 的近地圆轨道（停泊轨道）。由于大多数国家的发射场不在赤道上，受发射场地理纬度的限制，实际上停泊轨道与地球的赤道面总有一个夹角 i，即轨道倾角。当卫星沿停泊轨道运行到赤道平面时，末级火箭再次点火把卫星推入轨道倾角为 i_2 的霍曼转移轨道。该转移轨道的近地点在近地轨道上，远地点的地心距等于地球静止轨道半径。当卫星沿转移轨道运行到远地点时，由卫星上的远地点发动机将卫星由转移轨道送入半径为 r_2、轨道倾角为 0° 地球静止轨道。霍曼转移轨道的倾角 i_2 满足：

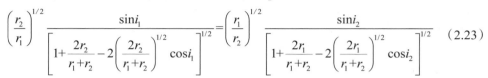

$$\left(\frac{r_2}{r_1}\right)^{1/2}\frac{\sin i_1}{\left[1+\frac{2r_2}{r_1+r_2}-2\left(\frac{2r_2}{r_1+r_2}\right)^{1/2}\cos i_1\right]^{1/2}}=\left(\frac{r_1}{r_2}\right)^{1/2}\frac{\sin i_2}{\left[1+\frac{2r_1}{r_1+r_2}-2\left(\frac{2r_1}{r_1+r_2}\right)^{1/2}\cos i_2\right]^{1/2}} \quad (2.23)$$

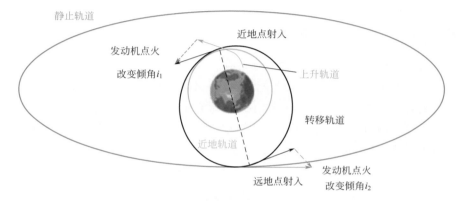

图 2.10　地球静止轨道卫星发射入轨过程

采用上述最省能量轨道转移方案，在变轨点 1（霍曼转移轨道近地点）施加的第一次冲量可使轨道倾角改变 $i_1=i-i_2$，又可使卫星由近地圆轨道进入霍曼转移轨道；在变轨点 2（霍曼转移轨道远地点）施加的第二次冲量既可使轨道倾角改变 i_2，又可使卫星由椭圆转移轨道进入地球静止圆轨道。两次过程对应的速度增量为：

$$\Delta v=\left(\frac{\mu}{r_1}\right)^{1/2}\left[1+\frac{2r_2}{r_1+r_2}-2\left(\frac{2r_2}{r_1+r_2}\right)^{1/2}\cos i_1\right]+\left(\frac{\mu}{r_2}\right)^{1/2}\left[1+\frac{2r_1}{r_1+r_2}-2\left(\frac{2r_1}{r_1+r_2}\right)^{1/2}\cos i_2\right] \quad (2.24)$$

由于卫星变轨过程中需要不断进行轨道和姿态测控，实际的静止轨道卫星入轨实施过程更为复杂。具体来讲，运载火箭先将卫星送入 200 ～ 400km 的近地圆轨道；卫星在近地圆轨道运行约 15min 后到达赤道上空。第三级火箭重新点火，将卫星送入椭圆转移轨道。卫星在转移轨道上运行 6.5 圈，由测控系统对卫星的轨道和姿态进行精确的测量，确定远地点发动机的点火时刻，并通过遥控指令由卫星姿控系统将卫星的姿态进行调整，使其在远地点发动机工作时具有所需要的姿态。然后远地点发动机才将卫星送入准同步轨道（又称漂移轨道）。最后卫星通过一系列轨道修正进入同步轨道。

（4）月球探测器的轨道转移

相比人造地球卫星，月球探测器的轨道转移过程更为复杂，对应的轨道控制、姿态控制、远距离测控等技术难度也更高。以我国"嫦娥一号"月球探测器为例，其轨道转移过程不仅包括与人造地球卫星类似的发射入轨过程，还包括卫星经地月转移轨道由地球轨道向月球轨道的转移过程以及月球轨道的入轨转移过程。图2.11描述了"嫦娥一号"月球探测器的具体轨道转移过程，其详细流程有很多公开资料可供查询，这里不再赘述。

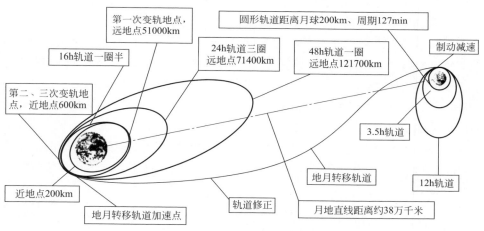

图2.11 "嫦娥一号"探测器轨道转移过程

2.3 应用电推进的轨道转移过程

与传统化学推进相比，电推进具有高比冲和长寿命的优势，可大幅度降低推进剂消耗量，对于总冲量大的空间任务，如频繁变轨和长期轨道保持等，是非常有前途的推进方式。鉴于电推进系统的应用优势和良好的在轨工作性能，未来越来越多的卫星平台将考虑采用全电推进系统完成星箭分离后的入轨机动、定点捕获、位置保持以及离轨机动等所有任务。

2.3.1 基于电推进的轨道转移特点

在本书的 1.2 节中，已经介绍了电推进系统在空间的三种主要应用，即静止轨道通信卫星位置保持、静止轨道卫星轨道转移和深空探测主推进。应用电推进系统进行位置保持的技术已日趋成熟，电推进也已成为高轨卫星的标准配置。虽然目前电推进系统在静止轨道卫星轨道转移和深空探测主推进任务中总体应用比例不高，未来随着电推进技术的进一步提高以及轨道转移控制技术的进步，电推进系统的应用将更为广泛。

综合来讲，应用电推进的轨道转移过程[4]主要有下列几个特点：

（1）推进剂消耗量低

电推进很容易实现比化学推进高一个数量级的比冲性能，在轨道转移过程中可以节省大量推进剂，这对于增加航天器有效载荷，降低发射质量和成本，延长工作寿命等方面是非常有利的。

美国 NASA 发射的小行星带探测器 Dawn 采用比冲为 3100s、推力为 90mN 的 NSTAR 离子推力器实现目标轨道入轨转移，整个任务过程可以提供超过 10km/s 的速度增量，而氙推进剂的消耗量仅为 425kg。美国波音公司的 BSS-702SP 全电推进卫星平台采用比冲为 3800s 的 XIPS-25 离子推力器实现星箭分离后的地球同步轨道入轨转移任务。对于相同的任务需求，采用传统的化学推进系统将需要 1650kg 的燃料，而 XIPS-25 离子推力器只需 150kg 的氙推进剂，效率提高了 10 倍左右，并且降低了卫星平台的发射质量，使卫星载荷比和效费比得到显著提升。

（2）轨道转移周期长

按照推力器作用时间长短不同，轨道转移可以分为大推力脉冲机动和小推力连续机动轨道转移两种。目前，基于电推进技术的轨道转移还属于典型的小推力连续机动。由于当前应用的电推进系统推力很小，一般在几十 mN 到几百 mN 之间，远远小于化学推进的推力，导致航天器轨道转移周期很长。图 2.12 定性描述了基于大推力化学推进和小推力电推进的近地轨道向地球静止轨道的轨道转移过程。相比大推力化学推进的霍曼转移过程，采用小推力电推进变轨卫星将绕地球运行几百甚至上千圈才能到达地球静止轨道，周期可谓十分漫长。

采用小推力电推进进行机动变轨的案例也时有发生。"阿蒂米斯"（ARTEMIS）卫星是欧洲航天局在 2001 年 7 月发射的一颗通信中继卫星。由于在发射时"阿丽亚娜 5 号"运载火箭的第三级发生故障，这颗卫星被送入一条 590km×17487km 的低轨转移轨道。为了完成入轨任务，它的液体燃料远地点发动机进行 8 次点火，将其送入高度为 31000km 的近圆轨道。最后使用离子推力器系统历时 18 个月最终到达同步轨道并定点。类似的轨道转移过程也发生在2010 年 8 月发射的洛克希德·马丁公司先进极高频 -1（AEHF-1）卫星上。由于远地点发动机发生故障，卫星使用 2 台 BPT-4000 推力器历时 14 个月完成了几乎全部的轨道转移任务。在较为先进的 BSS-702SP 全电推进卫星平台上也采用过离子推力器完成部分轨道转移任务，化学推进把卫星送入近地点约 30000km、远地点约 42000km、倾角 0° 的中间椭圆轨道后，电推进在 1.5 个月内把卫星送入地球静止轨道。

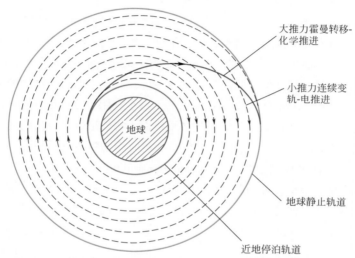

图 2.12　基于大推力化学推进和小推力电推进的近地轨道向地球静止轨道转移

（3）变轨控制复杂

由于电推进系统推力较小，难以在短时间内产生变轨需要的巨大速度增量，对应轨道转移的时间将长达数月甚至数年。由于初值估计偏差随时间的传播和累积，并且卫星在运行过程中会受到大气阻力、地球扁率、光压、日月引力等摄动影响。一般来说，轨道转移时间越长、圈次越多，变轨策略优化难度越大，变轨控制越复杂。

2.3.2　电推进轨道转移策略概述

传统的脉冲转移轨道设计对应于一个多变量的函数极值问题，可以转化为相应的含有约束的非线性规划问题进行分析，求解相对简单。对于电推进卫星，其轨道转移的设计和优化与传统的脉冲推力转移方式有显著不同。对于采用电推进系统进行轨道转移的问题，由于推力器提供的推力很小，需要连续长期工作才能实现最终的变轨，这将导致卫星的运动方程不可积，无法通过解析的方法对转移轨道进行求解。

一般来说，基于连续小推力的轨道转移轨迹优化数值方法主要分为间接法和直接法。直接法在 20 世纪 70 年代以来迅速发展，可以分为直接打靶法、配点法以及伪光谱法等，具体处理过程是通过对控制量进行参数化，将轨道优化问题转化为一个带有约束的离散参数优化问题，然后采用非线性规划算法求解上述问题。Betts 利用直接配点法成功求解了高精度的地球 - 月球小推力转移轨道，充分验证了直接配点法是一种非常高效的优化算法。Herman 和 Spencer 在研究中发现，直接配点法虽然具有较高的收敛特性，但为了保证较高的求解精度，通常需要划分大量的节点，使问题求解较为困难。Banks 证明了采用 Legendre 伪谱法可以使非线性规划问题解满足间接法的一阶最优性必要条件，避免了以往直接法的一个明显不足。间接法在 20 世纪 60 年代发展兴起，其思路是利用变分法或 Pontryagin 极大值原理推导满足广义性能指标最优的一阶必要条件，将轨道优化方法问题转化为两点边界值问题。Kechichian 基于间接法研究了固定时间燃料最省转移问题，推力器推力大小和方向均作为控制参数。Colasurdo 和 Casalino 采用间接法研究了考虑地球阴影影响的小推力最优转移问题。Nah 和 Vadali 研究了利用可变比冲推力器的燃料最省火星转移问题。研究表明，采用间接法求解精度高，获得的解满足变分原理中的一阶最优性条件，但求解过程中涉及共轭状态的初值猜测和横截条件，很难给出合适的初始猜测。

上述方法获得的最优控制律都是开环的，鲁棒性较差，对于外界的干扰极其敏感，而且求解过程相对复杂，实时性较差。因此，除了前面的方法，一些学者提出了适合星上自主运行的制导策略。例如，Ilgen 以开普勒轨道根数为状态量，采用基于 Lyapunov 函数的反馈控制方法求解小推力轨道转移问题。Chang 等使用角动量矢量和偏心率矢量构造 Lyapunov 函数，并在笛卡儿坐标系下求解了小推力最优转移。国内 Ren 等以改进的春分点轨道根数作为状态量构造 Lyapunov 函数，并使用遗传算法优化增益。

综合来讲，对于采用电推进系统的连续小推力轨道转移，推力的大小和方向作为控制量可以随时间变化，因此，相比脉冲推力下的机动，该系统增加了轨道优化的难度。目前，国内外学者根据任务需求的不同提出了多种轨道转移设计和优化方法，且相关理论还在进一步发展中。本节仅简要介绍了几种典型方法的原理，具体的变轨过程动力学描述及优化算法的理论推导可参考本章所附文献 [4] ～文献 [6]。

2.4 未来航天器空间轨道转移需求

2.4.1 未来机动平台能力发展方向

空间对抗领域的应用是推动轨道转移技术进步的重要牵引。鉴于发展空间攻防对抗手段的复杂性和敏感性，美国、俄罗斯等航天强国通过掩军于民、隐蔽推进的方法，以在轨操作、空间碎片清除等为重点，加速推进空间攻防对抗技术的演示验证和能力储备，其中一个重要内容就是验证飞行器的轨道转移、自主逼近、交会对接等机动控制能力[7]。

美国国防高级研究计划局（DARPA）主持开展的"轨道快车计划"验证的轨道机动主要涉及交会对接过程中远程段、近程段、逼近段和对接段等轨道机动技术。美国空军研究实验室开展的"试验性卫星系统计划"验证的轨道机动关键技术主要包括对目标进行大范围的环绕机动以及在星载和地面指令控制下自主接近、绕飞另外一个空间物体。NASA进行的"自主交会技术验证计划"主要验证自主交会对接以及与被动目标接近的闭环逼近控制精度。DARPA开展的以在轨操作为重点的"凤凰计划""蜻蜓计划"和"同步轨道卫星机器人服务计划"等项目也验证了服务星的远程机动技术、与非合作目标的交会与逼近技术、卫星识别技术等。除此以外，美国还在大力推进"空间作战飞行器计划"和"空间机动飞行器计划"，其空间机动飞行器（Space Maneuver Vehicle，SMV）、空间作战飞行器（Space Operations Vehicle，SOV）及通用空天飞行器（Common Aero Vehicle，CAV）一起构成美国空军从地基到高轨的全空域控制能力。其中，SMV能够快速改变轨道倾角或轨道高度，具备很强的战术能力。

除美国外，俄罗斯也在频繁进行卫星轨道机动试验。在2015年3月发射的"宇宙"-2504卫星在轨进行了11次左右的近距离接近火箭上面级的机动操作，机动能力符合在轨进攻武器特性。2015年10月，俄罗斯"卢奇"号机密卫星在国际通信卫星组织的两颗地球同步轨道卫星之间停留了5个月，期间进行多次轨道机动并接近一颗卫星的10km范围内，验证了其近距离抵近目标的机动能力。

在人造卫星发展的初期，空间轨道转移一般发生在高轨人造地球卫星或深空探测器的入轨机动阶段，多为基于脉冲推力下的开普勒轨道转移。随着空间应用领域的不断扩展，轨道转移的幅度和范围越来越大，快速性要求越来越强，过程越来越复杂[8]。例如，在空间应急救援、空间碎片清理、来袭规避、空间攻击、应急维修等任务中，要求执行相应任务的空间轨道转移平台应具备多次、大范围、快速机动能力。这种机动属于主动改变飞行轨道的任意机动范畴，既不限于短时间也不限于小幅度推力，而这种机动的起因完全是自己的任务或快速响应需求。对于任意的轨道机动，基于开普勒定律的脉冲变轨、霍曼转移等已无法胜任。任意的轨道机动要求控制与动力学深度交融，必须采用非开普勒的理论与方法，轨道的设计与优化将更加复杂。

2.4.2 新型空间任务对推进系统的要求

轨道机动控制能力的提升是实施空间轨道转移的重要前提。目前，美、俄等国已通过一系列计划的实施验证了其自主、精确的轨道机动控制技术，这为未来的空间对抗应用奠定了良好的基础。在未来空间战略平台的快速机动任务中，平台推进系统性能的提升对于机动任务的顺利实施至关重要。

推进系统的主要性能参数包括推力器基本参数，如推力、总冲、功耗和效率等，还有推力器的比参数，如比冲、推力器推重比和推进剂质量系数等。推力器比冲越高，在等速度增量轨道转移任务中推进剂消耗量越低，对于执行多次轨道转移任务越具有优势。相反，低比冲推力器在多次机动任务中将不再适用。推力器推力越大，对应的轨道转移周期越短。根据推进系统推力的大小，航天器的轨道转移又可分为大推力脉冲式转移和小推力连续式转移。

（1）大推力脉冲式转移

在大推力脉冲式转移中，发动机在极其短暂的时间内产生推力，使航天器获得脉冲速度。目前，大多数航天器的轨道转移都是基于这种方式，而且相关理论和技术都比较成熟。对这种机动方式的研究主要集中在轨道机动策略上，即怎样实现能量最优或时间最优，或者两者综合最优。

这种轨道转移方式多采用化学推力器，推力器推力可达几十 kN 量级，更适合于航天器快速轨道转移。但化学推进的比冲不高，仅有几百秒，在应用于多次轨道转移或大范围机动任务时，化学推进通常要消耗大量燃料，一方面大大减少了有效载荷的承载量，另一方面一次大范围机动后，飞行器携带的燃料通常也基本耗尽，很难再进行二次或三次机动。以美国的空间机动飞行器（Space Maneuver Vehicle，SMV）[9] 为例，它是由 SOV 送入低轨，可利用自身携带的砷化镓太阳能电池板和锂离子电池供电装置为长期在轨运行提供所需要的能源，当执行轨道转移任务时则利用搭载的化学推进系统完成空间载荷的快速输送。同时，SMV 具有再入大气层能力，修复后可再次利用。目前，美国 X-37 系列空天机动飞行器已成功进行多次在轨试验。X-37A 飞行器为 X-37 系列的最早期型号，其主要推进动力为一台喷气发动机，采用 JP-8 煤油和高纯度过氧化氢作为主要推进剂，其推进系统组成如图 2.13

所示。后期发展的 X-37B 飞行器的喷气发动机则采用甲基肼和 N_2O_4 的双组元自燃推进剂，能够提供约 6600 磅（29.3 kN）的推力，飞行器轨道速度高达 28044km/h。

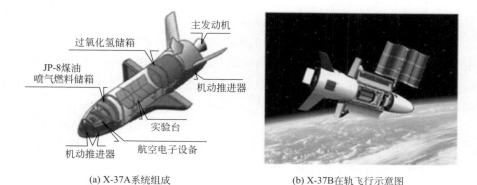

(a) X-37A系统组成　　　　　　　　(b) X-37B在轨飞行示意图

图 2.13　美国 X-37 系列空天飞行器推进系统组成

　　X-37B 这类 SMV 飞行器综合机动能力如表 2.1 所示，其携带的燃料一部分用于离轨和返回地球，剩余的轨道机动能力可以改变轨道倾角接近 200°，轨道机动高度范围为 204～926km。假设一次大范围机动对应的速度增量为 2200～3000m/s，X-37B 在携带约 3t 燃料的情况下提供的速度增量约为 3200m/s，仅能机动 1 次。

表 2.1　X-37B 性能参数

参数类型	技术指标
长度 /m	6.096
净重 /kg	1134
装载后质量 /kg	4989.6
有效载荷质量 /kg	544.32
有效载荷箱尺寸 /m	1.5240～2.1336
理想轨道机动能力 /（m/s）	3200.4

　　如果采用化学推进进行多次大范围快速机动，唯一的技术途径就是多带燃料，基于其较低的比冲，多带的燃料在前几次机动任务中也扮演着"载荷"的角色，即在前几次机动时耗费的燃料要大大增加，大幅降低其综合效费。因此，对于大型平台而言，靠一次携带更多燃料实现多次机动是极不划算的，且对运载火箭也提出了更高的要求。唯一可能实现的方式是一次大范围机动完毕后再回母港靠泊加注，当然返回母港的过程中也是要消耗大量燃料的。另外，能否实现快速加注也是一个有

待论证的问题，毕竟当前航天器自动交会对接是一个十分精细的过程，也需要花费相当长的时间。

(2) 小推力连续式转移

在小推力连续式转移中，依靠小的推力持续作用一段时间来改变轨道，如利用离子电推力器、霍尔电推力器、空气动力、太阳光压等进行的机动。随着小推力发动机制造技术的成熟，越来越多的航天任务特别是深空探测任务开始采用小推力连续式机动。

以电推力器为例，其推力通常很小，仅在 mN 至百 mN 量级，目前较成熟的应用主要是空间飞行器的姿态调整、位置保持等，如我国在 2012 年发射的 SJ-9A 卫星搭载的 kW 级离子和霍尔电推力器，以及用于大型高轨通信卫星平台的 5kW 级离子和霍尔电推力器等。对于快速轨道转移、深空载人探测这一类对任务时间有着苛刻要求的任务、小推力的离子和霍尔推力器则表现很差。一次轨道转移时间一般需要百天以上，这不仅大大降低了有效载荷投送的实时性，抵消了节省燃料带来的经济性，同时在转移的过程中对测控等问题提出了更高要求，大大增加了人力成本。

如果采用电推进进行多次大范围快速机动，唯一的技术途径就是大幅提高电推进系统的推力，由常规百 mN 量级提高到百 N 甚至 kN 量级，而传统的离子推力器体制几乎不可能实现大推力，需要考虑采用新型的高效、大功率电推力器。

① 推力器比冲与工质占比的关系。

根据齐奥尔科夫斯基公式，不难得出工质占航天器总质量的比例为：

$$\frac{M_{\mathrm{p}}}{M_0} = 1 - \mathrm{e}^{-\Delta v/u} = 1 - \mathrm{e}^{-\Delta v/(gI_{\mathrm{sp}})} \tag{2.25}$$

由式（2.25）可以看出，在任务速度增量 Δv 一定时，其工质比例只与其比冲有关。这就是电推进中高比冲可以大幅减少工质消耗的原理所在。

对于地球轨道转移主推进任务，速度增量要求一般为 1500 ~ 5000m/s。例如，从地球转移轨道推进到地球静止轨道，需速度增量为 1850m/s；范·艾伦带探测任务需要 4500 ~ 4800m/s；对于太阳系行星间飞行主推进需要 6000 ~ 40000m/s[10]。一般轨道转移任务的速度增量为 2200 ~ 3000m/s。假设载荷质量（除机动燃料外的卫星质量）为 2t，一次典型的轨道转移任务对应的速度增量为 2200m/s，不同比冲对应的工质质量占比如图 2.14 所示。

a. 当比冲为 400s 时（与化学推进最高比冲基本相当），一次机动任务工质占比约为 43%，三次机动任务（对应速度增量为 6600m/s）工质占比大于 80%，已经大幅超过卫星载荷质量，载荷比极低。

b. 当比冲为 1000s 时，一次机动任务工质占比约为 20%，三次机动任务工质占比接近 49%，执行五次机动任务（对应速度增量为 11000m/s），工质携带量占比达到 67%，相比化学推进工质携带量已大幅降低。

c. 当比冲为 1500s 时，一次机动任务工质占比约为 13.9%，三次机动任务工质占比接近 36.2%，五次机动任务工质占比达到 52.7%，载荷比将大幅提升。

d. 当比冲为 2500s 时，一次机动任务工质占比约为 8.6%，三次机动任务工质占比接近 23.6%，五次机动任务工质占比达到 36.1%，载荷比更高。

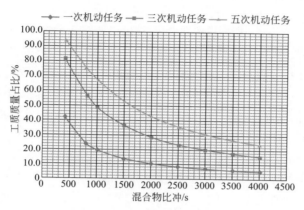

图 2.14 不同比冲对应的工质质量占比

从上述数据可知，比冲为 1000～1500s 时，工质占比相比化学推进将会有 3～5 倍的下降，执行多次机动任务优势已非常明显。并且，未来几年内，平台供电功率完全可以满足推力器和其他载荷共用。但推力器比冲也并不是越大越好，对于电推进来讲，如果比冲进一步提高，电能消耗将大幅提升，卫星电源的太阳能发电模块、储能模块增加的质量将抵消提高比冲节约的工质质量，有效载荷比同样不高，仅具有理论优势。

② 推力与任务时间关系分析。

基于快速机动任务的考虑，任务时间显然是重要参数之一。这里基于小推力连续模式定量分析推力与轨道转移任务时间的关系，推力器连续工作时间即轨道转移任务时间。

因为一般轨道转移的速度增量为 2200～3000m/s，显然在适当比冲（300s 以上）情况下有 $\Delta v < u$ 的条件成立，这里的 Δv 代表任务所需的速度增量，u 代表工质喷射的速度，其与比冲的关系近似为：$I_{sp} = u/g$，这里的 g 为重力加速度。此时推力器连续工作时间计算公式[10] 为

$$\tau = M_0 \frac{u}{T}(1 - e^{-\Delta v/u}) \approx M_0 \frac{\Delta v}{T} \tag{2.26}$$

式中，T 为推力大小，M_0 为航天器初始质量。

由式（2.26）可以看出，在速度增量要求一定的情况下，任务时间与推力大小成反比，与初始质量成正比。如果推力能够提升 3 ～ 4 个量级，代价为相应质量提高 1 ～ 2 个量级，则任务时间有望减少 2 ～ 3 个量级。另外，初始质量 M_0 包括卫星质量和工质质量，而工质质量受推力器比冲的影响较大，因此采用不同比冲的推力器，任务时间也会存在一定的差异。

图 2.15 ～图 2.17 分别描述了不同推力量级以及不同比冲的推力器对应的一次任务周期。计算过程中，燃料除外的载荷质量仍然按 2t 计算，一次任务速度增量取 2200m/s。

a. 当推力为 1N，比冲为 3000s 时（推力略高于当前应用的离子和霍尔推力器，比冲基本相当），一次机动任务时间为 1317h，约为 55 天；当推力为 10N，比冲为 3000s 时，一次机动任务时间为 131.7h，约为 5.5 天。但对于纯电推进来讲，短时间内将推力提升到 10N 量级极其困难。

b. 如果将电推力器推力提升至 100N，比冲为 1500s 时（如采用 MPDT 或其他新型大功率电推力器），一次机动任务时间为 14.2h，仅用约半天时间（0.59 天）即可完成一次轨道机动任务；即使将推力降为 50N，比冲仍为 1000s，一次机动用时也仅有 30.6h，约为 1.3 天，采用电推力器方案可行度将大大提高。

c. 如果将电推力器推力提升至 1000N，比冲为 1000s 时，一次机动任务时间为 1.53h，可谓实现了非常快速的轨道机动；此时将比冲提高至 3000s，仍保持 1000N 的推力，一次机动用时约 1.32h。显然，此时再提高比冲对机动时间带来的好处并没有明显提高，付出的代价却是电能消耗量会成倍增加。

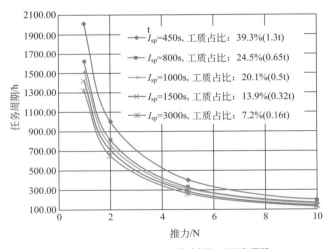

图 2.15　推力为 1 ～ 10N 时对应的一次任务周期

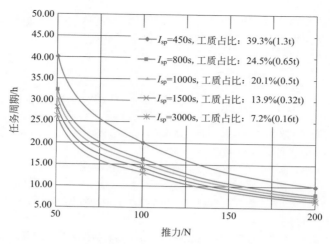

图 2.16 推力为 50 ～ 200N 时对应的一次任务周期

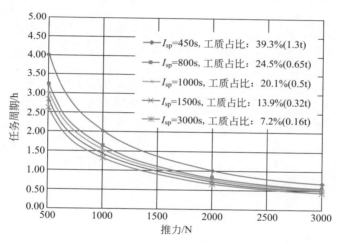

图 2.17 推力为 500 ～ 3000N 时对应的一次任务周期

从上述数据可知，如果电推进能够将推力提升至 50N 量级，比冲保持在 1000s 量级，执行空间轨道转移任务耗时约为 1.3 天，可行性将大幅度提高；如果推力提升至 100N 量级，比冲为 1500s，一次机动任务耗时将缩短至约半天时间；如果推力提升至 1000N 量级，一次机动任务耗时仅有 1.53h，机动速度达到了化学推进相当的量级，但相比化学推进，电推进的工质占比将会大幅缩减。

未来空间轨道转移的幅度和范围越来越大，多次机动能力和快速性要求越来越强，过程也越来越复杂。传统化学推力器由于比冲太低，燃料消耗量大，很难满足多次轨道转移任务；传统的电推力器推力太小，对应的轨道转移周期太长，不能满足快速轨道转移需求。因此，为适应未来多次、大范围、快速机动任务要求，发展兼具大推力和高比冲性能的大功率推力器已非常必要。

参考文献

[1] 范增. 空间轨道转移飞行器轨道机动及应用仿真研究 [D]. 沈阳：沈阳理工大学，2012：7-9，14-18.

[2] 杨嘉墀，范剑峰，佘明生，等. 航天器轨道动力学与控制（上）[M]. 北京：中国宇航出版社，2005，10：48-53，325-352.

[3] 杨嘉墀，范剑峰，佘明生，等. 航天器轨道动力学与控制（下）[M]. 北京：中国宇航出版社，2005，10：49-60，67-76.

[4] 徐波，杨大林，张磊. 全电推进卫星轨道设计与控制 [M]. 北京：科学出版社，2016，4：19-27，45-49.

[5] 韩威华，杨新，姜萌哲. 电推进航天器的轨道转移优化设计 [J]. 计算机仿真，2013，11（30）：50-53.

[6] 尚海滨. 小推力转移轨道设计与优化方法及其应用研究 [D]. 哈尔滨：哈尔滨工业大学，2008：6-13.

[7] 张保庆. 国外空间对抗装备与技术发展 [J]. 军事文摘，2017，2：41-44.

[8] 袁建平，和兴锁，等. 航天器轨道机动动力学 [M]. 北京：中国宇航出版社，2010，12：1-15.

[9] 王景泉. 美国军用空间飞机发展概述 [J]. 国际太空，2010，5：12-16.

[10] 于达仁，刘辉，丁永杰，等. 空间电推进原理 [M]. 哈尔滨：哈尔滨工业大学出版社，2014，3：8-13.

第**3**章
磁等离子体推进技术

空间推进系统的选择取决于任务类型。在未来空间平台的多次、大范围、快速机动任务中，大功率电推进系统比化学推进更具有应用优势。目前，获得广泛应用的离子推力器由于受空间电荷极限效应的限制，推力密度和功率比极低，在获得大推力方面表现不理想。等离子体电推进是一种通过加速准电中性等离子体来产生推力的电推进技术，理论上没有空间电荷效应限制，可以实现很大的功率和较高的推力密度。磁等离子体推力器（Magneto Plasma Dynamic Thrusters，MPDT）是其中一种非常典型的适合在大功率条件下工作的等离子体推力器，其功率可达 MW量级，输出推力可达百 N 甚至 kN，比冲可达 12000s，效率可达 80%，并能够与核能和太阳能供电系统结合。除此以外，MPDT 还具有工作电压低、结构简单、技术成熟度高、可应用的推进剂种类多（H_2、N_2、He、Ar、Xe 和 Li 等）等优点，是执行空间平台多次、大范围、快速机动变轨任务较为理想的电推力器之一。

3.1 磁等离子体推力器技术内涵

3.1.1 工作机理介绍

磁等离子体推力器（MPDT）属于电磁型电推力器的一种，根据磁场的产生方式不同可分为自身磁场磁等离子体推力器（SF-MPDT）和附加磁场磁等离子体推力器（AF-MPDT）。早期发展起来的 SF-MPDT 采用如图 3.1 所示的结构，其基本形式是由棒状阴极（或空心阴极）和环绕阴极的圆柱形阳极组成。推力器工作时，通过在阴极和阳极之间放电形成电弧，在推进剂形成的高温等离子体中将会有很高的径向电流通过，由此也将在阴极和阳极之间产生周向的感生磁场，感生磁场与通过等离子体的电流相互作用，产生轴向的洛伦兹力。相对于电弧加热产生的气体膨胀加速度，洛伦兹力也会使等离子体加速排出推力器，从而提高排气速度、推力器比冲和推力[1-3]。提高洛伦兹力的一个重要途径就是采用附加磁场（对应推力器类型为 AF-MPDT），通过在阳极外围增加永磁体或被磁化的线圈产生附加磁场，从而更好地施加洛伦兹力的影响，在较低功率 MPDT（一般小于 200kW）中显著提升了推力器性能。

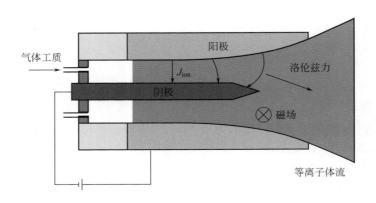

图 3.1　SF-MPDT 工作原理

MPDT 工作时，准中性的等离子体在电磁复合场中的运动是一个混合加速过程。其中，中性粒子的加速过程只受电热效应的影响，电子和离子的加速过程主要受电磁力作用。图 3.2 描述了 SF-MPDT 和 AF-MPDT 的加速机制[4]。SF-MPDT 是主要利用自身场加速，即自身感应磁场 B_{sf}（B_θ）与电流 J（J_r、J_z）作用产生轴向推力 $J_r \times B_\theta$ 和径向收缩力 $J_z \times B_\theta$。另外，在 SF-MPDT 中还存在气动加速过程。在高功率工况工作时，自身场加速占主导，气动加速过程可以忽略。而对于 AF-MPDT，加速机制则相对复杂得多。AF-MPDT 除自身场加速和气动加速外，还有涡旋加速、霍尔加速等过程，其放电室中的磁场由电流的感生磁场 B_{sf}（B_θ）和附加磁场 B_{ap}（B_r、B_z）组成。目前已发展的 AF-MPDT 装置功率一般不高，仅有百 kW 量级，电流产生的自感应磁场 B_{sf} 远小于附加磁场 B_{ap}。因此，AF-MPDT 中涡旋加速和霍尔加速起主导作用。当 MPDT 的功率进一步提高，电流产生的自感应磁场 B_{sf} 变强，将会接近甚至超过附加磁场 B_{ap} 的大小，自感应磁场加速占比将增大。因此，大功率应用中附加磁场的作用将不再明显，反而会使系统变得非常复杂。

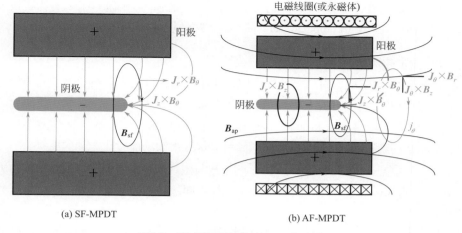

| (a) SF-MPDT | (b) AF-MPDT |

图 3.2 SF-MPDT 和 AF-MPDT 加速机制

接下来简要分析 MPDT 涉及的 3 种加速过程。

（1）气动加速

气动加速过程与传统的化学推力器工作机制类似，是指放电产生的电弧会加热推进剂，将电能转换为推进剂的热能来提高工质的总焓，推进剂经过喷管后热能会转换成动能而产生推力。推力的大小可表示为：

$$T_G = k_G \dot{m} c_s \tag{3.1}$$

式中，k_G 为量纲为 1 的系数，取决于气体流动相对于推力轴线的角度或喷管提供的附加压力；$\dot{m}$ 为推进剂流量；c_s 为离子声速。

由式（3.1）可以看出，气动推力的大小主要取决于推进剂流速、推进剂注入位置、喷管内气动压力以及喷管面积等参数。对于低功率、大推进剂流量的 MPDT，放电电流和自感应磁场较弱，产生洛伦兹力较小，自身场加速不太明显，气动加速过程占主导；相反，在高功率 MPDT 加速过程中，洛伦兹力加速起主导，气动加速可以忽略。

（2）自感应磁场加速

自身感应磁场产生 $\boldsymbol{J}_r \times \boldsymbol{B}_\theta$ 的轴向作用力和 $\boldsymbol{J}_z \times \boldsymbol{B}_\theta$ 的径向作用力，轴向作用力直接产生推力，径向部分导致中心电极处压力不平衡，间接增加了推力。自感应磁场加速产生的推力可以利用 Maecker 公式进行理论估算：

$$T_{\text{self}} = \frac{\mu_0 J^2}{4\pi} \left[\ln \frac{r_a}{r_c} + C \right] \tag{3.2}$$

式中，μ_0 为真空磁导率，$4\pi \times 10^{-7}$；J 为放电电流；r_a 为阳极半径；r_c 为阴极半径；C 称为抽气系数（Pumping Coefficient），与阴极几何形貌有关，通常取 0.75。

（3）附加磁场加速

AF-MPDT 由于增加附加磁场的作用，加速机制变得更为复杂。除了气动加速和自感应磁场加速外，还存在涡旋加速和霍尔加速过程。

① 涡旋加速。附加磁场与电流作用产生的力 $J_r \times B_z$、$J_z \times B_r$，使等离子体产生角向涡旋，理论上可通过扩张的磁喷嘴将大部分涡旋动能转化为轴向能量。

② 霍尔加速。在强磁场中，角向电流 J_θ 与磁场产生的径向力 $J_\theta \times B_z$ 和轴向力 $J_\theta \times B_r$ 与自身场的加速作用相似，但与自身场不同的是，力分量的方向不能直接判断清楚。

从能量的角度讲，电磁加速作用和电离碰撞是实现电能向等离子体有效动能转化的主要方式。注入的电能除了用于等离子体的加速外，还有一部分用于中性气体的电离，这部分能量理论上并不参与等离子体的加速过程。电离消耗的能量在注入电能中所占的比例主要与推进剂类型和电离率有关。当 MPDT 功率低于 200kW 时，电离消耗的功率经常占总输入功率的 50%，会造成低功率 SF-MPDT 效率不高。因此，一般考虑为低功率 SF-MPDT 增加一个外加磁场，以提高其效率。另外，在推进剂的选取上，锂推进剂的电离能比传统 MPDT 上使用的惰性气体推进剂（如氩气、氙气和氢气等）要低，可以降低损失在推进剂电离上的功率，对应的推力器也具有较高的效率。

3.1.2 性能作用因素分析

MPDT 的推力、比冲、电能利用效率、寿命、稳定性等技术指标将会受到加速场参数、推进剂类型、电极结构以及电极材料等诸多因素的影响[1]。在这些因素中，加速场参数的影响作用是显而易见的，像推进剂类型、电极结构、电极材料这些潜在因素则需要大量的对比实验才能得出影响规律。本节将基于对国内外学者研究成果的归纳总结尝试对 MPDT 性能影响因素进行粗浅的分析。

（1）加速场参数

MPDT 工作期间，粒子是在放电电流与磁场作用产生的洛伦兹力推动下实现电磁加速的。对于自身场加速 MPDT，自感应磁场取决于放电电流的大小，归根结底，推力器性能直接受放电电流影响。Maecker 公式模型直观反映了这一规律。可以看出，在推力器结构不变的前提下，推力与放电电流的二次方成正比关系。

对于附加磁场 MPDT，粒子除了通过气动加速和自感应磁场加速外，还受到涡旋加速和霍尔加速的影响，而附加磁场在涡旋加速和霍尔加速过程中都发挥了重要作用。这一规律可由后文介绍的附加磁场加速推力模型进行具体描述。

（2）推进剂类型

由于推进剂分子或原子结构的不同，其解离能、电离能等物理性质存在较大差异，从而决定了在相同工况下采用不同推进剂的 MPDT 输出性能是不同的。综合以往的研究报道，MPDT 常用的推进剂大致可分为 4 类：惰性气体；碱金属；H_2 及含 H 分子；含 N、O 类分子。

惰性气体易于储存，且都是单原子结构，作为电推进推进剂使用时不存在解离过程，相较分子型气体更容易电离。小功率的离子、霍尔电推力器通常采用在所有类型惰性气体中电离能最低的 Xe 作为工质，从而保证电离效率。但对于适用于大功率场合的 MPDT 来说，其功率在几十 kW 甚至几 MW，这些能量足以完全电离惰性气体且电离能在整个注入能量中的占比很小，此时电离能大小将不再是推进剂选取的首要依据，原子量成为重要的评判标准。对于 MW 级 MPDT 来说，在相同质量流量下，原子量越小，如 He，等离子体密度越大，其效率也会更高。而对于较大原子量的气体，如 Ar 或者 Xe，大质量的原子轰击有助于电子发射，从而避免局部加热，降低阴极的质量损失，因此在阴极烧蚀方面表现更好，有利于延长阴极寿命。

MPDT 使用碱金属作为推进剂有效提升了推力器的性能，相关的试验研究主要集中于 20 世纪 60 年代的美国和 70 年代的苏联。表 3.1 给出了碱金属与 H_2、Ar 解离能和电离能对比数据[5]。相比 H_2 和 Ar，碱金属具有更低的第一电离能和更高的第二电离能，意味着在相同输入功率条件下，将有更多的能量参与等离子体加速，获得的比冲将更高。而在所有的碱金属推进剂中，Li 因具有较高的第二电离能导致冻结流损失较低，在推力器性能方面表现得更为优秀。碱金属推进剂也有其不足，一是需要额外的加热装置会增加整个推进系统的质量，二是推力器羽流会污染航天器。

表 3.1　碱金属与 H_2、Ar 解离能与电离能对比

参数	Li	Na	K	Rb	Cs	H_2	Ar
原子量	6.94	22.99	39.10	85.47	132.9	2.02	39.95
解离能 /eV	1.117	0.740	0.558	0.503	0.460	2.260	—
第一电离能 /eV	5.39	5.14	4.34	4.18	3.89	13.60	15.76
第二电离能 /eV	75.64	47.29	31.63	27.28	25.10	—	27.63

大量实验结果表明，H 原子作为质量最小的原子，其含量越多，推进剂比冲越高。同时，也正是由于含 H 推进剂的分子质量以及其解离、电离产物的原子量都比较小，容易引起电极局部过热造成严重的阴极烧蚀现象。Uematsu 等[6] 在不同类型气体推进剂对比实验中发现：在相同质量下含 H 推进剂的推力、效率都要高于其他类型的气体推进剂，并且以 H_2、NH_3 作为推进剂的 MPDT 阴极质量损失明显大于 Ar 和 O_2 的，制约推力器寿命。

MPDT 常用的含 N、O 类分子推进剂主要有 N_2、CO 以及 CO_2 等。由于这些推进剂及其解离产物的电离能和质量都比较接近，所能获得的推力、效率以及放电电压都比较接近。

(3) 电极结构

MPDT 电极结构设计包括物理尺寸、构型等多个因素。对于阴极来说，由 Maecker 公式可以看出，阴极外径与推力大小直接相关。另外，阴极的长度和构型也会影响电子发射能力和粒子的离子化效率，进而影响 MPDT 的放电电流和功率。例如，采用空心阴极构型，能够增大电极表面积，有助于提高粒子的离子化效率和减少电极烧蚀，以获得稳定的工况和较长的使用寿命。

当阴极结构确定后，阳极物理尺寸和结构成为影响推力器性能的关键因素。Myers 等[7] 研究发现：推力随阳极半径增大而线性增加，放电电压和电极压降会随阳极半径增大而呈二次方增加。但是阳极半径过大会导致放电距离增加而导致点火困难，同时会降低推力器的效率。另外，随着阳极长度的增加，推力器性能参数会有所下降。

在 MPDT 技术发展历程中，4 种常用的构型包括：平行直筒型（Parallel）、Benchmark 型、缩放型（Convergent-Divergent）以及扩张型（Divergent），如图 3.3 所示。国内外科学家针对不同构型 MPDT 的性能已开展大量的研究，并形成了一些一致性结论。Nakata 等[8] 的研究结果表明：在相同工质流速下，扩张型构型获得了更高的电能利用效率，而在大电流放电情况下，缩放型构型工作更为稳定，对应的"Onset"电流阈值更高。这与 Funaki 等[9] 的研究结论基本吻合，为 MPDT 结构设计提供了重要理论依据。缩放型和扩张型两种构型也在后期的 MPDT 上被广泛采用。

LaPointe 等[10] 基于日本 MY-II 型 MW 级 SF-MPDT 结构，采用 MACH2 Code 建立了仿真模型并开展了仿真研究，认为造成 MPDT 功率损失的主要因素是冻结流（电离）损耗、径向动量损耗以及热损耗，而通过在推力器后端加装合适构型的尾喷管能够有效降低径向动量损耗和热损耗，从而提高推力器电能利用效率。仿真结果显示：当在推力器后端增加一个面积比（出口截面积与入口截面积比值）为

40∶1 的喷管后，推力器电能转换效率由原来的 21% 提高到 48%。

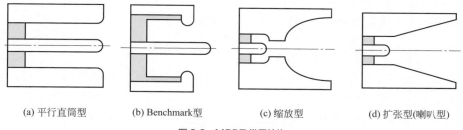

(a) 平行直筒型　　(b) Benchmark型　　(c) 缩放型　　(d) 扩张型(喇叭型)

图 3.3　MPDT 常用结构

可以看出，MPDT 电极结构的设计涉及诸多参数，要想得到最优的结构方案需要与输入功率、磁场构型、推进剂流率和注入方式结合起来进行综合考虑。

（4）电极材料

对于工作在大电流模式的 MPDT 来说，电极面临严重的烧蚀问题，其中以阴极的高温烧蚀较为显著，电极材料的选择直接影响电极使用寿命。

阴极材料的温度是影响阴极材料烧蚀的主要因素，尤其会影响阴极材料表面的热电子发射过程。具体关系可由 Richardson-Dushman 热电子发射定律[11]进行表征：

$$J=AT^2\exp\left(-\frac{\varPhi_{\mathrm{eff}}}{kT}\right) \tag{3.3}$$

式中，J 为发射的表面电流密度，A/cm²；T 为加热温度，K；A 为理查德森系数，其值为 120A/（cm² • K²）；k 为波尔兹曼常数，其值为 1.38×10^{-23}J/K；$\varPhi_{\mathrm{eff}}$ 为材料有效逸出功函数，等于材料实际逸出功函数 $\varPhi_{\mathrm{wf}}$ 减去材料表面鞘层对应功函数 $\sqrt{qE_{\mathrm{sheath}}/(4\pi\varepsilon_0)}$。

由式（3.3）可知，阴极的表面发射电流密度由阴极温度和材料的功函数共同决定。采用低逸出功的材料可以在相对较低的温度下获得足够大的电子发射能力，而低温下阴极的烧蚀率也会降低。在 MPDT 实验装置中，常采用纯钨作为阴极材料，钍钨合金、钨镧合金阴极也偶有报道。

3.1.3　涉及的关键技术

相比其他类型的推力器，磁等离子体推力器（MPDT）在大推力和高比冲的获得上具有较大的优势，在载人深空探测以及大型战略平台的多次快速机动变轨等领域具有强烈的应用需求。以需求为牵引，磁等离子体推力器正逐步向实现更高功率、更大推力方向发展。大功率磁等离子体推进相对中小功率磁等离子推进，在设计方法和技术方案上存在较大的差别，技术难度也大幅度提升，涉及的关键技术主要包括推力预测模型及流场仿真技术、大功率电源技术、长寿命阴极技术、高效电能转换技术及推力器性能评估技术等几个方面。

（1）推力预测模型及流场仿真技术

在开展 MPDT 实验测试时，研究者们也总在尝试建立一些数学模型，以期对实验结果进行规律性的解释以及对推力器性能给出精确预测。在推力器结构确定后，Maecker 提出的推力数学模型就常被用于预测自身场加速 MPDT 在不同放电电流下的输出推力。

附加场 MPDT 由于工作机理复杂，推力器性能影响因素众多，发展起来的推力模型也较为复杂。Fradkin 等 [12] 研究了 25kW 量级、Li 推进剂空心阴极 MPDT，结合其实验结果给出了附加场所贡献的推力模型：

$$F = JB_A \frac{r_a^2 - r_c^2}{\sqrt{2(r_a^2 + r_c^2)}} \tag{3.4}$$

Myers[13] 在 Fradkin 模型基础上，基于其 100kW 级推力器实验数据，进一步推导出半经验推力表达式：

$$F = JB_A \frac{r_a^2}{500 r_c l_c} \tag{3.5}$$

显现了阴极长度 l_c 与推力的对应关系。

目前，MPDT 的推力模型大都是在实验数据基础上进行经验总结得出的，并没有与所有的实验结果相符，同样不能完全反映推力器的内部加速机理。为寻求对 MPDT 工作机理的准确描述，需要开展大量实验测试以及流场仿真技术研究。由于大功率 MPDT 对地面试验条件和试验经费的要求很高，大部分研究单位很难建立起完善的试验系统，支撑开展大功率 MPDT 测试研究。因此，等离子体流场建模仿真技术成为探究大功率 MPDT 工作机理必不可少的研究手段。

美国的刘易斯研究中心（格伦研究中心前身）首次提出的 MACH2 Code[14] 是一种与时间相关的二维轴对称单流体多重温度非理想形状磁流体动力学仿真编码，被美国的 MPDT 研究机构广泛采用，用来仿真平板和圆柱结构 MPDT 的电流分布、磁场分布、质量密度分布等规律。在上述应用中，MACH2 Code 使研究人员对 MPDT 呈现的物理现象有了更好的理解，为实验的改进发挥了重要作用。美国亚利桑那州立大学利用 MACH2 Code 仿真研究了 180MW 量级 SF-MPDT 的阻抗变化特性并预测了推力输出性能。推力器工作期间的阻抗特性及输出性能如图 3.4 所示，其中推力仿真结果与理论计算结果基本吻合。Mikellides 等 [15] 基于 MACH2 仿真软件推导了推力模型：

$$F = \frac{25}{A^{0.25}}\sqrt{\frac{a}{\bar{\varphi}}} \times \frac{R(R+1)\sqrt{R-1}}{\sqrt{R^{3.8}-1}}\sqrt{\dot{m}JB_A} \quad\quad (3.6)$$

式中，A 是原子量；a 是阴极半径与长度的比值；R 是阳极半径与阴极半径的比值；$\dot{m}$ 是推进剂质量流率；$\bar{\varphi}$ 是电离因子，对于 H_2、Li 和 Ar，可取 1。

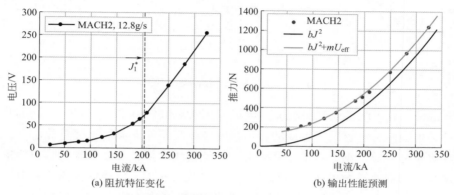

(a) 阻抗特征变化　　　　　　　(b) 输出性能预测

图 3.4　工质流速 12.8g/s 对应的 MACH2 仿真结果

德国斯图加特大学基于轴对称结构有限体积法研发了一款 MPDT 专业仿真软件，即 SAMSA（Self and Applied Field MPD Thruster Simulation Algorithm）[16]。该软件被成功用于对 MPDT 尤其是 AF-MPDT 的仿真研究，曾为 DFVLR–X16 型 20kW 级 AF-MPDT 的腔体结构和电源指标的设计提供了较有意义的理论依据。

（2）大功率电源技术

对于采用气体工质的大功率 MPDT，在稳定电弧建立之初，需要几 kV 甚至几十 kV 的高压击穿并电离工质气体。另外，大功率 MPDT 的放电电流将高达数十 kA 甚至百 kA 量级，如果推力器工作在连续稳定状态，则需要大功率的直流电源供电。对于大功率 MPDT 的研制，集高电压和大电流输出能力于一体的大功率高压直流电源无疑是最大的障碍。通常将推力器电源分为高压电离源和大功率电流源分别进行设计，拓扑结构如图 3.5 所示[17]。大功率电流源用于提供大电流维持放电所需的电功率，而高压电离源为工质气体击穿提供高压，从而诱发气体电离。两个电源模块之间一般需要高压二极管进行隔离。

考虑到大功率（200kW 以上）电源的实现难度，并且已有研究结果表明：当脉冲宽度达到 ms 量级时，准稳态 MPDT 的特征与稳态连续 MPDT 基本一致。因此，在地面大功率 MPDT 的研究中，国外研究机构普遍采用的思路是开发 ms 级脉宽的准稳态 MPDT 开展实验研究，能够使推力器供电系统的平均功率、研究成本和技术难度大幅降低。

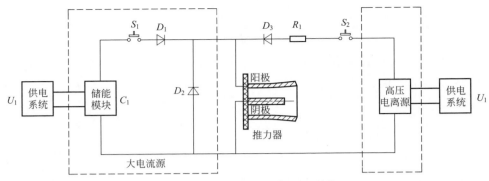

图 3.5　大功率 MPDT 电源典型拓扑结构

准稳态 MPDT 的电源一般采用脉冲形成网络（PFN）结构。PFN 电路的储能元件是由电感、电容共同组成的。传统的纯电容储能电源属于部分放电型，而PFN 属于完全放电型，有助于降低电源储能模块的体积和质量。但脉冲功率在MW 量级的准稳态 MPDT 的电源体积也是相当可观的。以美国格伦研究中心的MW 级准稳态 MPDT[18] 为例，其 2ms 脉宽 PFN 模块的储能电容为 4.88mF，电感为 465μH，充电电压为 15kV，尺寸也达到 4.5m×2.1m×0.9m，实物照片如图 3.6所示。

图 3.6　格伦研究中心 MW 级准稳态 MPDT 的 PFN 模块

大功率稳态 MPDT 在空间应用首先面临的是大功率电能供应问题。目前，采用太阳能供电的高轨大型卫星平台的电功率容量也就几十 kW，即使增加太阳帆板数量和蓄电池容量也很难满足大功率 MPDT 的供电功率需求，并且太阳帆板和储能电池的增加势必造成飞行器体积和质量的大幅提升，增加发射成本和难度。空间核电技术的发展为大功率 MPDT 未来在空间的应用提供了保障。空间核电源功率容量大，能量密度高，结构紧凑，未来可用于大型武器发射平台、快速空间攻防、大功率科学探测和通信、空间往返运输平台、小行星采样返回任务、机器人带外行星探测、快速载人火星和带外行星探测任务等。美国 NASA 长期以来一直以核电推进作为星际飞船主推进方案，并开展了深入研究和论证。近年来，美国 NASA 提出的 2041—2045 年载人登陆木卫四任务推进系统方案（图 3.7）中，2.5MW 磁等离子体推力器将采用核电源供电[19]。

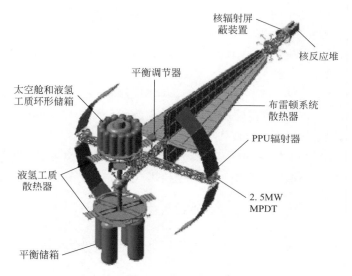

图 3.7　载人登陆木卫四任务的推进系统方案

(3) 长寿命阴极技术

阴极的烧蚀是制约大功率 MPDT 寿命提升的主要问题。因此，长寿命阴极技术成为决定大功率 MPDT 能否在长航时空间任务中应用的关键技术之一。

在 MPDT 工作期间，阴极的烧蚀可以根据放电状态的不同区分为非热平衡状态下的烧蚀和热平衡状态下的烧蚀两种类型。点火初期，由于阴极表面温度较低，电弧会附着在阴极表面若干个非常小的点状区域内，电弧附着点周围的阴极材料会被迅速加热，局部熔化，然后大量蒸发，在阴极表面留下一个个微小的坑。随着电弧的持续加热，阴极表面温度逐渐升高并趋于平衡，当温度升高到一定程度之后，阴极能够通过热电子发射的方式提供足够的电流，阴极即进入稳态工作模式。稳态工作模式下电弧分布相对均匀，烧蚀方式主要是离子溅射以及阴极材料的升华，此时烧蚀率会大大降低。此模式下烧蚀率主要取决于阴极的工作温度，而工作温度则由放电电流决定。阴极的烧蚀是一个比较复杂的物理过程，多种因素相互耦合，且不同工作模式下的烧蚀机理也不同，其中影响比较显著的因素有阴极材料和阴极结构[1]。

阴极烧蚀可以通过改善材料表面温度进行抑制。其中一种可行的途径是采用空心阴极[20]。因为相比传统实心阴极的点放电模式，空心阴极可以获得更大的点击表面积，为发散放电模式，有助于降低阴极表面温度，使阴极保持运行在远低于材料的熔点温度的工作状态，能够降低烧蚀损耗，延长其使用寿命。

另外一种延长阴极寿命的方法是采用逸出功较小、耐烧蚀的材料。目前，大功率的 MPDT 使用较多的阴极材料是表面涂钍的钨。虽然该材料相比铜和不锈钢材料在耐烧蚀方面有很大改善，但存在一定的放射性。为了寻求无害的替代材料，日本室兰工业大学[21]研究了钨钍（ThO_2-W）、钨钇（Y_2O_3-W）和钨镧（La_2O_3-W）材料的阴极烧蚀情况。研究发现：

① 放电电流较小（5～15kA）时，阴极材料对放电电压影响较大；放电电流进一步增大，不同材料的放电电压差异变小。如图 3.7 所示，三种材料中，La_2O_3-W 的放电电压最低，ThO_2-W 最高。

② Y_2O_3-W 和 La_2O_3-W 电极具有比 ThO_2-W 更小的烧蚀速率，使用寿命更长，可以取代 ThO_2-W 电极在大功率 MPDT 上应用。

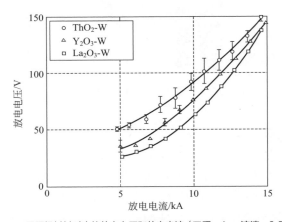

图 3.8　不同阴极材料对应的放电电压和放电电流（工质：Ar；流速：0.8 g/s）

当大功率 MPDT 放电电流达到一定值时，"Onset"问题对推力器电极的影响将凸显出来。"Onset"现象是指当推力器的放电电流升高到一定程度时，电流会出现局部集中，工作电压和电流会出现大范围波动，此时所有推力器构件都会遭到严重烧蚀并使性能降低，尤其是阳极，这将会导致推力器进入不稳定工作状态，降低推力器的寿命。因此，如何避免"Onset"现象的发生也成为近几年的研究热点，也是提升电极使用寿命亟须解决的难题。

（4）高效电能转换技术

对于 MPDT，电磁加速作用和电离碰撞是实现电能向等离子体有效动能转化的主要方式。高效电能转换技术解决的主要问题是在特定的电功率和工质流速下尽可能提升等离子体的喷射速度。附加磁场能够进一步提高推力器的性能。在功率较小（<200kW）的 MPDT 中，由于放电电流较小，产生的自感应磁场强度不能满足推力器性能需要，通常采用附加磁场的方法来提高低功率 MPDT 的性能。大功率 MPDT 能够实现较高的电能利用效率，附加磁场理论上也能进一步提高其性能，只是与小功率情况相比效果不够明显。

对于电推力器，电能转换效率为：

$$\eta = \frac{T^2}{2\dot{m}VJ} \tag{3.7}$$

式中，T 为推力，N；$\dot{m}$ 为单位质量流量，kg/s；V 为放电电压，V；J 为放电电流，A。根据 3.1.2 节分析，推进剂种类、加速场参数、电极结构等因素都会改变 MPDT 的输出推力，进而影响推力器的电能转换效率。而这些影响因素其中一个重要的作用过程是改变消耗在阳极表面及附近的电功率，即会导致阳极功率沉降。

Gallimore 等 [22] 基于 100kW 级 AF-MPDT 实验结果详细研究了阳极功率沉降物理机制，对造成阳极沉降的影响因素进行了分析，认为阳极功率沉降是由三个部分组成的：

$$P_{a} = J_{d}\left(V_{a} + \frac{5kT_{e}}{2e} + \Phi\right) + P_{r} + P_{conv} \tag{3.8}$$

式中，J_d 为阳极电流密度，V_a 为阳极电压降，Φ 为阳极材料功函，P_r 为辐射功率沉降，P_{conv} 为对流功率沉降。公式右边第一项是由载流子和阳极相互作用产生的功率沉降，占比高达 50%～75%，是产生阳极功率沉降的主因；第二项是等离子体和阴极对阳极的热辐射，对阳极功率沉降的贡献次之；相比之下，对流换热对阳极功率沉降的影响要小得多。根据实验结果，Gallimore 还总结出：在相同工况下，氩气作为推进剂时的阳极压降小于氮气。氩气和氮气作为推进剂时，阳极压降都随放电电流增大而增大。阴极对阳极的辐射产生的阳极功率沉降随着阴极温度的升高而增大。另外，Myers 等 [23,24] 通过实验研究了阳极半径、放电电流强度、附加磁场强度和推进剂质量流率对于阳极压降的影响，发现在一定范围内阳极压降随着阳极半径、附加磁场强度以及放电电流的增大而增大，随着推进剂质量流率的增大而减小。

综上所述，诸如推进剂类型及流率、电极结构、放电电流、附加磁场等因素都将对阳极功率沉降产生显著影响。制定 MPDT 系统方案时，需要综合考虑以上几个方面开展优化设计。

（5）推力器性能评估技术

推力器性能评估技术是通过对推力器放电电流、放电电压、等离子体密度分布、等离子体喷射速度、尾焰特征、推力、比冲等参数的直接或间接测量来表征推力器性能的一项综合性技术，是深入探究 MPDT 加速机理必不可少的重要途径之一。

反映推力器性能最直观也是最重要的两个参数是推力和比冲。推力的实时测量一般采用压电式传感器或其他类型力传感器来完成，而平均推力的测量则可以通过高速摄影法完成。除了常规的测量手段外，普林斯顿大学的 Cubbin 等[25]采用激光干涉仪测量了大功率准稳态 MPDT 的脉冲推力，测量精度达到 20μN，测量误差小于 2%。在已知推进剂流量的前提下，根据测量的推力，可以根据式（3.9）换算得到推进剂的喷射速度，再根据式（3.10）换算得到电推力器的比冲：

$$T = u\dot{m} \tag{3.9}$$

$$I_{sp} = \frac{u}{g} \tag{3.10}$$

式中，g 为当地的引力加速度。

另外，等离子体的喷射速度还可以通过直接测量得到，将其换算后得到推力器的比冲。日本东京大学 Kinefuchi 等[26]采用光电探测器测量了不同入射角度的激光吸收谱的多普勒频移（图 3.9），并采用式（3.11）计算得到等离子体的速度：

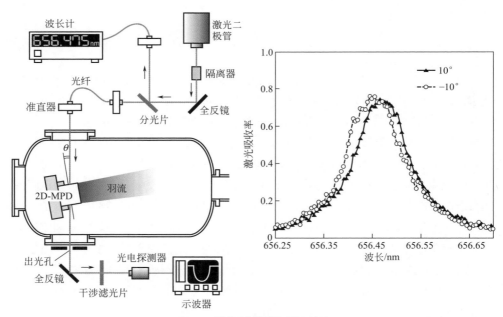

图 3.9　激光吸收谱测量系统及波形

$$u = \frac{\lambda_0 \Delta \nu}{\sin \theta_1 - \sin \theta_2} \qquad (3.11)$$

式中，θ_1 和 θ_2 为激光入射角，分别取 10° 和 -10°；λ_0 为激光中心波长，测量时采用 656nm；$\Delta \nu$ 为测量的多普勒频移。在采用 H_2 作为推进剂、放电电流为 13kA 时，缩放型和扩张型 MPDT 的流速测量值分别为 16km/s 和 13km/s。

推力和比冲能够直观表征推力器的性能，而电子密度分布是反映推力器微观机理的重要参数之一。日本综研院 Oshio 等[27] 采用双探针探测器（图 3.10）测量了 MW 级准稳态 MPDT 的羽流喷

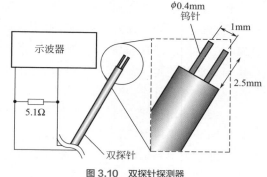

图 3.10　双探针探测器

射速度，并根据双探针探测器的输出 I-V 曲线经过进一步换算得到推力器的电子温度和电子密度。

3.2　磁等离子体推力器研究现状

3.2.1　国外研究现状

MPDT 概念的提出源于 1963 年以前美国热电弧喷射器和等离子体加速器的研究。由于采用太阳能供电的离子推力器在比冲 4000s 以下时，其效率呈快速下降趋势，并且推力器需要工作在高电压、低电流功率模式，与星上电源不匹配，美国于 20 世纪 60 年代提出将 MPDT 技术作为空间推进应用的设想。MPDT 为低电压、大电流功率模式，更容易与星上电源匹配，并且可以获得高比冲、大推力和高推力密度，在未来大功率空间任务中具有显著优势。半个多世纪以来，美国、俄罗斯（苏联）、日本、德国和意大利等国在 MPDT 的工作机理、装置设计与优化、建模仿真等方面已开展大量的研究，使 MPDT 的工作机理逐渐清晰，技术也日趋成熟。MPDT 根据具体工作模式的不同又可分为稳态 MPDT（连续模式）和准稳态 MPDT（脉冲模式）。目前，稳态 MPDT 的平均功率水平最高约 200kW，而准稳态 MPDT 的峰值功率水平达到约 180MW。

（1）美国
美国具有雄厚的经济和技术实力，在不同类型、功率等级的磁等离子体电推

进研究方面一直处于世界领先地位，主要研究单位包括普林斯顿大学、NASA 格伦研究中心、俄亥俄航空航天研究所、俄亥俄州立大学、亚利桑那州立大学等。

普林斯顿大学是较早开展磁等离子推力器研究的主要单位之一，从 20 世纪 70 年代开始从基础理论和实验装置方面对 MPDT 技术进行了持续研究，为推动磁等离子推进技术的快速发展做出了很大贡献。普林斯顿大学提出了两种比较著名的 MPDT 结构，即 Benchmark 结构和扩张型结构[28]，并基于 Benchmark 结构设计了推力器实验装置，开展了大量的研究工作，主要包括工质类型对推力器性能的影响、电极烧蚀问题、放电流场分布、等离子体温度分布、"Onset" 现象等方面。

美国格伦研究中心[10]于 2001 年研制了 4 MW 量级功率 MPDT 装置（图 3.11），并利用该装置开展了大量的实验研究，主要包括不同工质流量对推力器比冲、效率的影响，以及当放电电流超过某一阈值时产生的 "Onset" 现象会造成推力器进入不稳定工作状态等方面。当采用 Ar 作为工质，工质流量为 0.25g/s 时，在发生 "Onset" 现象之前获得的最大比冲为 7000s；0.5g/s 对应比冲为 6300s；0.75g/s 对应比冲为 6000s，此时效率达到 35%。加装尾喷管并优化结构后，数值仿真结果显示 MPD 装置的效率能够提升到 48%。为了提升 MPDT 在未来应用中的竞争力，推力器的效率还需要进一步提升。为此，美国多家研究机构尝试了不同的技术途径，如更换工质、为推力器加装喷管等手段。根据普林斯顿大学的研究结果，当功率达到数 MW 时，采用氢气作为工质，效率达到了 50%，对应的比冲高达 10000s。

(a) 实物照片

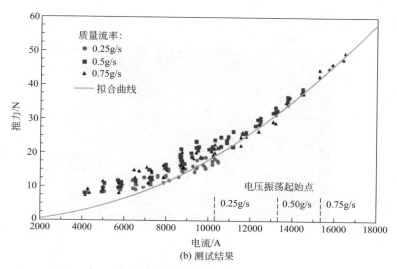

图 3.11 格伦研究中心 4MW 量级 SF-MPDT 照片及测试结果

俄亥俄州立大学[29,30]于 2002 年基于其 GW 级哥斯拉脉冲功率源设计了大功率准稳态 MPDT 装置，推力器实物及实验数据如图 3.12 所示。实验中注入脉冲功率达到 180MW，为目前文献报道的最高功率水平。该机构通过实验测量了采用氢气，工质流量在 1 ～ 40g/s 范围内的推力器电极间的电压和电流曲线，放电电流高达 300kA，并通过 MACH2 Code 仿真估测出推力器的推力将超过 1000N[31]。

(2) 俄罗斯

苏联在 20 世纪 50 年代末至 70 年代中期，主要针对载人深空探测开展了功率数百 kW 至 1MW 的大功率 MPDT 研究工作。20 世纪 70 年代中期至 80 年代，由于载人深空探测需求变弱，苏联的研究重点转到中小功率 MPDT 上。相关单位有克尔德什研究中心、能源设计局、火炬设计局、中央机械制造研究院和莫斯科航空学院等，研究内容包括推力器内部等离子体运动过程、近电极区和近壁面区工作过程、长寿命大电流阴极、推进剂比选和供应、放电区域结构优化、冷却方式、性能评估、寿命考核、推力器与航天器的相容性等，并开展了多次空间飞行试验。

莫斯科航空学院[32]在 1964—1985 年开展了 MPDT 物理过程的研究和理论建模仿真工作。20 世纪 70 年代，重点针对通过控制电极烧蚀提高 AF-MPDT 的寿命进行了研究。研究表明，添加了钍、镧、钇等材料的钨阴极的热发射损耗并不能满足 8000 ～ 10000h 的寿命使用需求，而在锂推进剂中添加钡在提高推力器寿命上大有希望。通过在 10 ～ 200kW 功率量级推力器上的实验结果表明：在锂推进剂中添加钡能够使放电腔温度降低 400℃，稳态电压降低 3 ～ 4V，推力器效率提升至

40%，比冲达到 2500s。

(a) 实物照片

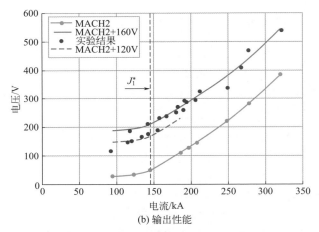

(b) 输出性能

图 3.12　俄亥俄州立大学 180MW 量级 SF-MPDT 实物及性能

　　从 20 世纪 50 年代末至 1975 年间，克尔德什研究中心[33]开展了采用不同推进剂的推力器实验研究工作，推力器最大功率达到 1MW。早期研制的 500kW 级锂推进剂 SF-MPDT，放电电流约 8kA，推力达到 20N，比冲达 8000s。在空间应用研究方面，20 世纪 70 年代中期克尔德什研究中心研制的 5kW 钾推进剂 MPDT 开展了约 1000h 寿命实验，1975 年其低功率 MPDT 在"宇宙"系列卫星上开展了空间飞行试验。1990 年，其 6kW 和 2kW 碱金属等离子体源在"进步 M-4"飞船上进行了羽流试验，探索了碱金属 MPDT 羽流与航天器的相容性。

　　能源设计局[34]在 20 世纪 70 年代中期开展了 500kW 锂推进剂 MPDT 的 500h 寿命试验和 900 ～ 1000kW 功率 MPD 推力器的短时点火试验，并开展了 17kW 锂推进剂 MPDT 的空间飞行试验。试验结果表明，MPDT 与航天器具有较好的相容性。

(3) 日本

从 20 世纪 70 年代开始至今，日本针对 MPDT 技术持续开展了细致深入的研究，研究内容覆盖面广，包括电极材料、电极结构、放电腔结构、理论仿真建模、附加磁场影响、电极冷却、性能测试、空间飞行试验等各个方面，功率也由开始的 kW 量级逐渐发展到 MW 量级，主要的研究单位有东京大学、宇航科学研究所、大阪大学、室兰工业大学、综合研究大学院大学、宇宙航空研究开发机构和东海大学等。

东京大学[35,36]是日本较早开展附加磁场 MPDT 的单位之一。早在 20 世纪 90 年代末就研制了 10kW 量级稳态 AF-MPDT，并分别于 1989 年和 1992 年报道了采用永磁（0.08T）和螺线管励磁（0.25T）提供附加磁场的实验和理论研究结果。实验过程中采用 H_2、He 和 Ar 分别作为推进剂，获得了高达 7000s 的比冲和 20% 的推力器效率。

宇宙科学研究所[37]在 1981 年、1983 年和 1995 年进行了 200W 和 430W 的非稳态 MPDT 空间飞行试验，并在 2001 年制定了 MPD 发展路线图，近年来开展了 MW 级 MPD、多孔空心阴极稳态 MPD、冷却技术等研究，并从减小 MPD 推进剂流量出发，提出螺旋波和 MPD 结合的螺旋波 MPDT。

大阪大学[38]在 MPDT 方面最著名的研究成果是研制了 MY-Ⅲ型 AF-MPD 电弧推力器。该推力器工作在准稳态脉冲模式，脉冲宽度 0.6ms，峰值功率大于 1MW。采用氢作为推进剂，通过改变附加磁场大小、更换不同推进剂等手段获得的最佳输出参数为：推力器效率高达 42%，实验中最大功率约为 2.5MW，推力功率比达到 50mN/kW，而不加轴向磁场时效率仅为 14%，推力功率比为 18mN/kW。

2014 年，日本宇宙航空研究开发机构[39]联合东海大学、东京技术学院共同研制了 MW 级 MK-I 型准稳态 SF-MPDT 装置，装置实物及 Ar、H_2 放电照片如图 3.13 所示。实验中推力器实现的最大输出参数具体为：对于 H_2 推进剂，对应输入功率 3.2MW，工质流速 0.4g/s，效率高达 85%，获得的最大比冲为 12000s；对于 Ar 推进剂，对应输入功率 1.7MW，工质流速 0.8g/s，效率高达 38%，比冲 4100s。同时，该机构还研究了推力器最稳定工况下的输出能力：对于 H_2 推进剂，对应输入功率 1.3MW，工质流速 0.4g/s，效率高达 37%，比冲 4900s；对于 Ar 推进剂，对应输入功率 1.0MW，工质流速 1.8g/s，效率高达 18%，比冲 1500s。

(4) 欧洲

德国斯图加特大学空间系统学院（IRS）[40-42]和意大利奥塔公司[43]是欧洲主

要开展 MPDT 技术研究的单位，尤其以斯图加特大学取得的成果最为显著。斯图加特大学研究重点主要针对 AF 型中小功率 MPDT，提出了新的推力器结构，并研制出了 DT 系列、ZT 系列、SX 系列等多种类型推力器。

图 3.13　MK-I 型 SF-MPDT 及放电照片（中间为 Ar，右侧为 H$_2$）

意大利奥塔公司在 20 世纪 70 年代就开始研究脉冲 MPDT，将脉冲功率拓展到 MW 量级，并和莫斯科航空学院合作，提出提高阳极区离子密度的新型 MPDT。

2010 年，奥塔公司和斯图加特大学在欧洲大功率电推进路线图（HIPER）计划支持下，分别开展 100kW 准稳态 MPDT 和 100kW 稳态 MPDT 的研制工作。推力器实物和设计参数如图 3.14 所示，推力约 2.5N，比冲为 2500 ～ 3000s。

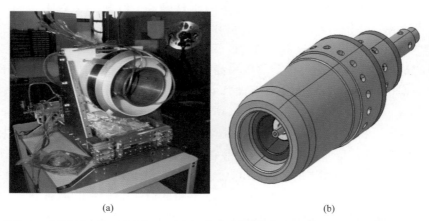

(a)　　　　　　　　　　　　　　　　　　　(b)

图 3.14　奥塔公司 100kW 准稳态 AF-MPDT（a）和斯图加特大学 100kW 稳态 AF-MPDT（b）

3.2.2　国内研究现状

国内开展 MPDT 技术研究的单位较少，起步较晚，研究基础相对薄弱。近年来，国外围绕 MPDT 技术的研究已不再是盲目地追求高功率，而是对更贴近应用的百 kW 级 MPDT 技术进行了重点研究，研究内容主要包括提高推力器效率、延长电极使用寿命、小型化等方面，这为我国的 MPDT 技术研究提供了值得借鉴的经验。

北京航空航天大学汤海滨课题组 [1,3,4,44] 在国内率先开展了 AF-MPD 型推力器的仿真建模、加速机理研究以及小功率实验装置的研制等方面的工作，获得了很多有价值的结果。2014 年，该团队成功使推力器在 18.7kW 功率下稳态工作超过 15min，并开发了标靶法推力测量技术，测得 MPDT 在功率 6.3kW、Ar 推进剂流量 13.8mg/s 时，推力达到 183mN[45]。

航天五院 502 所在"十二五"期间已经开展 AF-MPDT 技术的相关研究，进行了推力器电磁加速机理等基础理论研究，奠定了扎实的研发基础。2015 年，在国防科工局、航天五院等上级单位的支持下，502 所牵头联合中国原子能科学研究院和北京航空航天大学成立了我国首个也是唯一一个空间核推进联合实验室。在"十三五"期间，502 所牵头联合北京航空航天大学先后在该领域获得基础科研、民用航天、军委科技委前沿创新等多个预研课题支持。目前，已经初步掌握 AF-MPDT 阳极功率沉降抑制、多孔空心阴极等多项关键技术。2018 年 6 月，502 所完成了我国最高功率空间电磁推力器（100kW 级 AF-MPDT）原理样机研制和性能试验工作，运行功率为 112kW，推力为 3.0N，比冲为 5300s，效率为 69%，填补了国内 50kW 级、100kW 级电磁推进技术空白，推力、比冲等核心技术指标达到国际一流，奠定了我国在大功率电推进技术领域的地位。

3.3　空间应用前景分析

3.3.1　空间应用能源供给问题

根据本书 2.4.2 节分析结果可知，对于速度增量约 2200m/s 的空间机动平台快速轨道转移任务，当推力器推力达到百 N 量级，任务周期才能缩短至一天左右。如果采用 MPDT，电能转换效率取 50% 时，推力 100N、比冲 1500s 对应的电功耗将达到 MW 量级，如此大功率的 MPDT 在空间应用面临的最大难点是空间供电系统功率容量远远不能满足需求。目前，我国在轨应用的空间平台都是采用太阳能电池发电，其中功率较大的大型高轨通信卫星平台电源功率也只有 30kW 左右，与 MW 量级电源功率需求相差甚远。伴随着太阳电池片光电转换效率的进一步提升以及先进传导材料的应用等一系列相关技术的发展，经过 1～2 个五年计划，空间平台有望实现百 kW 量级的供电能力，但仍不能满足大功率 MPDT 的供电需求。因此，空间 MW 量级 MPDT 依赖太阳能供电是很不现实的，短期内根本无法实现，未来在空间应用唯有依靠核能供电方能实现。核电源具有能量密度高、功率容量大、重量轻、体积小、寿命长的优点，是大功率电推进系统理想的供电方案。空间用核能发电系统的研究集中在美、俄两国，其中美国近年发展的核电源输出功率已达到几百 kW。我国针对空间核能发电技术的研究起步较晚，虽然近年来取得了一定的进展，但目前仍然是处于技术方案验证阶段，已发展的样机系统存在功率容量偏低，技术成熟度不高，体积、质量偏大，效率不高等不足，实现空间应用并具备 MW 级供电能力还有较长的路要走。

现阶段，很多国家将研究重心转移至发展百 kW 量级实用型 MPDT 上。对于这种功率等级的 MPDT，电离消耗的电功率往往占较大比例，且这部分消耗掉的电功率并不能全部被有效利用，导致电能利用效率不高。因此，提高推力器的效率对于降低推力器电能消耗、加速百 kW 量级 MPDT 空间应用进程至关重要。

3.3.2 "Onset" 问题

大功率 MPDT 在空间应用还需要克服效率不高和寿命不长两大技术难题，而造成上述两大难题的主要因素之一是前文提及的 "Onset" 现象[46]。这个现象首先是由 AVCO 公司的 Malliaris 等[47] 在 1972 年发现的。在质量流率不变的条件下提高电流值的实验中，他们定义了一个临界值 $\left(J^2/\dot{m}\right)^*$。当超过这个值时，推力器开始出现噪声电压信号和推力器组件的烧蚀加剧。Boyle 等[48] 首先用 "Onset" 指代这一现象。"Onset" 现象发生的最明显标志是电压噪声。图 3.15 为在格伦研究中心 4MW 量级 SF-MPDT 上测得的电压和电流波形。当电流超过 14.5kA 时，推力器产生 "Onset" 现象，电压出现明显的纹波信号，推力器进入不稳定工作状态。通用的不同推进剂的 "Onset" 判断标准是 1980 年由 Hügel[49] 提出的。这个标准与推进剂原子量有关：

$$k^* = (J^2 M^{1/2}/\dot{m})^* \approx (15\sim33)\times10^{10}\,\mathrm{A}^2\cdot\mathrm{s}/\mathrm{kg} \tag{3.12}$$

目前，对于 "Onset" 现象发生的原因，有两种不同的观点：阳极 "饥饿"（anode starvation）和等离子体不稳定。阳极 "饥饿" 是指由阳极附近的载流子密度的降低导致回路中的电流无法正常通过阳极回到电源的现象。随着放电电流增大，洛伦兹力的径向分量将降低阳极附近的等离子体密度，进而引发阳极 "饥饿"。当阳极 "饥饿" 时，出现 "Onset" 现象，伴随着热电压增加，阳极电压增大。等离子体不稳定是指在临界状态下，推力器通道的环境不稳定，会发生多种不稳定振荡。事实上，这两种观点在一定程度上能够相互兼容，因为阳极 "饥饿" 一般被认为是等离子体不稳定的原因。

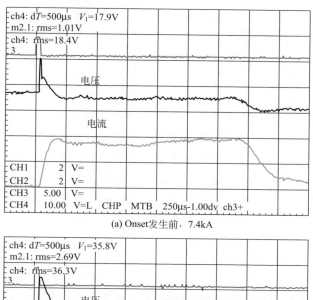

(a) Onset发生前，7.4kA

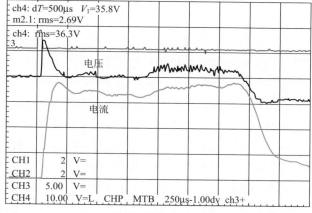

(b) Onset发生后，14.5kA

图 3.15 　"Onset"现象发生前后推力器 I–V 波形比较（Ar: 0.5g/s）

由于"Onset"现象的存在，不仅会引起电极的严重烧蚀，进而缩短推力器的寿命，还限制了 MPDT 性能的提高。研究表明，导致推力器低推力效率的主要原因有冻结流（电离）损失、径向动量损失以及热损失，其中径向动量损失主要是指阳极表面附近的阳极压降造成的功率分数损失。当 $J^2/\dot{m}$ 的大小超过限制时，会造成阳极损失增加。根据 Gallimore 等[50] 的研究结果，发生"Onset"现象时标准 MPD 装置的阳极损失能达到输入功率的 50%～90%。为实现 MPDT 高效率工作，除了通过使用低电离能的推进剂来减少冻结流损失外，还必须大量减少消耗在阳极上的功率。

SF-MPDT 与 AF-MPDT 都会出现"Onset"现象。根据阳极"饥饿"理论，在推力器设计时，应对推力器的磁场进行优化，同时考虑推进剂注入方式，确定合理的电流和推进剂流率等参数，以提高阳极附近的等离子体密度，抑制"Onset"现象的发生，从而提高推力器的性能。

3.3.3　阴极烧蚀问题

阴极烧蚀问题是制约依赖阴极电子发射的电推进系统面临的共性问题。由于MPDT一般在较大功率下运行，放电电流高达 kA 甚至几十 kA，阴极烧蚀更为严重。阴极烧蚀是一个比较复杂的物理过程，多种因素相互耦合。根据前面章节的介绍，低逸出功电极材料和空心阴极构型是解决阴极烧蚀问题的两大主要方向。但解决阴极烧蚀不仅仅限于解决材料和构型问题，还涉及 MPDT 系统方案的设计问题，需要综合考虑推进剂类型及流量、电源、附加磁场等各种因素。

3.3.4　发展建议

美国、俄罗斯、欧洲等国家和地区目前针对载人火星探测、载人小行星探测、偏移小行星运行轨道等，正在开展任务论证和相应大功率电推进技术的研究，将继续保持技术优势。我国载人航天工程和探月工程均取得了辉煌的成绩，为后续任务发展奠定了坚实的基础。与国外先进水平相比，在载人深空探测任务和相应的大功率电推进技术等方面存在较大差距。国内现有电推进系统技术基础远不能满足载人深空探测的需求，需要在应用需求牵引和应用策略指导下，进行科学规划和持续推动发展。因此，非常有必要首先针对未来载人探测使命开展空间大功率电推进总体技术研究，并由此推动开展大功率电推进关键技术及其他配套关键技术研究。

针对大功率 MPDT 技术的具体发展建议如下：

① 制定长期的、可持续的载人深空探测战略规划并持续推进，明确对大功率电推力器的需求，用于牵引大功率 MPDT 技术的快速发展。

② 开展 MPDT 关键技术的分解，深入剖析与各关键技术相关的基础研究内容和存在的技术瓶颈，确定攻关目标和发展路线图，组织和支持国内相关优势单位进行耐烧蚀阴极材料、高比能储能材料、高功率开关元器件、仿真软件等基础研究和关键技术攻关。

③ 重视大功率 MPDT 电推进系统电能供应技术的研究，特别是空间核电能供应技术的研究。

④ 在重视基础研究的基础上，加大投入，支持国内优势单位开展大推力 MPDT样机和地面演示装置的建设，实验研究和理论仿真研究并重，采用仿真研究辅助实验装置的设计，通过开展实验研究对仿真模型进行验证，深入开展工作机理研究。

参考文献

[1] 汤海滨，王一白，魏延明. 磁等离子体动力推力器回顾和认识 [J]. 推进技术，2018，39 (11)：2401-2414.

[2] 杭观荣，梁伟，张岩，等. 大功率等离子体电推进研究进展 [J]. 载人航天，2016，22 (2)：175-185.

[3] 程蛟，汤海滨，刘兵. 磁等离子体推力器工作机理与应用前景研究 [J]. 空间控制技术与应用，2013，39 (5)：34-38.

[4] Tang H B, Cheng J, et al. Study of Applied Magnetic Field Magnetoplasmadynamic Thrusters with Particle-in-cell and Monte Carlo Collision. Ⅱ. Investigation of acceleration mechanisms [J]. Physics of Plasmas, 2012, 19: 073108.

[5] Polk J E, Pivirotto T J. Alkali Metal Propellants for MPD Thrusters [C]. 27th AIAA/ASME/SAE/ASEE Joint Propulsion Conference and Exhibit, Sacramento, California, 1991.

[6] Uematsu K, Morimoto S, Kuriki K. MPD Thruster Performance with Various Propellants [J]. Journal of Spacecraft and Rockets, 2012, 22 (4): 412-416.

[7] Myers R, Mantenieks M, Sovey J. Geometric Effects in Applied-Field MPD Thrusters [C]. 21st AIAA/DGLR/JSASS International Electric Propulsion Conference, Orlando, Florida, 1990.

[8] Nakata D, Toki K, et al. Rencent Study for Electrode Configuration and Material Improvement in an MPD Thruster [C]. 43rd AIAA/ASME/SAE/ASEE Joint Propulsion Conference and Exhibit, Cincinnati, OH, 2007.

[9] Funaki I, Toki K, Kuriki K. Electrode Configuration Effect on the Performance of A Two-Dimensional Magnetoplasmadynamic Arcjet [J]. Journal of Propulsion and Power, 1998, 14 (6): 1043-1048.

[10] LaPointe M R, Mikellides P G. Design and Operation of MW-Class MPD Thrusters at the NASA Glenn Research Center [C]. 38th AIAA/ASME/SAE/ASEE Joint Propulsion Conference and Exhibit, Indianapolis, Indiana, 2002.

[11] Li M, Liu H, Ning Z, et al. 2-D Extended Fluid Model of Applied-Field Magnetoplasmadynamic Thruster with Solid and Hollow Cathodes [J]. IEEE Transactions on Plasma Science, 2015, 43 (12): 4034-4042.

[12] Fradkin D B, Blackstock A W, Roehling D J, et al. Experiments Using A 25kW Hollow Cathode Lithium Vapor MPD Arcjet [J]. AIAA Journal, 1970, 8 (5): 886-894.

[13] Myers R M. Scaling of 100 kW Class Applied-Field MPD Thrusters [C]. 28th AIAA/ASME/SAE/ASEE Joint Propulsion Conference and Exhibit, Nashville, TN, 1992.

[14] Mikellides P G. Modeling and Analysis of A Megawatt-Class Magnetoplasmadynamic Thruster [J]. Journal of Propulsion and Power, 2004, 20 (2): 204-210.

[15] Mikellides P G, Turchi P J. Applied-Field Magnetoplasmadynamic Thrusters, Part 2: Analytic Expressions for Thrust and Voltage [J]. Journal of Propulsion and Power, 2000, 16 (5): 894-901.

[16] Haag D, Auweter–Kurtz M, et al. Magnetoplasmadynamic Thrusters with Coaxial Applied Magnetic Field [C]. 42nd AIAA/ASME/SAE/ASEE Joint Propulsion Conference and

Exhibit, Sacramento, California, 2006.

[17] Wood N J, Osborne J J, et al. Characterization of A Low-power Steady-state Magnetoplasmadynamic Device for Non-propulsive Applications [J]. Plasma Sources Sci. Technol., 1997, 6: 484-491.

[18] LaPointe M R, Mikellides P G. High Power MPD Thruster Development at the NASA Glenn Research Center [C]. 37th AIAA/ASME/SAE/ASEE Joint Propulsion Conference and Exhibit, Salt Lake City, Utah, 2001.

[19] McGuire M L, Borowski S K, Mason L M. High Power MPD Nuclear Electric Propulsion (NEP) for Artificial Gravity HOPE Missions to Callisto [C]. Space Technology and Applications International Forum, Albuquerque, Mexico, 2003.

[20] Koyama N, Suzuki T, et al. Performance Characteristics of Steady-State MPD Thrusters with Permanent Magnets and Multi Hollow Cathodes for In-Space Propulsion [C]. The 33st International Electric Propulsion Conference, Washington D.C., USA, 2013.

[21] Nakata D, Toki K, et al. Performance of ThO_2-W, Y_2O_3-W, and La_2O_3-W cathodes in Quasi-Steady Magnetoplasmadynamic Thrusters [J]. Journal of Propulsion and Power, 2011, 27 (4): 912-915.

[22] Gallimore A D, Myers R M, Kelly A J, et al. Anode Power Deposition in An Applied-Field Segmented Anode MPD Thruster [J]. Journal of Propulsion and Power, 1994, 10 (2): 262-268.

[23] Myers R. Applied-Field MPD Thruster Geometry Effects [C]. 27th AIAA/ASME/SAE/ASEE Joint Propulsion Conference and Exhibit, Sacramento, California, 1991.

[24] Myers R, Soulas G. Anode Power Deposition in Applied-Field MPD Thrusters [C]. 28th AIAA/ASME/SAE/ASEE Joint Propulsion Conference and Exhibit, Nashville, TN, 1992.

[25] Cubbin E A, Ziemer J K, et al. Pulsed Thrust Measurements Using Laser Interferometry [J]. Rev. Sci. Instrum., 1997, 68 (6): 2339-2346.

[26] Kinefuchi K, Funaki I, Toki K. Laser Absorption Velocimetry of Plasma Flow in Two-Dimensional Magnetoplasmadynamic Arcjet [J]. Journal of Propulsion and Power, 2006, 22 (5): 1085-1090.

[27] Oshio Y, Ueno K, Funaki I. Plume Characteristics of A Quasi-Steady Magnetoplasmadynamic Arcjet [J]. IEEE Transactions on Plasma Science, 2012, 40 (12): 3520-3527.

[28] Myers R M. MPD Thruster Technology, NASA technical memorandum 105242: AIAA-91-3568 [R]. USA: AIAA, 1991.

[29] Mikellides P G, Turchi P J, Mikellides I G. Design of a Fusion Propulsion System-Part1: Gigawatt-Level Magnetoplasmadynamic Source [J]. Journal of Propulsion and Power, 2002, 18 (1): 146-151.

[30] William D. Magnetoplasmadynamic Electric Propulsion thruster Behavior at the Hundred Megawatt Level [D]. Ohio: The Ohio State University, 2003.

[31] Mikellides P G, England B, Gilland J H. Energy Deposition Via Magnetoplasmadynamic

Acceleration: Ⅱ. Modeling and Performance Predictions [J]. Plasma Sources Sci. Technol., 2009, 18, 015002.

[32] Tikhonov V B, Semenihin S A, Brophy J R, et al. Performance of 130 kW MPD thruster with An External Magnetic Field and Li as Propellant [C]. 25th International Electric Propulsion Conference, Cleveland, 1997.

[33] Koroteev A S, Shutov V N. High Efficiency Arcjet Thrusters [C]. 29th AIAA/ASME/SAE/ASEE Joint Propulsion Conference and Exhibit, Monterey, CA, 1993.

[34] Gorshkov O A, Shutov V N, et al. Development of High Power Magnetoplasmadynamic Thrusters in the USSR [C]. The 30th International Electric Propulsion Conference, Florence, Italy, 2007.

[35] Arakawa Y, Sasoh A. Steady-State Permanent Magnet Magnetoplasmadynamic Thruster [J]. J. Propulsion, 1989, 5 (3): 301-304.

[36] Sasoh A, Arakaw Y. Electromagnetic Effects in an Applied-Field Magnetoplasmadynamic Thruster [J]. J. Propulsion, 1992, 8 (1): 98-102.

[37] Toki K, Shimizu Y. A Study of Low-Power MPD Arcjets for Future High-Power Evolution [C]. 27th International Electric Propulsion Conference, Pasadena, CA, 2001.

[38] Tahara H, Kagaya Y, Yoshikawa T. Performance and Acceleration Process of Quasisteady Magnetoplasmadynamic arcjets with Applied Magnetic Fields [J]. Journal of Propulsion and Power, 1997, 13 (5): 651-658.

[39] Miyazaki K, Takenaka S, Funaki I. Experimental Study of A 1-MW-Class Quasi-Steady-State Self-Field Magnetoplasmadynamic Thruster [C]. The 33rd International Electric Propulsion Conference, Washington D. C., USA, 2013.

[40] Winter M W, Nada T R, et al. Investigation of Nozzle Geometry Effects on the Onset of Plasma Instabilities in High Power Steady State MPD Thrusters [C]. 42nd AIAA/ASME/SAE/ASEE Joint Propulsion Conference & Exhibit, Sacramento, California, 2006.

[41] Herdricha G, Bauder U, et al. Advanced plasma (propulsion) concepts at IRS [J]. Vacuum, 2013, 88: 36-41.

[42] Boxberger A, Bambach P, et al. Experimental Investigation of Steady-State Applied-Field Magnetoplasmadynamic Thrusters at Institute of Space Systems [C]. The 48th AIAA/ASME/SAE/ASEE Joint Propulsion Conference & Exhibit, Atlanta, Georgia, 2012.

[43] Casaregola C, Cesaretti G, Andrenucci M. The European HiPER Programme for Future High Power Electric Propulsion Technologies [C]. The 47th AIAA/ASME/SAE/ASEE Joint Propulsion Conference & Exhibit, San Diego, California, 2011.

[44] Li M, Tang H B, et al. Modeling of Plasma Processes in the Slowly Diverging Magnetic Fields at the Exit of An Applied-field Magnetoplasmadynamic Thruster [J]. Physics of Plasmas, 2013, 20: 103502.

[45] Wang B J, Tang H B, et al. Improved Target Method for AF-MPDT Thrust Measurement [C]. Joint Conference of 30th International Symposium on space Technology and Science, 34th International Electric Propulsion Conference and 6th Nano-satellite Symposium,

Hyogo-Kobe，Japan，2015，IEPC-2015-172，ISTS-2015-b-172.

［46］毛军奎，韩启祥，等. 推进与动力［M］. 北京：北京理工大学出版社，2016，6：387-391.

［47］Malliaris A，John R，Garrison R，et al. Performance of Quasi-steady MPD Thrusters at High Powers［J］. AIAA J. Propul. Power，1972，10（2）：121-122.

［48］Boyle M J，Clark K E，Jahn R G. Flow-field Characteristics and Performance Limitations of Quasi-steady Magnetoplasmadynamic Accelerators［J］. AIAA J. Propul. Power，1976，20（3）：955-962.

［49］Hügel H. Zur Funktionsweise der Anode im Eigen-fieldbeschleuniger［M］. Köln：DFVLR-FB，1980：30.

［50］Gallimore A D，Kelly A J，Jahn R G. Anode Power Deposition in Magnetoplasmadynamic Thrusters［J］. AIAA J. Propul. Power，1993，9（3）：361-368.

第**4**章
脉冲爆震发动机技术

相比当前已应用的传统化学推力器，脉冲爆震发动机（Pulse Detonation Engines，PDEs）具有实现更高性能（比冲）的潜力，同时在降低发动机的质量、成本以及复杂性方面也更具优势。上述优势的获得，本质上是由于近似等容循环的爆震燃烧具有更高的热力学效率（研究表明：等压热循环效率典型值为 27%，等容热循环效率典型值为 47%，爆震热循环效率典型值为 49%）以及其工作流体具有更低的熵增 [1]。除此以外，脉冲爆震发动机还具有原理简单、结构紧凑，并能实现很宽范围的飞行马赫数（0 ～ 5）等优点，使其在军事和商业任务中展现出诱人的应用潜力。

根据氧化剂的来源不同，脉冲爆震发动机可以分为吸气式（Airbreathing Pulse Detonation Engines）和火箭式（Pulse Detonation Rocket Engines，PDREs）两种类型。吸气式脉冲爆震发动机从空气中获得氧气，无须自身携带氧化剂，因此具有更高的推重比、更广泛的应用范围和更长的工作时间。脉冲爆震火箭发动机需要自带氧化剂，更适用于空间真空无氧环境，有潜力用作运载火箭的上面级以及轨道转移飞行器的推进系统并能够大幅减少运行和发射成本，同时作为月球和行星探测器、行星着陆器的推进系统也极具吸引力。

当前，实用型脉冲爆震推进系统的发展虽然得益于测量、诊断、控制、计算动力学以及计算机仿真等领域的技术进步实现了突破，但在很多器件级、子系统级以及系统级层面，如宇航级快速响应大流量推进剂阀门、高效进气道和尾喷管、先进燃烧控制系统、一体化解决方案等，还面临很多新的设计挑战。

4.1　爆震的物理基础

在本书的 1.4 节中针对爆震燃烧的特点做了初步介绍。本节将从几种典型燃烧现象的特征对比、Chapman-Jouguet 理论、爆震热力学效率分析以及爆震波结构等方面对爆震燃烧的相关物理基础做进一步深入的探讨。

4.1.1　几种典型的燃烧现象

（1）爆燃
冲压喷气式发动机、涡轮喷气式发动机和火箭发动机等这类航空航天推进装置，一般采用基于等压循环的爆燃（Deflagration）燃烧方式。爆燃本质上是一种生成物沿燃烧波表面以亚声速向未反应物传播的快速化学反应，并且化学反应释放的热量足以维持反应的持续进行。爆燃波火焰的传播速度是压强、温度以及反应物湍流的函数，主要受化学组分、质量扩散速率以及反应的热传导速率的影响，典型值为 1～30m/s。虽然爆燃是一种最为普遍的燃烧过程，但并不是热力学效率最高的燃烧发生途径。由于爆燃反应后气体的熵增很大，这将降低能量的利用效率。爆燃受到约束后可以增加反应物压强、反应速率和温度，并可能转变为爆震。

（2）化学爆炸
化学爆炸（Chemical Explosion）是一种短时间内引发并产生大量高温气体的化学反应。随着温度和压强的增加，放热反应速率将呈指数增加。爆炸发生时将在周围的媒介中产生激波。尽管爆炸强度很高且发生迅速，但自身仍是以爆燃波的形式向未燃反应物传播。

（3）爆震
爆燃是一种反应生成物以亚声速向未反应物传播的剧烈化学反应，而超声速爆震（Detonation）燃烧由于强激波引发的爆震导致传播速度更高，燃烧强度更为剧烈。爆震过程中，燃烧反应和激波的传播是完全耦合且相互促进的，激波传播至未反应物中将使其快速加热并引发后续的反应以维持燃烧进程。具体的爆震燃烧反应过程可以通过 Chapman-Jouguet 理论进行描述。

4.1.2　Chapman-Jouguet 理论

爆震现象是由 Nobel[2] 在 1864 年使用其发明的雷汞点燃极触发硝化甘油放电

时发现的。之后其他研究者开始研究这种强度的爆炸的引发原因及其传播速度，并猜测是由于一种类似激波的形式引起并维持的爆震燃烧。在1880年之前，研究者根据不同燃料和氧化剂的大量测试实验结果已经总结出爆震波速度是保持不变的，仅取决于燃料类型和其混合比。在1883年，研究者发现在合适的条件下，爆燃能够演变成为爆震波。在这一新的理论发现指引下，研究者通过大量实验研究证明：爆震过程是一种快速的绝热反应，利用反应释放的能量来驱动爆震波，并且还推测在反应物化学性质、点火状况和爆震特点之间存在着内在的联系[3]。

Chapman和Jouguet于1989年和1905年分别独立地对爆震波进行了研究，相关理论成果形成了一个简单的理论模型，即著名的Chapman-Jouguet（C-J）理论[4]。C-J理论解释了燃烧波速度和爆震发生压强之间的关系。

在介绍C-J理论内容之前，首先介绍两个重要的概念，即Rayleigh线和Hugoniot线。这里仅介绍理论结果，相关公式的推导可以参见本章参考文献[1]。

忽略热传导效应、相互扩散效应和黏性效应，图4.1所示的一维定常流动的守恒方程可以变为下列两个关系式：

$$\rho_2^2 u_2^2 = \frac{p_1 - p_2}{1/\rho_2 - 1/\rho_1} = \text{const} \tag{4.1}$$

$$\frac{\gamma}{\gamma - 1}\left(\frac{p_1}{\rho_1} - \frac{p_2}{\rho_2}\right) - \frac{1}{2}(p_1 - p_2)\left(\frac{1}{\rho_1} + \frac{1}{\rho_2}\right) = q \tag{4.2}$$

式中，u_1、p_1、ρ_1分别为已燃气体的速度、压力和密度；u_2、p_2、ρ_2分别为未燃气体的速度、压力和密度；γ为气体比热比；q为单位反应物的放热量。

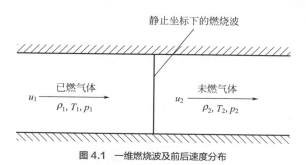

图4.1　一维燃烧波及前后速度分布

式（4.1）为Rayleigh线方程的表达式。Rayleigh线不包含状态方程，是质量守恒和动量守恒的结合，与释热无关。这里定义比体积$v = 1/\rho$，则Rayleigh线确定了初始状态和最终状态的压力与比体积之比的线性关系，斜率为一常数。由式（4.1）可以看出，Rayleigh关系式中的燃烧波不能同时使压力和比体积升高或降低。因此，在图4.2所示的p-v图上，Rayleigh线只能存在于以初始状态特征为中心的四个象限中的两个象限内。如图 4.2 所示，第二象限包含了压缩波，由于最终的压力是升高的，比体积是下降的，这类燃烧波被称为爆震波，而第四象限包括了膨胀波，称为爆燃波。

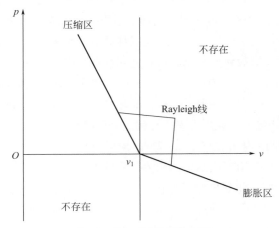

图 4.2　表示一维燃烧波的 $p\text{-}v$ 图

式（4.2）为 Rankine-Hugoniot 关系式，它在 $p\text{-}v$ 平面上是一条双曲线，又称为 Hugoniot 线。它是基于能量守恒方程的，在 $p\text{-}v$ 平面上的位置取决于 q 的值。

C-J 理论基于 Rayleigh 线和 Hugoniot 线描绘了爆震区和爆燃区新的分区方法。新的分区是建立在每一个区内的 Rayleigh 线和 Hugoniot 线的切点上，即所谓的 C-J 点。具体的分区方法如图 4.3 所示 [5,6]，上 C-J 点（U）给定了爆震波速度的最小

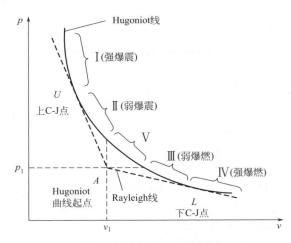

图 4.3　基于 C-J 理论的燃烧分区

值，而下 C-J 点（L）给定了最大的爆燃速度。根据 Chapman-Jouguet 理论，区域 V 由于违背了热量学第二定律，是不可能发生的，只有强爆震、弱爆震、弱爆燃和强爆燃是可能的。在波速分布方面，弱爆震波和强爆震波的波前是超声速，强爆震波的波后是亚声速；弱爆燃波和强爆燃波的波前是亚声速，弱爆燃波的波后也是亚声速。

4.1.3 爆震热力学效率分析

将爆震燃烧用于推进系统的主要研究动力在于爆震有望实现更高的效率。从热力学角度讲，熵的产生有损推进系统的效率，提高推进系统的效率就意味着尽可能地降低束流所产生的总熵。通常，在整个推进系统中燃烧带来的熵增占比是最大的，燃烧模式的选择对发动机的性能至关重要。因此，本节将分析不同燃烧模式对应的熵增情况。

Hugoniot 关系式（4.2）也可以用显焓变化来表示：

$$h_2 - h_1 = \frac{1}{2}(p_2 - p_1)\left(\frac{1}{\rho_1} + \frac{1}{\rho_2}\right) \tag{4.3}$$

式中，h 为系统的焓，可定义为：

$$h \equiv e + \frac{p}{\rho} \tag{4.4}$$

式中，e 为系统总的内能。则式（4.3）可以变为：

$$e_2 - e_1 = \frac{1}{2}(p_2 - p_1) + \left(\frac{1}{\rho_2} - \frac{1}{\rho_1}\right) \tag{4.5}$$

对式（4.5）求导：

$$\mathrm{d}e_2 = \frac{1}{2}(\mathrm{d}p_2)\left(\frac{1}{\rho_1} - \frac{1}{\rho_2}\right) - \frac{1}{2}\left(\mathrm{d}\frac{1}{\rho}\right)(p_2 + p_1) \tag{4.6}$$

综合热力学第一和第二定律，系统的熵变满足：

$$T_2\mathrm{d}s_2 = \mathrm{d}e_2 + p_2\left(\mathrm{d}\frac{1}{\rho_2}\right) \tag{4.7}$$

由式（4.6）和式（4.7）可得：

$$T_2\frac{\mathrm{d}s_2}{\mathrm{d}(1/\rho_2)} = \frac{1}{2}\left(\frac{1}{\rho_1} - \frac{1}{\rho_2}\right)\left[\frac{\mathrm{d}p_2}{\mathrm{d}(1/\rho_2)} - \frac{p_2 - p_1}{\frac{1}{\rho_2} - \frac{1}{\rho_1}}\right] \tag{4.8}$$

在 Hugoniot 曲线的 C-J 点上，有：

$$\left[\frac{\mathrm{d}p_2}{\mathrm{d}(1/\rho_2)}\right]_{\text{C-J}} = \frac{p_2 - p_1}{\dfrac{1}{\rho_2} - \dfrac{1}{\rho_1}} \tag{4.9}$$

则熵变满足：

$$\left[\frac{\mathrm{d}s_2}{\mathrm{d}(1/\rho_2)}\right]_{\text{C-J}} = 0 \tag{4.10}$$

通过对式（4.8）进一步求二次导数，可以得出：

$$\left[\frac{\mathrm{d}^2 s_2}{\mathrm{d}(1/\rho_2)^2}\right]_{\text{下 C-J 点}} < 0 \tag{4.11}$$

$$\left[\frac{\mathrm{d}^2 s_2}{\mathrm{d}(1/\rho_2)^2}\right]_{\text{上 C-J 点}} > 0 \tag{4.12}$$

以上分析表明，Hugoniot 曲线的上 C-J 点处熵增最小，而在下 C-J 点处的熵增最大。图 4.4 描绘了沿整个 Hugoniot 曲线的熵变情况 [5]。可以看出，相比爆燃燃烧模式，爆震燃烧模式对应于较低的熵增。因此，爆震发动机相比爆燃发动机理论上具有实现较高热循环效率的潜在优势。

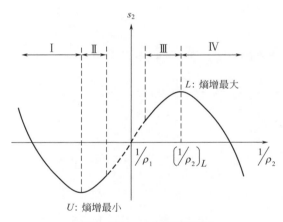

图 4.4　沿 Hugoniot 曲线的熵变

4.1.4　爆震波结构

自然界中，爆燃波和爆震波是燃烧波的两种主要形式。图 4.5 描绘了爆燃波在管内的传播过程和结构。其中，T_u 为未燃气体温度，T_b 为已燃气体温度，$[T_u, T_1]$

为预热区，$[T_1,T_b]$ 为反应区。在预热区，化学反应建立之前，爆燃火焰波前将未燃气体的温度逐步提升至 T_1。T_1 之后，支链化学反应开始，反应物浓度逐渐降低，链锁载体的浓度先增加后减小，爆燃波的传播使混合气体的温度进一步升高至 T_b，直至反应结束。

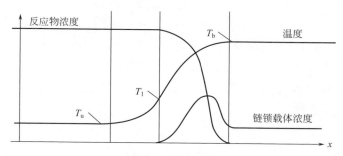

图4.5　爆燃波在管内传播时温度和浓度变化

在图4.6所示的前端封闭、后端开口的爆震管内，可燃气体混合物在靠近前端的部位被点燃，并形成爆震波向后端传播。爆震波可以看成是由强激波和薄的火焰面组成，强激波用来触发燃烧，薄的火焰面用于释放能量，激波以爆震波速 v_{det} 相对于未燃气体运动，提高了未燃气体的压力和温度。

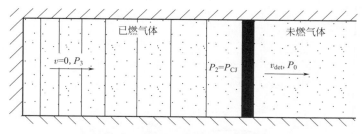

图4.6　在一端封闭、一端开口爆震管中的爆震波

在爆震管中传播的爆震波的压力和温度分布如图4.7所示[1,5]。激波后的未燃气体存在一个稳定的高压区，对应压力称为 von Neumann 压力尖峰，用于点火延迟，其厚度称为爆震诱导距离。在加热区，化学反应开始后混合气体被加热，温度升高，压力下降。加热区厚度取决于完全燃烧反应所需时间。爆震波后的压力、温度和密度值（P_2、T_2、ρ_2）远高于未燃气体的值（P_0、T_0、ρ_0），但与点火延迟区（P_1、T_1、ρ_1）相比，压力和密度较低，而温度较高。随着爆震波向开口端传播，在封闭端和加热区之间存在一个膨胀区，使封闭端的压力减小。封闭端压力 P_3 低于爆震波后的压力 P_2。

对于爆震燃烧，燃烧反应和激波的传播是相互耦合且彼此促进的。Zeldovich

（1940 年）[7]、von Neumann（1942 年）[8] 和 Doring（1943 年）[9] 通过独立的研究针对爆震波结构提出了相同的理论，即所谓的 ZND 模型。图 4.8 描绘了 ZND 爆震波对应的热力学参数变化情况。根据 ZND 模型，爆震波包含三个特征鲜明的区域，即激波、诱导区和反应区，各区域的厚度取决于混合气体的比例系数和化学动力学特征。位置 1 为前导激波，激波会使反应物温度、压力和密度迅速提升。紧随激波之后，位置 a 为 von Neumann 压力峰值点。在 a 点之后存在一个诱导区，由于此时反应物温度不高，反应仅缓慢进行，动力学参数的变化比较平坦。在 b 点之后为反应区，经过诱导区一段时间的发展，反应速率陡增，热力学参数发生剧烈变化。反应完成后，热力学参数趋于平衡值。位置 2 为 C-J 平面。

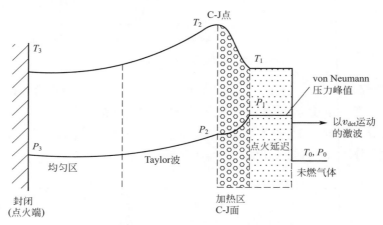

图 4.7　爆震波在一端封闭、一端开口爆震管中的传播

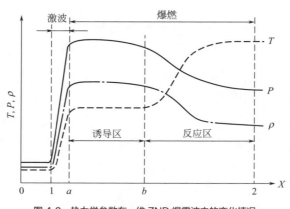

图 4.8　热力学参数在一维 ZND 爆震波内的变化情况

虽然一维 ZND 模型能够很好地描绘爆震波的结构，但实际的爆震波具有复杂

的结构。1959 年，Denisov 和 Troshin[10] 采用烟灰膜衬底记录了爆震波的传播过程，发现爆震波不仅平行于衬底传播，还具有垂直于衬底的速度分量，首次证明了爆震波的三维传播特征。烟灰膜记录的三维爆震波结构如图 4.9 所示，可以看出，爆震波是由很多尺寸基本相等的鱼鳞状基本单元组成的，这些基本单元即所谓的"胞格"。胞格尺寸表征了混合物反应能力的强弱，常用 λ 表示。混合物反应能力越强，胞格尺寸越小。

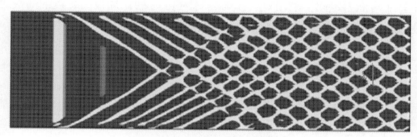

图 4.9　烟灰膜记录的三维爆震波结构

4.2　脉冲爆震发动机技术内涵

目前，采用爆震燃烧的发动机包括三种基本形式：脉冲爆震发动机（Pulse Detonation Engine，PDE）、驻定爆震发动机（Standing Detonation Wave Engine，SDWE）[11] 和旋转爆震发动机（Rotating Detonation Engine，RDE）[12-14]。其中，脉冲爆震发动机和旋转爆震发动机因为有望实现高频工作而具有良好的应用前景，也成为目前研究相对较多的两类发动机。上述两种发动机在燃烧室结构上存在较大差异，脉冲爆震发动机一般采用直管型燃烧室，而旋转爆震发动机采用的是环型燃烧室。本书介绍的电化学复合推进采用与直管型脉冲爆震发动机相似的燃烧室结构，因此，作为知识铺垫，这里仅介绍脉冲爆震发动机的工作原理。

脉冲爆震发动机是利用周期性爆震波产生的高温、高压燃气来产生推力的新型发动机，具有循环热效率高、比冲高、适用范围广、结构简单等优点。脉冲爆震发动机可以单独作为航空航天器的推进系统，也可以和其他类型发动机进行组合，如脉冲爆震发动机与涡轮喷气发动机组合，分别在不同条件下工作，发挥各自优势。另外，由于脉冲爆震发动机的热循环效率高，也有将脉冲爆震燃烧室替代其他类型发动机的燃烧室，形成混合式推进系统，进一步提高其性能。

根据工作模式的不同，可将 PDE 分为两类：从空气中获得氧化剂的吸气式 PDE 和自带氧化剂的火箭式 PDE。如果在空间应用，因为是真空环境，吸气式 PDE 难以正常运行，只能采用火箭式 PDE。火箭式 PDE 的工质是由燃料和氧化剂组成的。其中，氧化剂一般为氧气；PDE 的可用燃料种类较为丰富，如汽油（C_8H_{16}）、煤油（$C_{10}H_{21}$）、丙烷（C_3H_8）、乙烯（C_2H_4）、乙炔（C_2H_2）、甲烷（CH_4）、氢气（H_2）等可燃物质。采用不同燃料的 PDE 输出性能存在较大的差异，这种差异主要由爆震波的特性所决定。例如，在汽油、甲烷和氢气的比较中，在爆震频率一定时，采用汽油作为燃料的 PDE 的平均推力最高，氢气的次之，甲烷的最小，而比冲与平均推力不同，采用氢气作为燃料的 PDE 的比冲最高，汽油的次之，甲烷的最小。对于单位燃料消耗率而言，甲烷最高，汽油的次之，氢气的最低。

4.2.1　脉冲爆震发动机循环过程

这里以脉冲爆震火箭发动机（PDRE）为例进行介绍。典型的 PDRE 的基本组成如图 4.10 所示，主要包括燃烧室（前端封闭，后端开口）、点火器、尾喷管、推进剂注入模块以及总控制器几个部分。推进剂注入模块主要由推进剂（燃料、氧化剂及隔离气体）储箱、流量计、预混室及阀门等部件构成。总控制器主要用于各个电磁阀门（S1、S2、S3 和 S4）的开通与闭合控制、点火器的启动与终止控制以及各个动作之间的时序控制等。

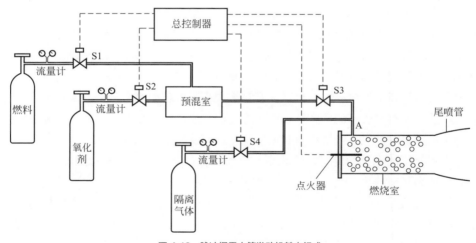

图 4.10　脉冲爆震火箭发动机基本组成

脉冲爆震火箭发动机一个脉冲周期包括填充、点火、爆震、膨胀和排空 5 个主要过程，如图 4.11 所示[1,5]。

① 填充。在填充之前一般需要先打开阀门 S4 向燃烧室内填充隔离气体，以防止新鲜可燃混合物与上一周期的燃烧产物接触而过早燃烧。开始填充时，将阀门

S4 关闭，并打开阀门 S1 和 S2，燃料和混合物按照设定的比例注入预混室内先进行充分混合，然后打开阀门 S3，推进剂混合物经 A 口注入燃烧室内，注入结束后关闭所有阀门。由于燃烧室内外存在压力差，推进剂将向后端扩散，直至充满整个燃烧室。填充时间会受到阀门和流量计响应时间的限制，一般需要几个 ms 量级。

② 点火。当推进剂均匀填充整个燃烧室后，总控制器控制处于燃烧室前端的点火器工作，点燃燃烧室前端的推进剂混合物，使其发生爆燃。点火时机必须与可燃混合物的填充时间很好地匹配，否则会有部分燃料排出爆震室外造成浪费。点火过程一般持续 1ms 左右。

③ 爆震。推进剂被点燃后，爆燃波向两端传播。当封闭端发射波与后向压缩波重合后，经不断加强将形成 C-J 爆震波。爆燃向爆震的转变过程称为 DDT 过程，该过程持续时间会受到点火能量、传播条件的影响，一般为 μs 量级。

④ 膨胀。由于封闭端的法向速度为零，在爆震波后会产生一束膨胀波。当爆震波离开喷口时，爆震室内的高温、高压燃气以很快的速度向外排出，此时喷口不断产生膨胀波向管内传播。

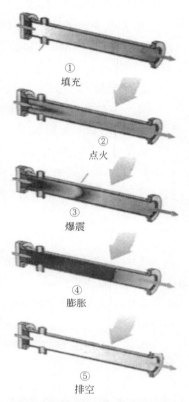

① 填充
② 点火
③ 爆震
④ 膨胀
⑤ 排空

图 4.11　脉冲爆震火箭发动机循环过程

⑤ 排空。在膨胀波的作用下，爆震室内气体经一段时间后完全排出。排空和膨胀过程都伴随有燃气的排出，两个过程持续 1 ～ 2ms。

4.2.2　现代高频 PDRE 技术

Helman 等 [15] 于 1986 年研制了一种吸气式脉冲爆震发动机，并发表了关于发动机运行情况的研究论文，被认为是首次提出了现代高频 PDRE 的概念。此后，人们对脉冲爆震发动机进行了广泛的实验研究。由于 PDRE 具有间歇式、周期性工作的特点，工作频率是 PDRE 的一个重要参数。提高 PDRE 工作频率的实际意义主要体现在：

① 当爆震管几何尺寸和单个循环的填充度确定时，PDRE 工作频率越高，能产生的推力越大，推重比越高；

② 当爆震频率很高时，如大于100Hz时，可以近似认为工作过程是连续的。高频工况可以减小发动机的振动和噪声，有利于减轻对飞行器带来的不利影响；

③ 高频工作时，发动机内壁温变化小，由此带来的部件热疲劳也小；

④ 单周期PDRE的尾喷管工作于非稳态工况下，其设计和优化需要考虑整个周期运行状况，相比定常流动更为复杂。高频工况下的发动机排气过程更接近于定常流动，能够降低尾喷管的设计难度。

因此，在过去的几十年间，发展高频PDRE成为国内外科学家研究的重点之一，是PDRE能否走向实用化的关键。

脉冲爆震发动机的非稳性体现在其循环过程可以用一系列时间尺度来描述。对于典型的单周期PDRE来讲，一个周期的循环过程包括填充、爆震、排气和吹除等4个基本过程，因此PDRE运行一个周期的时间主要由4部分特征时间组成，即：

$$T_{cycle} = t_{purge} + t_{fill} + t_{det} + t_{rare} \qquad (4.13)$$

式中，t_{purge}为隔离气体的吹除时间，而隔离气体吹除是为了防止前一段循环中残留的爆震产物点燃新鲜燃料；t_{fill}为可爆混合物填充时间；t_{det}为点火及起爆时间，主要包括点火延迟时间t_{delay}、爆燃向爆震的转变时间t_{DDT}以及爆震波在管内传播时间$t_{det-propagation}$；t_{rare}为燃烧产物膨胀排气时间。

为实现PDRE高频化运行，需要尽可能缩短周期时间，涉及的关键技术可以概括为以下几个方面。

(1) 燃料/氧化剂的高频供给

一般情况下，可爆混合物填充时间t_{fill}要大于其他三者之和，受充气结构和阀门类型的影响较为明显。为缩短可爆混合物填充时间t_{fill}，需要采用快速响应阀门以及设计合理的供气结构。

阀门设计主要包括机械阀和电磁阀两类，而采用机械阀设计的PDRE一般采用旋转式机械阀结构[16]。

① 旋转阀式PDRE。

在以往的设计中，为了改善爆震发动机性能，除了加装喷管结构外，还出现了多管结构。多管结构脉冲爆震发动机中，常采用旋转阀来解决进气道中连续流动和爆震室间歇式流动的矛盾。旋转阀式PDRE通过旋转阀的切换使空气能够连续地充入不同的爆震管中，并且旋转阀还起到不同燃烧室间的隔离作用，保证了多管结构PDRE比单管结构更高的重频和马赫数。Bussing等[17]在单爆震管氢氧PDRE实验过程中采用旋转阀控制推进剂的间歇供给，运行频率高达145Hz；将燃料更换为气态碳氢燃料后，获得了40Hz的爆震循环频率。Hinken等[18]设计了带旋转阀的双管 PDRE，并采用乙烯为燃料实现了单管 40Hz、双管 80Hz 的重复频率运行。美国的普惠公司曾先后研制出大尺寸单管 PDE 和大尺寸五管并联 PDE。在五管 PDE 实验中，采用了预爆管起爆手段，预爆管中使用乙烯和氧气，主爆震管中使用乙烯和空气，单管工作频率可达 80Hz[19]。

尽管旋转阀式 PDRE 理论上能够实现很高的工作频率，但这种发动机的设计也存在一定的问题。首先，旋转阀通常用于多管 PDRE 中，整个系统质量相比单管结构显著增加，并且旋转阀一般需要电动机驱动，进一步增加了系统质量。另外，高频 PDRE 不仅要解决燃料和氧化剂的高频间歇供给问题，还需要解决供气与点火和排气等过程的匹配问题，而旋转阀式的多管 PDRE 无疑会增加系统控制的复杂度。其次，旋转阀的密封性设计也是一大难题，尤其是使用气体燃料时防泄漏问题更为突出。

② 电磁阀式 PDRE。

相比旋转阀供给结构，电磁阀式结构是更为通用的一种方式。电磁阀能够快速动作，以目前的器件水平响应时间能够达到 ms 甚至亚 ms 量级，并且控制系统简单，相比旋转阀式，频率调整更加快速、灵活和精确。

阀门技术是发展高频 PDRE 的关键技术之一。无阀、旋转阀以及电磁阀控制供给方案各有优缺点。目前来看，对于吸气式 PDE 来说，无阀设计是较为理想的方案。对于 PDRE 来说，采用电磁阀控制供给是较为可行的方案。随着 PDRE 工作频率的升高，电磁阀开启时间缩短，即推进剂的供给时间缩短。为保证 PDRE 在每个周期内燃料和氧化剂能够足量供给，在电磁阀的选型时需要尽可能兼顾大流量和快响应两个参数。但从电磁阀的工作原理来看，快响应和大流量是一对很难调和的矛盾。因此，在 PDRE 实际运行时，需要提高供给侧压力来提高填充速度，增加单位时间流经电磁阀的介质流量。

(2) 高效点火技术

爆震波的快速可靠起爆是影响脉冲爆震发动机性能的关键问题之一。起爆通常有两种方法：直接起爆和间接起爆。其中，间接起爆所需点火能量较小。例如，氢气/空气混合物的最小点火能量为 0.019mJ，氢气/氧气混合物的最小点火能量为 0.007mJ。而直接起爆则需要巨大的起爆能量。例如，乙炔/空气混合物最小起爆能量约为 128J，氢气/空气为 4000J，某些碳氢燃料/空气混合物为 26000J，氢气/氧气混合物起爆能量应该也在 kJ 量级。因此，在实际应用中是很难采用直接起爆方法的，必须寻找其他起爆方法。当点火能量低于直接起爆能量时，混合物被点燃。此时发生的燃烧属于缓燃，而不是爆震。在适当的条件下缓燃能够转变成爆震，即 DDT 转变。到目前为止，大多数 PDRE 的起爆都是基于 DDT 的。

除了燃料和氧化剂填充时间外，限制工作频率的另一个因素是点火及起爆时间 t_{det}，受点火方式的影响较为明显。火花塞点火是传统 PDRE 常用的一种点火方式，结构和控制较为简单。但火花塞点火器为点对点式的放电形式，放电区域很小，点火能量与混合气无法完全耦合，点火可靠性不强，尤其是在贫油条件下甚至可能出现点火失败。国内外学者经过进一步研究将瞬态等离子体点火技术（Transient Plasma Ignition）[20-23] 用于脉冲爆震发动机的起爆。以往的研究结果表明：瞬态等离子体点火能够有效起爆脉冲爆震发动机，同时可以明显缩短爆燃到爆震的转变距离和时间，并且具有更高的起爆成功率，这对于提高 PDRE 工作频率和实现燃烧室小型化十分有利。

文献报道的瞬态等离子体点火器结构主要有两种，即图 4.12 所示的圆柱形实心阴极结构和层式环绕阴极结构 [21]。阴极连接高压电源，阳极为爆震管的内壁面。点火器工作时，连接在阴极的负高压脉冲击穿阴阳极之间的混合气体，实现大面积的快速点火。

 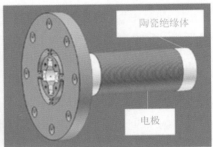

(a) 圆柱形实心阴极　　　　　　　　　　　(b) 层式环绕阴极

图 4.12　两种瞬态等离子体点火器结构

图 4.13　瞬时等离子体点火照片

对于采用氢气为燃料、氧气为氧化剂的 PDRE，研究表明：瞬态等离子体点火时，混合气体在很高的电压下放电，会瞬间形成如图 4.13 所示的辉光波前，该辉光波前存在大量具有极高动能的电子，能够诱导产生更多的高效燃烧反应物，如单态氧分子 O_2（$a^1\Delta_g$）、O、H 等，有利于快速触发链式化学反应，降低 DDT 时间和距离。在电离产物中，单态氧分子粒子数占比约 1% 量级，氢、氧原子占比约 0.1% 量级。虽然放电过程中形成的 O 和 H 粒子数密度占比较低，但对缩短 DDT 时间和距离发挥主要作用。相比于传统的电火花点火方式，瞬态等离子体点火方式在降低 DDT 时间和距离方面效果还是极其显著的（10% ~ 60%）。

（3）DDT 增强技术

DDT 增强技术是指采用不同方法促进 DDT 过程，并在填充工作混合物的燃烧室中获得爆震波的技术。对于一般的氢气 / 氧气混合物，DDT 长度的量级一般为 30 ~ 100cm，对于可爆性较差的碳氢燃料和空气混合物，DDT 长度可达 2m 以上。由于 DDT 长度相对整个脉冲爆震发动机爆震管显得较长，因此缩短 DDT 距离对于脉冲爆震发动机十分必要。由于影响 DDT 过程的因素有很多，如燃料种类、当量比 ❶、爆震管尺寸、爆震初始压力和温度、初始能量、扰流因素、加入少量高爆气体以及点火位置等均可影响 DDT 过程的时间和距离，因此，可以通过多种手段实现 DDT 增强，缩短 DDT 过程的时间和距离，实现较高的 PDRE 工作频率。

① DDT 过程火焰加速机理。

在介绍增强 DDT 过程的方法之前，首先针对 DDT 过程火焰加速机理在本书 4.1 节基础上做进一步详细分析。DDT 过程火焰加速机理极其复杂，主要涉及反应物与火焰、反射激波与火焰、火焰与固体障碍物以及气动射流间等三种相互作用[24]。

a. 爆燃引起的体积膨胀导致火焰面发出压缩波，并与火焰锋面前的激波聚合，使得未燃混合气体中压力、温度和速度迅速升高，从而导致火焰加速。此外，激波压缩诱导的微粒速度提高，也会导致火焰传播经过的未反应流雷诺数升高，从而导致气流从层流转变为湍流，进而引起燃烧速度的提高，增加能量释放率。

b. 由于固体界面对压缩波的反射作用，激波和火焰的相互作用通常是在受限环境下形成的。反射激波与火焰的相互作用导致 Rayleigh-Taylor 界面不稳定，引起火焰拉伸变形，引起火焰表面积增加，使得火焰能量释放率提高，最终使得火焰速度增加。此外，流场扭曲和雷诺数增加会引起湍流，从而进一步加速火焰。

c. 固体障碍物可以将某些流动转变成湍流，且使湍流结构由大尺度逐渐变成多级小尺度结构。湍流结构尺度的缩小导致火焰表面积的增大，使得火焰速度增加。此外，小尺度结构通过湍流混合，增强了组分和热运输过程，增加了能量释放率，进一步提高了有效火焰传播率。

综上所述，采用增加火焰锋面或激波锋面不稳定性、增强管内燃料混合程度、提高管内湍流度等方法，均能促使层流火焰迅速转变成湍流火焰，从而缩短 DDT 过程距离，强化爆震。

---

❶ 当量比，亦称"燃料系数"，是燃料燃烧时，完全燃烧理论所需要的空气量与实际供给的空气量之比。

② 增强 DDT 过程的物理方法。

增强 DDT 过程的物理方法主要是在爆震管内置入 DDT 增强装置，如 Shchelkin 螺旋、凸台、孔板等，但强化过程中采用障碍物，会增加总压的损失，降低推进性能，需要综合考虑。Cooper[25] 的实验研究表明：采用堵塞比为 0.43 的障碍物对丙烷 - 氧气 - 氮气混合物和乙烯 - 氧气 - 氮气混合物进行实验，可以使 DDT 长度缩短 65％。

采用 Shchelkin 螺旋 [26] 增强 DDT 过程是常用的一种方式，最早由苏联科学家 Shchelkin 于 1965 年提出，具体装配结构如图 4.14 所示。根据 Shchelkin 的实验结果，Shchelkin 螺旋可以缩短 DDT 时间和 DDT 距离，对于较低压力的乙烯和氧气混合物，缩短效果可达 12.5% 左右。Zhang 等 [27] 研究了螺旋粗糙度（螺旋线径与螺距的比值）对氢气 - 氧气混合物 DDT 过程的影响规律。结果表明：当初始压强为 10kPa 时，采用低于 0.4 粗糙度螺旋能够促进爆震的发生，并且随着初始压强逐步提高到 15kPa 时，这种影响更为明显。

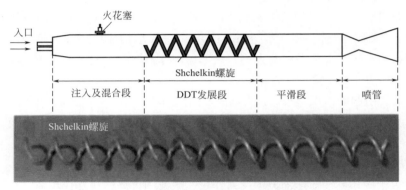

图 4.14 爆震管示意图及 Shchelkin 螺旋实物

此外，采用提高初始压力、选择合理的点火位置或壁面扰流等方法增强 DDT 过程也属于物理控制方法。New 和 Panicker[28] 研究了爆震管中 DDT 距离的变化规律，采用按化学当量比配制的乙炔与氧气以及稀释剂氮气，测得了不同工况下爆震管内火焰传播速度。实验结果表明：预混气初始压力下降时，DDT 距离增大；预混气初始压力增加时，DDT 距离缩短。点火位置决定了火焰形成位置，进而决定了膨胀波的形成，对 DDT 过程的影响十分明显。韩启祥等 [29] 采用数值方法计算得到了 DDT 过程参数随点火位置的变化关系。结果表明：随着点火位置逐步远离爆震管封闭端，DDT 距离先缩短后增加，存在一个对应 DDT 最小距离的点火位置。进一步研究发现，这个对应 DDT 最小距离的点火位置位于距爆震管封闭端一倍管径处。

③ 增强 DDT 过程的化学方法。

增强 DDT 过程的化学方法主要是通过优化燃料和氧化剂的化学当量比以及在混合物中加入燃料添加剂等方式影响燃烧化学反应进程实现。张宇[30]通过实验研究了 DDT 时间随不同燃料及其当量比的变化关系，共采用氢气 - 氧气、乙烯 - 氧气和丙烯 - 氧气三种混合物。其中，氢气 - 氧气的当量比变化范围为 0.3 ～ 2.0，而乙烯 - 氧气和丙烯 - 氧气当量比固定为 1。实验结果表明：当三种混合物的当量比为 1 时，丙烯 - 氧气的 DDT 时间最长，其次为氢气 - 氧气，而乙烯 - 氧气的 DDT 时间最短。对于氢气 - 氧气，随着当量比的增大，其 DDT 时间先减小后增大，在当量比约为 1 时达到最小值。此外，在可燃混合物中添加一定比例的稀释剂，如氮气等，也能影响 DDT 距离。Schultz 等[31]在氢气 - 氧气混合物中添加了氩气、二氧化碳、氦气以及氮气等 4 种惰性气体稀释剂，研究发现，不同种类的稀释剂对 DDT 时间的影响程度并不相同，但随稀释剂浓度增加，DDT 时间均呈增大趋势。

4.3 脉冲爆震发动机的性能分析

脉冲爆震发动机性能分析涉及的一个主要问题是可靠地评估发动机的表现与运行条件和燃料类型的关系。由于脉冲爆震发动机内部流场具有非稳态特性，这无疑会增加对发动机性能进行有效评估的难度。国内外众多学者，如美国空军学院的 Heiser 等[32]、密西根大学的 Nicholls 等[33]、加州理工学院的 Wintenberger 等[34]、法国国家科研中心的 Zitoun 等[35]以及国内西北工业大学的严传俊[36]、邱华[37]等人，相继对 PDE 性能分析方法进行了深入研究，提出并发展了多种理论模型。这里主要介绍两种应用较为广泛的 PDE 性能分析模型，即"Wintenberger"模型和等容循环模型。

4.3.1 "Wintenberger"模型

早在 1957 年，Nicholls 等[33]已提出一种简单的单循环脉冲爆震发动机冲量模型。但该模型仅考虑了推力壁压力恒定区影响而忽略了膨胀过程对推力的贡献，导致该模型的预测精度显著低于"Wintenberger"模型。Zitoun 和 Desbordes 也提出了与"Wintenberger"模型类似的一种单循环 PDE 冲量模型。通过与实验数据的比较，该模型理论预测结果与实验结果吻合较好。Cooper 等[38]通过实验研究了一端封闭、一端开口的直管型 PDE 的推力壁压强分布。实验采用乙烯 / 氧气混合物，初始填充压力为 1bar，初始温度为 300K。爆震开始时，将会出现一个 C-J 压强峰值；当 Taylor 波经过后，压强降低，在第一个反射波到达推力壁之前，压强基本保持恒定值；反射膨胀波将引起压强的进一步降低，直至接近环境压强。

在上述研究的基础上，美国加州理工学院的 Wintenberger 等[34] 致力于发展一种简单的 PDE 性能分析模型，即所谓的"Wintenberger"模型。采用该模型不需要开展大量的数值仿真就能够快速实现对单循环 PDE 冲量的评估以及对不同燃料、初始状态、爆震管尺寸对应的 PDE 性能预测。"Wintenberger"模型是一种理想化模型（图 4.15），认为在点火以后极短时间后即出现 C-J 波峰，推力壁压强迅速从爆震管内初始压强 P_1 上升至 P_2，又迅速下降到平台区压强 P_3，该过程所经历的时间忽略不计；在 t_1+t_2 时间内，推力壁压强保持恒定值 P_3；伴随着反射膨胀波的发展，压强经时间 t_3 后逐步降为环境压强。

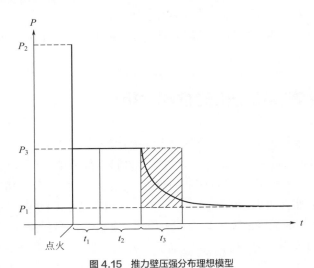

图 4.15　推力壁压强分布理想模型

单循环脉冲爆震发动机的冲量可表示为：

$$I=A\int_0^\infty \Delta P(t)\,\mathrm{d}t \tag{4.14}$$

式中，A 为爆震室横截面积；$\Delta P(t)$ 为某时刻推力壁前后压力。

在"Wintenberger"模型中，式（4.14）可进一步分解为：

$$I=A\left[\Delta P_3 t_1+\Delta P_3 t_2+\int_{t_2}^\infty \Delta P(t)\,\mathrm{d}t\right] \tag{4.15}$$

式中，$\Delta P_3=P_3-P_1$。式（4.15）右侧括号内第一项表示在时间 $t_1=L/U_{CJ}$ 内爆震波传播对冲量的贡献；第二项贡献来自 t_2 时间内膨胀波从开口端向推力壁的传播；第三项贡献来自压力松弛阶段。

t_2 主要取决于爆震室长度 L 和 Taylor 波后的声速 c_3，引入量纲为 1 的量 α，t_2

可表示为：

$$t_2 = \alpha L / c_3 \tag{4.16}$$

式（4.15）中的积分项在引入等效时间量 t_3 和引入量纲为 1 的量 β 后可表示为：

$$\int_{t_2}^{\infty} \Delta P(t)\,\mathrm{d}t = \Delta P_3 t_3 = \Delta P_3 \beta L / c_3 \tag{4.17}$$

则式（4.15）可以写成：

$$I = A\Delta P_3 \left[\frac{L}{U_{CJ}} + (\alpha + \beta) \frac{L}{c_3} \right] \tag{4.18}$$

在式（4.18）中，两个模型参数认为是相对恒定的，并且研究表明，对于所有的混合物满足：$1.07 < \alpha < 1.13$，$0.53 < \beta < 0.66$。对于燃料 - 氧气 - 氮气混合物，满足 $U_{CJ} / c_3 \approx 2$。因此可以快速地估计冲量的大小：

$$I = 4.3(\Delta P_3 / U_{CJ})AL = 4.3(\Delta P_3 / U_{CJ})V \tag{4.19}$$

式中，V 为爆震室容积。

可以看出，冲量除了与爆震室尺寸有关外，还取决于两个热力学参量 U_{CJ} 和 ΔP_3 的大小，而这两个参量与混合物属性密切相关，如 U_{CJ} 仅是混合物组分的函数而与初始压强无关。

Zitoun 和 Wintenberger 将该单次爆震的分析模型直接推广到多循环爆震，给出了多循环 PDRE 平均推力的半经验估算公式：

$$F_{\mathrm{avg}} = K(\Delta P_3 / U_{CJ})Vf \tag{4.20}$$

式中，f 为多循环 PDRE 的工作频率。

"Wintenberger"模型是基于推力壁压力积分法来计算发动机所产生的冲量、比冲和平均推力的。该模型仅适用于内部没有安装障碍物的均匀直管结构，对于带排气喷管的 PDRE 将不再适用。

4.3.2　等容循环模型

研究表明，不带喷管的爆震管出口燃气为高亚声速流，爆震管出口的气流处于欠膨胀状态，而通过加装喷管可以进一步加速燃气流，促进爆震释放出的内能向排气动能的转换。由于等容热力学循环效率非常接近爆震循环热效率，因此可以采用美国空军研究室 Talley 等[39] 提出的等容循环模型评估不同推进剂、环境压力、喷管面积膨胀比等因素对 PDRE 性能的影响。

等容循环过程[16] 如图 4.16 所示，可以认为是由等压填充过程、等容燃烧过程、等容排气过程和等压排气过程组成的。在等容循环发生装置中，控制新鲜反应物注入的进气阀门和控制燃烧产物排出的喷管阀门的开闭动作假设是瞬间完成的。$t=0^-$ 时刻对应于一种初始状态，此时上述两个阀门是关闭的，爆震室内已均匀填充新鲜的反应物，填充压力、温度和密度分别为 P_f、T_f 和 ρ_f。填充过程结束后，燃烧过程立即开始，燃烧室内的热量增加。由于前后阀门仍处于关闭状态，燃烧室内压力和温度发生变化，但密度保持不变。当 $t=0^+$ 时，燃烧过程结束，燃烧室压力、温度和密度分别为 P_0、T_0 和 ρ_0，且满足 $\rho_0=\rho_f$。对于气体反应物，P_0/P_f 一般为 10 量级；而对于液体反应物，P_0/P_f 一般高于 1000 级。在 $t > 0$ 时刻，燃烧过程已经完成，此时喷管阀门打开，等容排气过程启动，开始产生冲量，并且燃烧室内的压力、温度和密度尽管在空间上仍是均匀分布的，但随时间是变化的。假设排气过程中燃烧产物是理想发热气体，比热容和分子量保持不变，忽略燃烧室热量损耗后，在燃烧室和喷管内发生的排气过程认为是等熵的。当燃烧室内压力降至与填充压力 P_f 相等时，排气过程结束。进气阀门打开，新鲜反应物注入，将剩余产物推出燃烧室外。当新鲜反应物充满燃烧室后，进气阀门关闭，系统恢复到初始状态。

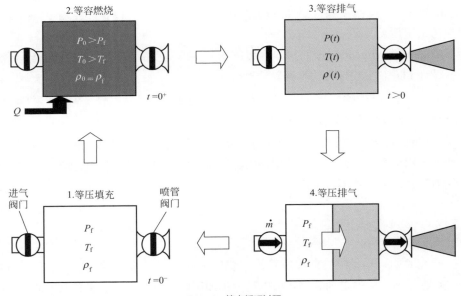

图 4.16　等容循环过程

基于等容循环的 PDRE 排气过程产生的冲量等于瞬时推力 $F=\dot{m}v_e+(P_e-P_\infty)A_e$ 的积分，其中，P_∞ 为环境压强，P_e、v_e 和 A_e 分别为喷管出口压强、速度和面积。采用如下变换：$\mathrm{d}t=(\mathrm{d}t/\mathrm{d}\rho)\mathrm{d}\rho=(-V/\dot{m})\mathrm{d}\rho$，以及 $r\equiv\rho/\rho_0$，这里 V 是燃烧室容积，ρ_0 为 $t=0$ 时刻对应的腔内初始密度，则总冲量 I 和排气时间 t 可以表示为：

$$I(t)=\int_0^t F(t)\,\mathrm{d}t=\rho_0 V\int_r^1\left[v_\mathrm{e}+\frac{(P_\mathrm{e}-P_\infty)A_\mathrm{e}}{\dot{m}}\right]\mathrm{d}r \tag{4.21}$$

$$t=\int_0^t\mathrm{d}t=\rho_0 V\int_r^1\frac{\mathrm{d}r}{\dot{m}} \tag{4.22}$$

（1）固定喷管情况

整个燃气排气过程中，燃气在喷管内的流动可视为等熵流动，喷管出口瞬时排气速度可表示为 $v_\mathrm{e}=\sqrt{2c_\mathrm{p}(T-T_\mathrm{e})}$，这里 T 和 T_e 为腔体和出口的瞬时温度，并且满足 $T/T_0=(\rho/\rho_0)^{\gamma-1}=(P/P_0)^{(\gamma-1)/\gamma}$。其中，$\gamma$ 为已燃气体的比热比，并且假设在排气过程中保持恒定。初始排气时刻燃烧室内的当地声速 $c_0=\sqrt{\gamma RT_0}$，而 $c_\mathrm{p}=\gamma R/(\gamma-1)$，则喷口速度可表示为：

$$v_\mathrm{e}=c_0 r^{(\gamma-1)/2}\left[2/(\gamma-1)\right]^{1/2}\sqrt{1-r_\mathrm{e}^{\gamma-1}} \tag{4.23}$$

这里 $r_\mathrm{e}=\rho_\mathrm{e}/\rho$，表示出口平面密度和腔内密度之比。对于等熵喷管流动，出口密度比与喷管膨胀比 $\varepsilon=A_\mathrm{e}/A^*$ 有关，其中，A^* 为喷管喉部截面积。由连续方程可以推导出喷管面积膨胀比的表达式：

$$\varepsilon=\frac{g(\gamma)}{r_\mathrm{e}\sqrt{1-r_\mathrm{e}^{\gamma-1}}} \tag{4.24}$$

$$g(\gamma)=\left(\frac{\gamma-1}{2}\right)^{1/2}\left(\frac{2}{\gamma+1}\right)(\gamma+1)/2(\gamma-1) \tag{4.25}$$

当喷管面积膨胀比和比热比一定时，r_e 存在两个解，分别对应于喷管出口平面为亚声速和超声速流动的情况。当环境压力 P_∞ 一定时，如果出口平面燃气的压力降低到某一值，将会出现一道正激波正好位于出口平面。如果出口平面燃气的压力进一步增加，这道正激波将会向喷管内传播。超声速气流经过激波后，被减速到亚声速气流，喷管出口处为亚声速气流。激波的出现将会带来极大的总压损失，在喷管的设计中应该避免这种现象出现。只要保证整个排气过程中激波不会进入喷管，r_e 就为一个定值，对于满足下列条件的 r，压缩/膨胀波将持续从喷口排出。

$$r>(1/r_\mathrm{e})(\phi_\mathrm{e}'/\phi_0)^{1/\gamma} \tag{4.26}$$

式中，$\phi_0\equiv P_0/P_\infty$、$\phi_\mathrm{e}\equiv P_\mathrm{e}/P_\infty$，分别为初始腔内压强和喷管出口压强与环境压强之比；ϕ_e' 为 ϕ_e 的极限值，对应于激波将进入喷管，且有：

$$\phi_\mathrm{e}'=\{1+[2\gamma/(\gamma+1)](M_\mathrm{e}^2-1)\}^{-1} \tag{4.27}$$

式中，M_e 为喷管出口马赫数，满足：

$$M_e^2=[2/(\gamma-1)][(1/r_e)^{\gamma-1}-1] \qquad (4.28)$$

当保证喷管内无激波时，燃气在喷管喉道内达到声速，整个流动是壅塞的，流量由最小截面积决定。经过推导可以得出喷管出口的瞬时质量流量为：

$$\dot{m}(r)=\rho_0 c_0 A^* g(\gamma)[2/(\gamma-1)]^{1/2} r^{(\gamma+1)/2} \qquad (4.29)$$

瞬时推力可表示为：

$$F(r)/P_0 A^* g(\gamma)=r^\gamma \gamma[2/(\gamma-1)]\sqrt{1-r_e^{\gamma-1}}+\left(1/r_e\sqrt{1-r_e^{\gamma-1}}\right)(r_e^\gamma r^\gamma - P_\infty/P_0) \qquad (4.30)$$

这时，式（4.21）每一部分都能获得解析解。定义两个无量纲量，无量纲冲量 $\iota=I/(\rho_0 c_0 V)$，无量纲时间 $\tau=tc_0 A^*/V$，则式（4.21）和式（4.22）可变换为：

$$\iota(r)=\sqrt{1-r_e^{\gamma-1}}\left(\frac{2}{\gamma-1}\right)^{1/2}\left(\frac{2}{\gamma+1}\right)a(r)+\frac{1}{\gamma r_e\sqrt{1-r_e^{\gamma-1}}}\left(\frac{\gamma-1}{2}\right)^{1/2}\times$$
$$\left[r_e^\gamma\frac{2}{\gamma+1}a(r)-\frac{1}{\phi_0}\left(\frac{2}{\gamma-1}\right)b(r)\right] \qquad (4.31)$$

$$\tau(r)=\frac{1}{g(\gamma)}[2/(\gamma-1)]^{1/2}b(r) \qquad (4.32)$$

式中，$a(r)=1-r^{(\gamma+1)/2}$，$b(r)=(1/r)^{(\gamma-1)/2}-1$。$\iota/\tau$ 值将与平均推力 $\overline{F}=I/t$ 有关，则排气过程的平均推力系数可表示为：

$$\overline{c_F}=\overline{F}/P_0 A^*=\gamma\iota/\tau \qquad (4.33)$$

(2) 可调喷管情况

对于固定喷管，等容排气过程中最多对应一个 r 值，此时喷管面积膨胀比是最优的，在其他 r 值时，总是伴随着损失。为了评估无损失 PDRE 的性能，设想采用可调喷管代替固定喷管，通过喷管膨胀比的连续调节，实现喷管膨胀比对应于任一特定的腔体压强与环境压强比值始终保持最优，从而使可调喷管循环过程能够产生最大的比冲。

如果出口压强和环境压强抑制匹配，式（4.21）仅需要考虑速度项 $v_e=\sqrt{2c_p(T-T_e)}$ 的影响。对于固定喷管，研究发现 $T_e/T=r_e^{\gamma-1}$ 是个恒定值，但对于可变喷管，出口压强 P_e 等于环境压强 P_∞，且有 $\rho_e=\rho_0(1/\phi_0)^{1/2}$，$T_e=T_0(1/\phi_0)^{(\gamma-1)/\gamma}$。因此，$T_e/T$ 将不再保持不变。无量纲冲量可表示为：

$$\iota(r)=\left(\frac{2}{\gamma-1}\right)^{1/2}\int_r^1 \sqrt{r^{(\gamma-1)}-\left(\frac{1}{\phi_0}\right)^{(\gamma-1)/\gamma}}\,\mathrm{d}r \qquad (4.34)$$

尽管式（4.34）无法通过积分得到解析解，但很容易通过数值方法积分。

对于可调喷管，等容排气时间取决于质量流量，而质量流量的计算又取决于喷管出口面积或者喉道面积是否随着压力的变化而变化。如果喉道面积固定，而喷管出口面积变化，喷管的流量仍由喉道处的流量决定。因此，喷管的瞬时流量和排气无量纲时间仍可按式（4.29）和式（4.32）表示。如果喷管出口面积固定，而喉道面积变化，喷管的瞬时流量是不断变化的。喷管的瞬时流量和无量纲时间可以表示为：

$$\dot{m}=\rho_0 A_e v_e=\rho_0 c_0 A_e \left(\frac{2}{\gamma-1}\right)^{1/2} \left(\frac{1}{\phi_0}\right)^{1/\gamma} \sqrt{r^{(\gamma-1)}-\left(\frac{1}{\phi_0}\right)^{(\gamma-1)/\gamma}} \tag{4.35}$$

$$\tau_e(r)=\phi_0^{1/\gamma} \left(\frac{\gamma-1}{2}\right)^{1/2} \int_r^1 \frac{\mathrm{d}r}{\sqrt{r^{(\gamma-1)}-(1/\phi_0)^{(\gamma-1)/\gamma}}} \tag{4.36}$$

由于喷管面积膨胀比始终和压比匹配，激波和膨胀波都不会出现在管内。当喷管面积比降到 1 时，出口马赫数为 1，因此对于所有的 r 有：

$$r>[(\gamma+1)/2]^{1/(\gamma-1)}(1/\phi_0)^{1/\gamma} \tag{4.37}$$

（3）等压排气与多循环运行

对于周期性运行的 PDRE 来说，注气阀门在排气过程中的某一时刻会打开用来注入下一循环工作所需的新鲜推进剂。任何剩余的燃烧产物将被新鲜推进剂推出燃烧室，直至清除。这一过程可被近似认为是一种等压过程，并且认为对应的 r 值对于阻挡激波进入喷管来说是足够大的，则先前的方程可以被用来计算等压排气时间和额外增加冲量。具体来讲，等压排气时间为 $t_{cp}(r)=\rho V/\dot{m}=\rho_0 Vr/\dot{m}(r)$，额外增加冲量 $I_{cp}(r)=F(r)t_{cp}(r)$，这里 $F(r)$ 和 $\dot{m}(r)$ 由式（4.29）和式（4.30）给出。额外增加的无量纲冲量及排气时间表达式与式（4.31）和式（4.32）相同，只不过变量 $a(r)$ 和 $b(r)$ 将由 $a_{cp}(r)=[(\gamma+1)/2]r^{(\gamma+1)/2}$ 和 $b_{cp}(r)=[(\gamma-1)/2]r^{(\gamma-1)/2}$ 代替。则一个循环过程产生的总冲量仍采用与式（4.31）和式（4.32）相同的形式表达，而变量 $a(r)$ 和 $b(r)$ 将由 $a_{1c}(r)$ 和 $b_{1c}(r)$ 代替，并且有：

$$a_{1c}(r)=a(r)+a_{cp}(r)=1+[(\gamma-1)/2]r^{(\gamma+1)/2} \tag{4.38}$$

$$b_{1c}(r)=b(r)+b_{cp}(r)=[(\gamma+1)/2](1/r)^{(\gamma-1)/2}-1 \tag{4.39}$$

结合上述分析，可以进一步得到一系列规律性的结论：

① 对于给定的 ϕ_0，推力系数随着喷管膨胀比的增加先增大后减小，存在一个最佳推力系数。在真空条件下，最佳推力系数的极值趋向于 2.2466。

② 对于 PDRE 来说，平均推力系数除了与比热比 γ、喷管面积比 ε 以及 ϕ_0 有关外，还与排气结束时燃烧室密度比 r 有关，但与燃烧室温度无关。当环境压力和喷管面积比一定时，平均推力系数随着 r 的减小而减小。

③ 当 ϕ_0 一定时，随着 r 的增大，即随着填充压力的增加，最优喷管面积是逐渐增大的。当 PDRE 在真空环境下运行时，ϕ_0 趋于无穷大，喷管面积比趋于无穷大时，对应的推力系数也将最大。

④ 对于安装有喉道面积固定、出口面积可调喷管的 PDRE 来说，当燃烧室初始压力和环境压力一定时，随着 r 的增大，等容排气过程 PDRE 的比冲是不断增加的。当 r 一定时，ϕ_0 越大，比冲越大。

⑤ 由于等压排气过程对冲量和推力也有一部分贡献，因此较之只考虑等容排气过程，考虑等压排气过程后，PDRE 无量纲冲量和排气时间都有所增加。等压排气时间和等容排气时间分别占总排气时间的百分比随 r 值变化而变化。研究表明，随着 r 值增加，即随着填充压力增加，等容排气过程所占的时间比例越来越小，而等压排气过程所占的时间比例越来越大，故随着填充压力的增加，等压排气过程所产生的冲量是逐渐增大的。因此，提高填充压力能够增大比冲。

⑥ 随着喷管面积比的增大，PDRE 的真空比冲逐渐增加。随着填充压力的升高，r 不断增大，真空比冲逐渐增大。

4.4 脉冲爆震发动机研究现状

4.4.1 国外研究现状

脉冲爆震发动机的概念早在 1940 年就由德国的 Hoffmann[40] 提出了。Hoffmann 采用氧气与气态乙炔、氧气与液态苯混合物开展了间歇爆震波的原理性实验，研究发现了连续喷射可爆震混合物只能产生很窄的脉冲爆震点火范围。

20 世纪 50—60 年代，美国的大学和研究机构都对脉冲爆震发动机进行了试验研究，并取得了较好的效果。美国密歇根大学的 Nicholls[41] 对脉冲爆震发动机作为推力装置的可行性进行过试验研究。试验表明：对于氢气 - 空气混合物，当起爆频率为 35Hz 时，比冲可达 2100s，单位推力为 10880N/（kg/s），爆震室最高温度为683K。1962 年，Krzycki[42] 采用类似于 Nicholls 的实验装置，测试了不同的工作频率和流量下 PDE 的推力，最大工作频率可以达到 60Hz，但没有给出压力数据。遗憾的是，Krzycki 基于这些试验结果给出了 PDE 作为动力装置并不乐观的结论。可能受到这一研究结论的影响，从 20 世纪 60 年代开始，大多数有关 PDE 的试验研究工作都停止了。

到 20 世纪 80 年代中期，PDE 进入实质性发展阶段。苏联科学工作者对把脉冲爆震发动机应用于生产实践作了探索。苏联的 Korovin 等 [43] 研究过工业型脉冲爆震反应器，起爆频率为 2 ～ 16Hz。据报道，这种设备无重大维修的工作时间长达 2000h。美国海军研究生院的 Helman、Shreere 和 Eidelman 等 [15,44] 在 1985、1986 年对脉冲爆震发动机进行了新的探索，试验采用了全新的预爆管设计，实现最大工作频率为 25Hz。通过研究还形成了将脉冲爆震应用到推力器的几个新概念：首先，克服了对爆震起爆的能量要求，他们用在一个小爆震管中起爆的爆震波来起爆主爆震室中的爆震波，起爆在小爆震管中富氧混合物的能量比起爆充满主爆震室的燃料 - 空气混合物所要求的能量显著减小；其次，试验时脉冲爆震发动机以自吸气模式运行，爆震产物通过气动力膨胀排出并且由于爆震产物排出爆震室时的过度膨胀，将外界新鲜空气吸入爆震室以实现自吸气方式。从试验中认识到，脉冲爆震发动机不仅可以设计成不同的推力水平，而且能够研制成推力可调的实用推进发动机。自他们的工作开展以后，人们对脉冲爆震发动机用于推进系统的兴趣逐步提升，先后有美国、白俄罗斯、加拿大、法国、印度、日本、俄罗斯、瑞典和中国在从事这项工作的研究 [24,45,46]。

20 世纪 90 年代，PDE 进入全面发展时期。美国海军、空军和 NASA 都分别实施了 PDE 发展计划。1991—2001 年，美国海军投入大量经费开发了使用一般液体燃料能在亚声速到马赫数 5 范围内工作的低成本、结构简单的战术导弹用 PDE 推进系统。1995 年 5 月，美国海军研究办公室（Office of Naval Research，ONR）[47] 启动了为期 5 年的有关脉冲爆震发动机的核心研究计划和大学多学科研究创新计划（Muhidisciplinary University Research Initiative program，MURI），主要解决 7 个方面的问题：①爆震基础研究；②燃料喷射、掺混和起爆研究；③进口 - 燃烧室 - 喷管性能；④多循环工作；⑤诊断和传感器；⑥动力学和控制；⑦数值模拟和循环分析。20 世纪末，NASA 先后开始实施脉冲爆震发动机飞行计划、脉冲爆震发动机技术计划和脉冲爆震火箭发动机计划（PDRE）。PDE 飞行研究计划的目的是研究开发可用于高马赫数导弹或高超声速飞行器的 PDE，探索 PDE 在实际飞行条件下的工作性能。1998 年，NASA 计划以 3 年时间投资 1 亿美元研制适合于助推级的脉冲爆震火箭发动机技术，按照时间规划于 2005 年进行 PDRE 缩比试验，2009 年研制出全尺寸 PDRE[48,49]。

进入 21 世纪，美国更是号召政府机构、军方、私营公司和大学等 20 多家单位参与了 PDE 的研究。2003 年，普惠公司与波音公司联合研制了全尺寸、飞行进气条件下的五管 PDE 验证样机 ITR-2，如图 4.17 所示 [19,50]。该样机采用了预爆管起爆手段，预爆管中使用乙烯和氧气，主爆震管中使用乙烯和空气，完成了模拟飞行马赫数 2.5、飞行高度 12192m 条件下的地面试验，实现了单管工作频率 80Hz 稳定工作，产生推力约 6700N，最小单位燃料消耗率仅为 0.08kg/（N·h）。此外，普惠公司的研究还表明，采用碳氢燃料时，单纯 PDE 的最大飞行速度可达 4M（马赫，1M≈340.3m/s），若采用氢燃料，飞行速度还能提高。

图 4.17　ITR-2 试验图

除美国外，俄罗斯也有许多科研机构和高校进行了脉冲爆震发动机的相关研究，参研单位包括俄罗斯中央航空发动机研究院、莫斯科大学、俄罗斯科学院高温研究所等。俄罗斯在 PDE 基础研究方面开展了大量工作，具体涉及起爆、爆震波结构、爆震波传播、爆震波应用以及燃料爆震性等试验和计算方面。俄罗斯中央航空发动机研究院也计划把 PDE 用作航空航天组合动力装置和脉冲引射器。莫斯科大学和俄罗斯科学院高温研究所还参与了 MURI 计划。据媒体报道，2013 年，俄罗斯留里卡设计局设计制造了一种两级 PDE 样机并进行了长达 10min 的试验，发动机工作照如图 4.18 所示。该发动机采用煤油 - 空气混合物作为推进剂，发动机的平均推力超过 980N，比推力和燃油效率比常规的喷气发动机提高了 30%～50%，2017年该发动机已完成喷气状态和冲压状态的试验。

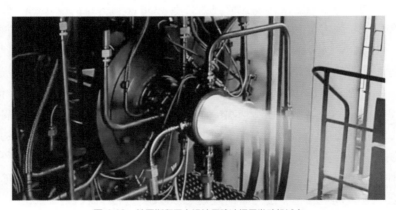

图 4.18　俄罗斯留里卡设计局脉冲爆震发动机试车

除了开展机理研究、样机性能试验以外，研究人员也开展了以 PDE 为动力的演示验证试验。美国空军实验室（AFRL）的 Schauer 等[51]首次成功地进行了以 PDE 为动力的飞行试验，飞行试验照片如图 4.19 所示。本次飞行试验采用 Long EZ 飞机为载体，飞行高度约为 30m，飞行时间为 10s。PDE 是由四管并联的，燃料为辛烷，单管频率为20Hz，可产生超过890N的峰值推力。

图 4.19　Long EZ 与四管 PDE 示意图

自 2004 年开始，日本筑波大学、广岛大学、名古屋大学以及青山大学等多个机构联合组成团队，开展了多次 PDRE 样机试验。曾采用乙烯为燃料，氧气为氧化剂，氮气为隔离气体，设计了单管 PDRE 样机 Todoroki Ⅰ[52]，并在地面滑轨上进行了地面滑跑试验。随后又改进采用了四管并联的结构，设计了 PDRE 样机 Todoroki Ⅱ[53]，并开展了弹射试飞试验，如图 4.20 所示。

图 4.20　Todoroki Ⅱ弹射试飞试验

4.4.2　国内研究现状

20 世纪 90 年代初，西北工业大学脉冲爆震发动机课题组在国家自然基金资助下率先开展了国内对脉冲爆震发动机概念跟踪研究。21 世纪初，南京航空航天大学、空军工程大学、南京理工大学、清华大学、北京大学、国防科技大学、北京航空航天大学等十几家研究机构也先后开展了脉冲爆震发动机相关技术研究，并取得了一定进展。

自 1994 年以来，西北工业大学 [1,54-56] 脉冲爆震发动机课题组先后承担了国家自然科学基金资助项目"一种新概念爆震燃烧室的应用基础研究""一种新概念脉冲爆震发动机的探索性研究"，国家 863 计划航天领域高技术项目"脉冲爆震发动机新概念跟踪研究"和空军十五预研项目"脉冲爆震发动机关键技术研究"，从试验和理论方面对脉冲爆震发动机技术进行了广泛、深入的探索，重点是两相爆震的机理研究和两相脉冲爆震发动机的工程应用研究。取得的研究进展主要体现在：

① 应用热力学和爆震波理论，科学地阐明了脉冲爆震发动机原理，较完善地建立了脉冲爆震发动机工作循环及发动机性能的分析方法。

② 在液体燃料 C_8H_{16} 与空气两相爆震试验研究方面，攻克了液体燃料在较短的爆震室长度内起爆难的问题，取得了突破性进展，成功获得了充分发展的 C-J 爆震，发展了新的单次起爆方法，从而使低能量（50 mJ）成功起爆成为可能。

③ 对 PDE 动态过程进行了测试（诸如爆震波后压力、温度、波速、壁温的测试），并对强化爆震、缩短爆燃爆震转换距离进行了大量的试验研究，实现了以汽油／空气为燃料的 PDRE 原理样机最高工作频率达到 66Hz，以煤油／氧气为燃料的 PDRE 最高工作频率达到 45Hz。

④ 发展了两种不同尺寸的以汽油和空气作为推进剂的 6 管并联 APDE。其中，单管内径为 68mm 的 APDE 试验器可以在单管 6Hz 的频率下平稳工作 20s 以上；而单管内径为 35mm 的 APDE 试验器最高工作频率可达 210Hz。

基于多年积累，西北工业大学范玮等 [57,58] 以地面小车为载体，验证了 PDRE 的推进性能，并在 2013 年对该装置进行了改进，在水平跑道上进行了以 PDRE 为动力的地面滑跑试验，现场演示照片如图 4.21 所示。

图 4.21　西北工业大学 PDRE 演示样机

此外，南京航空航天大学 [59] 进行了气动阀式脉冲爆震发动机的理论和试验研究。南京理工大学 [14] 和国防科技大学 [60] 等单位近年来重点针对旋转爆震发动机开展了数值模拟和试验研究。中国科学院力学所 [61] 对脉冲爆震发动机进行了数值模拟，并设计了小尺寸自适应氢氧脉冲爆震发动机，开展了相关试验研究。

经过 20 余年的发展，我国对于脉冲爆震发动机的技术研究已经建立初步的理论体系，对于各项关键技术开展了相关研究，并已有所突破或得到创新性发展，为未来脉冲爆震发动机的研制和应用奠定了初步的理论与工程基础。然而，研究过程中也存在一些问题，如在增推、起爆、燃料喷射与混合、进气道、推力测试等重要关键技术方面出现了较多简单的重复性研究，而并未取得实质性技术突破，这也是造成近年来 PDE 研究进展缓慢的原因。就 PDE 的多种工作模式而言，目前的PDRE 研究针对性强，系统集成度高，进展最快，可能在近期率先获得工程应用。而 APDE、组合循环和混合循环发动机工作范围宽广，亟待突破的关键技术问题尚多，可能还需要一个相对较长的研制周期。

4.5 空间应用前景分析

脉冲爆震发动机自身独特的工作和性能特点决定了把它作为新一代空间飞行器的动力装置具有广阔的应用前景，被认为是 21 世纪最有前途的革命性航空、航天动力之一。首先，脉冲爆震发动机空间环境适应性强。脉冲爆震发动机能够以火箭式、吸气式、组合循环以及混合循环等 4 种方式工作。吸气式、组合循环式以及混合循环式 PDE 可以用于空间飞行器的发射段推进系统，而火箭式 PDE 可用于空间飞行器的入轨转移以及空间机动。其次，脉冲爆震发动机以热循环效率更高的等容燃烧方式工作，比冲相比现有空间化学推进系统有明显提高。以氢 - 氧 PDRE 为例，理论真空比冲高达 400 ~ 500s，而现有空间氢氧发动机比冲仅为 300s 左右。较高的比冲可以显著降低推进系统燃料的消耗量。这对于降低发射成本以及提升卫星载荷比都是极其有利的。另外，脉冲爆震发动机以脉冲模式工作，其推力大小可以通过改变发动机点火和进气频率进行灵活调节，使其适用的空间任务范围更广。

虽然 PDE 的概念已经在实验室中得到验证，但是要将其应用到实际工程中还有不少技术难点需要攻克，尤其是在空间环境下应用，需要重点解决以下问题：

① 高可靠性。可靠性是一个广泛的概念。由于空间环境下，飞行器载荷几乎不具有维修可能性，因此对各类载荷的可靠性提出了更高的要求。对于脉冲爆震发动机来说，高可靠性主要涉及燃料与氧化剂的有效注入和混合、可燃混合气体的有效起爆、发动机动力学与控制、发动机材料能够承受高爆震和热应力等问题。

② 连续爆震波产生。脉冲爆震发动机与传统发动机的最显著的区别就是燃料的燃烧方式为爆震而非爆燃，因此，爆燃向爆震的可靠转换是展现 PDRE 各种优

点的必要条件。对于以脉冲模式工作的 PDRE 来说，需要保证在每个循环周期都能够有效产生爆震波，从而提高 PDRE 工况的稳定性。

③ 高重频。PDRE 实际工程应用面临的主要难题之一是噪声太大。空间飞行器一般搭载精密的有效载荷，如果发动机噪声太大，将会对载荷在轨工作稳定性产生较大的影响。提高发动机的工作频率，不仅有利于增大发动机的推力，还是降低发动机噪声的最有效手段。由 4.2.2 节中分析可知，高频 PDRE 技术的实现主要依赖于高频阀门技术、多管 PDE 技术、高效点火技术和 DDT 增强技术等几个方面。

脉冲爆震发动机虽然目前还面临一些技术难点，但是由于各国军方的高度重视，研究气氛相当活跃，相信经过各国航空、航天界科技人员的共同努力，在不远的将来，脉冲爆震发动机一旦技术成熟获得空间应用，必将展现出现有空间化学推进系统不可比拟的优势。

参考文献

[1] 严传俊，范玮，等. 脉冲爆震发动机原理及关键技术 [M]. 西安：西北工业大学出版社，2004：2-9，23-51，78-81.

[2] Nobel A B. Detonators [P]. Brit. Pat. 2359，1867.

[3] Michelson V A. On the Normal Ignition Velocity of Explosive Gaseous Mixtures [D]. Moscow：Moscow University 1890.

[4] Chapman D L. On the Rate of Explosions in Gases [J]. Philosophical Magazine，1899，47：90-104.

[5] Coleman M L. Overview of Pulse Detonation Propulsion Technology [M]. Laurel，MD：Chemical Propulsion Information Agency，2001.

[6] Panzenhagen K L. Detonation Branching in a PDE with Liquid Hydrocarbon Fuel [D]. Ohio: Department of the Air force Air University, 2004.

[7] Zeldovich Y B. The Theory of the Propagation of Detonation in Gases Systems [J]. Expt. Theor. Phys. S. S. S. R.，1940，10：542.

[8] von Neumann J. Theory of Detonation Waves [R]. Proj. Report No. 238，1942.

[9] Doring W. Detonationsvorgang in Gasen [J]. Ann. Phys. Lpz.，1943，43：421-436.

[10] Denisov T N, Troshin Y K. Pulsating and spinning detonation of gaseous mixtures in tubes [J]. Dokl. Akad. Nauk SSSR, 1959,125(1):110-113.

[11] Dabora E，Broda J. Standing Normal Detonations and Oblique Detonations for Propulsion [C]. In 45th AIAA/ASME/SAE/ASEE Joint Propulsion Conference and Exhibit，2009.

[12] Voitsekhovskii B. Stationary Spin Detonation [J]. Soviet Journal of Applied Mechanics and Technical Physics，1959，129（6）：157-164.

[13] Nicholls J，Cullen R. The Feasibility of A Rotating Detonation Wave Rocket Motor [R]. Rocket Propulsion Lab，PRL-TDR-64-113，Edwards Air Force Base，1964.

[14] 卓长飞，武晓松，封锋，等. 旋转爆轰发动机工作过程的数值模拟 [J]. 推进技术，2014，35（12）：1707-1714.

[15] Helman D，Shreeve R，Eidelman S. Detonation Pulse Engine [C]. 22nd ASME/SAE/

ASEE Joint Propulsion Conference，1986．

［16］范玮，李建玲，等．爆震组合循环发动机研究导论［M］．北京：科学出版社，2014：1-14，120-158．

［17］Bussing T R A，Bratkovich T E，Hinkey Jr J B．Practical Implementation of Pulse Detonation Engines［R］．AIAA 97-2748，1997．

［18］Hinken J，Henderson S，Bussing T．Operation of A Flight-scale Rotary-valved，Multiple-combustor，Pulse Detonation Engine［C］．34th AIAA/ASME/SAE/ASEE Joint Propulsion Conference and Exhibit，1998．

［19］Schweitzer J．Propulsion Technology Readiness for Next Generation Transport Systems［C］．The AIAA International Air and Space Symposium and Exposition：The Next 100 years，2003．

［20］Bozhenkov S A，Starikovskaia S M，Starikovskii A Yu．Nanosecond Gas Discharge Ignition of H_2 and CH_4 Containing Mixtures［J］．Combust．Flame，2003，1：33-46．

［21］Hall P D．Design of A Coaxial Split Flow Pulsed Detonation Engine［D］．Maryland：United States Naval Academy，2005．

［22］张云明，刘庆明，宇灿，等．大能量点火系统设计与火花放电特性实验研究［J］．高电压技术，2014，40（4）：1267-1274．

［23］于锦禄，何立明，丁未，等．瞬态等离子体点火和火花塞点火起爆过程的对比研究［J］．推进技术，2013，34（11）：1575-1579．

［24］张奕春．脉冲爆震发动机 DDT 控制研究［D］．哈尔滨：哈尔滨工程大学，2011：2-4，33-42．

［25］Cooper M A．Impulse Generation by Detonation Tubes［D］．Pasadena，California：California Institute of Technology，2004．

［26］Frolov S M．Acceleration of A Deflagration-to-Detonation Transition in Gases：From Shchelkin to Our Days［J］．Combustion，Explosion，and Shock Waves，2012，48（3）：258-268．

［27］Zhang B，Liu H，Wang C．On the Detonation Propagation Behavior in Hydrogen-oxygen Mixture under the Effect of Spiral Obstacles［J］．International Journal of Hydrogen Energy，2017，42：21392-21402．

［28］New T H，Panicker P K．Experimental Study on Deflagration-to-detonation Transition Enhancement Methods in A PDE［J］．American Institute of Aeronautics and Astronautics，AIAA-2006-7958．

［29］韩启祥，王家骅，王波．预混气爆震管中爆燃到爆震转捩距离的研究［J］．推进技术，2003（1）：63-66．

［30］张宇．脉冲爆震发动机 DDT 过程数值模拟研究［D］．南京：南京航空航天大学，2009．

［31］Schuitz E，et al．Investigation of Deflagration to Detonation Transition for Application to Pulse Detonation Engine Ignition Systems［C］．The 16th JANNAF Propulsion Meeting，1999．

［32］Heiser W H，Pratt D T．Thermodynamic Cycle Analysis of Pulse Detonation Engines［J］．Journal of Propulsion and Power，2002，18（1）：68-76．

［33］Nicholls J A，Wilkinson H R，Morrison R B．Intermittent Detonation as A Thrust-

Producing Mechanism [J]. Jet Propulsion, 1957, 27 (5): 534–541.

[34] Wintenberger E, Austin J M, Cooper M, et al. Analytical Model for the Impulse of Single-Cycle Pulse Detonation Tube [J]. Journal of Propulsion and Power, 2003, 19 (1): 22-38.

[35] Zitoun R, Desbordes D. Propulsive Performances of Pulsed Detonations [J]. Combustion Science and Technology, 1999, 144 (6): 93-114.

[36] 严传俊, 范玮, 黄希桥, 等. 脉冲爆震发动机性能分析 [J]. 工程热物理学报, 2004, 25: 217-220.

[37] 邱华, 严传俊, 熊姹. 带喷管脉冲爆震发动机单循环性能分析模型 [J]. 航空动力学报, 2004, 20 (5): 818-821.

[38] Cooper M, Jackson S, et al. Direct Experimental Impulse Measurements for Deagrations and Detonations [J]. AIAA, 2001-3812.

[39] Talley D G, Coy E B. Constant Volume Limit of Pulsed Propulsion for a Constant γ Ideal Gas [J]. Journal of Propulsion and Power, 2002, 18 (2): 400-406.

[40] Hoffmann N. Reaction Propulsion by Intermittent Detonative Combustion Ministry of Supply [J]. Volkenrode Transition, 1940, (5): 123-125.

[41] Nicholls J A. Performance Characteristics of An Intermittent-detonation Device [R]. U. S. Naval Ordnance Test Station, U. S. Naral Weapons Rept. 7655, China Lake, California, 1962.

[42] Krzycki L. Performance Characteristics of an Intermittent-Detonation Device [R]. U. S. Naval Ordnance Test Station, U. S. Naval Weapons Rept. 7655, China Lake, California, 1962.

[43] Korovin L N, Losev A, Ruban S G, et al. Combustion of Natural Gas in A Commercial Detonation Reactor [J]. Fizika Gor. Vzryva, 1981, 17 (3): 86.

[44] Eidelman S, Grossmann W, Lotti I. Computational analysis of pulsed detonation engine and applications [C]. 28th Aerospace Sciences Meeting, Reno, NV, 1990.

[45] 庄逢辰. 脉冲爆震推进技术研究进展 [J]. 火箭推进, 2001, 1: 7-9.

[46] 丁伟, 郑丽, 魏东. 脉冲爆震发动机技术的发展 [J]. 四川兵工学报, 2011, 32 (3): 93-95.

[47] Robert J S, Yang V, Joseph E S, et al. A Multidisciplinary Study of Pulse Detonation Engine Propulsion [R]. Final Report for Award Number: ONRN00014-99-1-0744, 2003.

[48] 张建国, 蒋永健. 介绍一种航空新动力—脉冲爆震发动机 [J]. 江苏航空, 2004 (2): 23-24.

[49] 王栋. 脉冲爆震发动机工作过程数值模拟研究 [D]. 南京: 南京理工大学, 2007.

[50] Anderson S D, Tonouchi J H, Lidstone G L, et al. Performance Trends for A Product Scale Pulse Detonation Engine [C]. 40th AIAA/ASME/SAE/ASEE Joint Propulsion Conference and Exhibit, American Institute of Aeronautics and Astronautics, Fort Lauderdale, Florida, 2004, AIAA 2004-3402.

[51] Schauer F R, Hopper D R, Naples A G, et al. Pulse Detonation Propulsion at AFRL [C]. International Symposium on Recent Advances in Combustion and Noise Control in Propulsion, Kauai, HI, 2008: 47-48.

［52］Kasahara J，Hasegawa A，Nemoto T．Thrust Demonstration of a Pulse Detonation Rocket "TODOROKI"［C］．43rd AIAA/ASME/SAE/ASEE Joint Propulsion Conference Cincinnati，OH，2007，AIAA 2007-5007．

［53］Takagi S，Morozumi T，Matsuoka K，et al．Study on Pulse Detonation Rocket Engine Using Flight Test Demonstrator "Todoroki Ⅱ"［C］．AIAA Propulsion and Energy Forum 50th AIAA/ASME/SAE/ASEE Joint Propulsion Conference，Cleveland，OH，2014，AIAA 2014-4033．

［54］严传俊．新概念脉冲爆震发动机的探索性研究［J］．自然科学进展，2002，112：1021-1025．

［55］严传俊，何立明，范玮，等．脉冲爆震发动机的研究与发展［J］．航空动力学报，2001，16（3）：212-217．

［56］张群，范玮，徐华胜．中国脉冲爆震发动机技术研究现状及分析［J］．航空发动机，2013，39（3）：18-23．

［57］Fan W．Research Progress on Pulse Detonation Rocket Engines［C］．International Workshop on Detonation for Propulsion 2011，Pusan，Korea，2011．

［58］Fan W．Efforts to Increase the Operating Frequency of Two-Phase Pulse Detonation Rocket Engines［C］．International Workshop on Detonation for Propulsion 2013，Tai Wan，China，2013．

［59］李建中，王家骅，唐豪，等．煤油 - 空气三管气动阀式脉冲爆震发动机［J］．航空动力学报，2009，30（11）：2052-2058．

［60］王迪，周进，林志勇．带扩张喷管的氢氧连续旋转爆震发动机工作过程数值仿真［J］．战术导弹技术，2015（6）：57-65．

［61］王春，姜宗林．小尺寸自适应氢氧脉冲爆轰发动机设计与验证［C］．第二届爆轰与爆震发动机研讨会，2008．

第 **5** 章

空间电化学复合推进系统方案

空间电化学复合推进用于工质加速的能量一部分来源于工质燃烧释放的化学能，另外一部分能量则来源于平台提供的电能。推力器的复合加速模式与以往空间化学推进或电推进较为不同，这也决定了其系统组成与现有推进系统相比存在较大差异。本章内容主要介绍空间电化学复合推进的系统组成，并扩展探讨推力器在未来空间应用将面临的电能供给、工质储存与供给等问题及解决方案，以供读者参考。

5.1　系统组成

空间电化学复合推进系统功能模块如图 5.1 所示，主要包括复合加速腔、工质储存及供给模块、供电模块、控制模块等几部分。

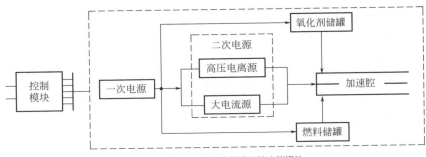

图 5.1　空间电化学复合推进系统功能模块

复合加速腔是实现工质粒子热力学加速和电磁加速过程的硬件载体，其结构的合理设计是实现混合物工质可靠点火与高效电离，以及化学燃烧释放的化学能与平台提供的电能向工质动能高效转化的重要前提。

工质储存及供给模块用于向推力器加速腔提供燃料和氧化剂，且要求工质注入流量能够精确控制。由于复合电推进的工质是由燃料和氧化剂两部分组成的，可燃工质在空间环境下长期安全储存成为该部分研究重点。相比采用单一惰性气体作为工质的离子推力器，工质储存可靠性设计无疑更具有挑战性。另外，高频化供气方案设计也是提升复合推力器性能的关键技术之一。

供电模块用于向推力器提供工质电离、点火和放电产物电磁加速进程所需要的能量。供电模块主要包括一次电源和二次电源。一次电源是航天器的发电装置，将其他各类能量转变成电能，以母线形式输出。其能量来源有航天器上自带的化学能源、核能源等，也有航天器外的太阳能。二次电源的职能是将发电系统通过母线提供的电能（即一次电源）进行变换和分配，为推力器提供可直接使用的电能，如产生用于气体工质电离和点火所需的高电压，以及用于加速放电粒子所需的大电流。供电模块功率容量的进一步提升是复合电推进未来广泛应用的重要基础。

控制模块是整个推力器系统的指令中枢，除了接收上层控制系统的指令并给出相应的控制信号外，还要通过一系列传感器采集供电、供气以及推力器输出参数，并将采集数据反馈至上层控制系统作为评估系统性能的依据。

5.2 空间电能供给

电源系统是航天器上最为重要的分系统之一，用以产生、储存、变换、调节和分配电能，担负着为航天器用电设备输送稳定、可靠电能的任务。早期的人造地球卫星由于设计寿命短、功能载荷少，一般采用单一的化学电池组的供电模式。伴随着航天技术的不断进步和空间探索任务的日益多样化，航天器电源系统正向大功率、高可靠性、长寿命和小型化方向发展。采用太阳电池阵 - 蓄电池组（Solar Array-Storage Battery，SA/B）联合供电模式的电源系统逐步取代了以往单一的化学电池组供电模式，并已应用于当前全球 90% 以上的航天器上。进入 21 世纪，人类空间探索的足迹正向地外星球逐步扩大。在以载人登月、载人登火、木星探测、土星探测等为代表的空间探索活动推动下，大功率空间核电源也开始登上空间电源技术的舞台。

空间电化学复合推进工作时消耗的电能将依赖于航天器一次电源系统进行供给。本节将首先对不同类型空间功率系统进行介绍；然后在此基础上，以当前应用最为广泛的太阳电池阵 - 蓄电池组联合供电模式为例，对航天器一次电源进行系统介绍；最后结合对离子和霍尔推力器的电源处理单元（Power Processing Unit, PPU）的介绍，简单描述空间电化学复合推力器的 PPU 设计要求。

5.2.1 初级功率源选择

不同类型航天器对电源系统的功率需求存在显著的差异。早期卫星对电源系统功率仅有几 W 的需求，当前大部分通信卫星则要求电源系统能够提供几 kW 甚至更高的功率，而大型战略防御航天器的功率需求将达到数百 kW，而在某些特定应用中脉冲功率需求将高达百 MW 量级。

航天器功率系统基本组成如图 5.2 所示，主要包括初级能源、能量转化、功率调节与控制、可重复充放电能量储存、功率分配与保护、功率（负载）利用等几大功能模块[1]。可用的初级能源包括太阳电池、放射性同位素、核反应堆、电化学以及化学燃料等。太阳辐射是太空中唯一可获取的外部能源，而不采用太阳能的功率系统必须自带一次电池、燃料电池、核能或者化学能等能源。能量转化类型根据初级能源的不同一般包括光电转换、热电转换、动力交流发电、燃料电池以及热离子等。能量储存主要是指当前广泛应用的电化学储能技术以及正在逐步发展成熟的飞轮储能技术。

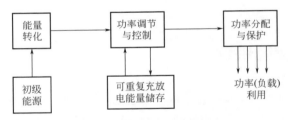

图 5.2　航天器功率系统基本组成

初级功率源的选择，需要根据特定任务及其应用环境实施整星级优化研究，用以确定能量源、能量转化、能量储存技术的最优组合。最终的选择需要满足多种标准，而最主要的原则通常是轻质量和低成本。除此以外，初级源的选择很大程度上还会受到功率等级和任务周期的影响。图 5.3 提供了选择不同功率等级和任务周期下的最佳能量源指导建议。

（1）一次电池

使用一次电池作为功率需求仅有几瓦、使用周期仅有数天的小型简易航天器的供电电源是较为经济的一种选择。早期的短寿命航天器一般采用 AgZn 和 NaS

这类一次电池。即使在今天，搭载低占空比载荷的低功率、短寿命航天器仍会采用 $LiCF_x$ 一次电池作为唯一的功率源，避免了携带太阳帆板和电池充电设备，有效降低了系统质量。

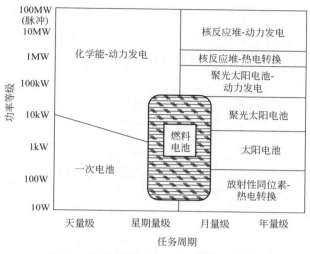

图5.3 不同功率等级和任务周期对应的最佳能量源

一次电池内部结构如图5.4（a）所示，由两个浸没在电解液中的平板电极组成。电池的电化学特性会在两个电极之间产生电势差，当接通外部负载时，电池将储存在平板电极之间的化学能转化为直流电能，用于驱动负载。在电池能量完全耗尽之前，仅能向负载输送一定数量的电荷，属于部分放电类型，对应的电压变化特征如图5.4（b）所示。一次电池还具有不可恢复的电化学特性，一旦标称的容量耗尽，不具备再次充电后重复使用的能力。为减轻航天器质量，能量耗尽的一次电池将从航天器脱离。

（2）燃料电池

对于负载功率需求超过几瓦、工作周期大于数天甚至达到数周的情况，一次电池将不再是理想的功率源，而燃料电池更容易达到应用要求。燃料电池最早被应用于月球车上，并一直在 NASA 的航天飞机上使用。燃料电池内部结构如图5.5（a）所示，它可以将氢气、氧气这类燃料中的化学能转化为电能。由于燃料可以持续更新，电池的能量将不会耗尽。如图5.5（b）所示，只要燃料以特定速率得到持续补给，电池的输出电压将能保持恒定。因此，对于需要持续数周提供数百 W 甚至 kW 量级电功率的空间任务，燃料电池被认为是最佳的选择。目前，商用的燃料电池效率可以达到 80% 以上，但航天等级燃料电池的效率仅有 40% 左右，未来还有较大的提升空间。

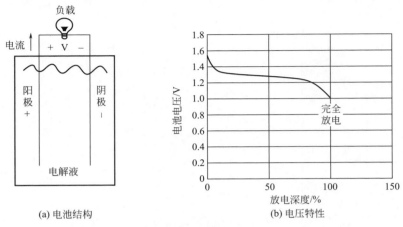

(a) 电池结构　　　　　(b) 电压特性

图 5.4　一次电池结构及电压特征

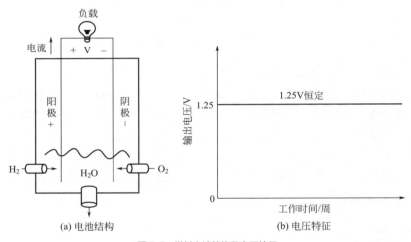

(a) 电池结构

图 5.5　燃料电池结构及电压特征

（3）太阳电池

采用光伏电池将太阳光能量转化为电能用于地球轨道卫星被认为是航天史上最有价值的技术突破之一。太阳电池阵能够输出数十 kW 的电功率，并具有高达 15～20 年的在轨使用寿命，因此成为当前全球地球轨道卫星尤其是高轨通信卫星广泛采用的供电技术。

目前，常见的三类太阳电池为：硅太阳电池、砷化镓太阳电池和薄膜太阳电池。

① 硅太阳电池。

可实用化的空间用单晶硅太阳电池于 1958 年研制成功，并最早成功应用于美国的先锋 1 号卫星。此后，硅太阳电池成为早期卫星最常用的电源配置。

硅太阳电池由一个 P-N 结构成，它是基于半导体的光电效应进行发电的 [2]。当硅太阳电池暴露于足够强的光照下时，P-N 结中 N 型半导体中的空穴将向 P 区移动，而 P 型半导体中的电子将向 N 区移动，从而形成一个与平衡 P-N 结内电场方向相反的光生电场，即在 P 区和 N 区之间建立了光生电动势。当受光照的 P-N 结经负载连通后，P-N 结附近的光生载流子将沿通路流通，向负载端输出电流。

硅太阳电池主要有单晶硅太阳电池和多晶硅太阳电池两种类型。其中，单晶硅电池可以实现约 25% 的光电转换效率 [3]，转换效率最高，技术也最为成熟。多晶硅是由大量多晶晶粒组成的，单晶晶界的存在加大了光生载流子的复合速率，会降低电池的输出功率和光电转换效率。2005 年，德国的 Shultz 等 [4] 将多晶硅太阳电池的效率提升至 20.3%。随着工艺技术和材料质量的进步，多晶硅太阳电池将能达到与单晶硅太阳电池相当的光电转换效率。

② 砷化镓（GaAs）太阳电池。

Ⅲ - Ⅴ族化合物是继元素半导体材料锗（Ge）和硅（Si）之后发展起来的半导体材料，主要包括：GaAs 基系Ⅲ - Ⅴ族化合物和 InP 基系Ⅲ - Ⅴ族化合物两类。以 GaAs 为代表的Ⅲ - Ⅴ族化合物半导体太阳电池具有光电转换效率高、抗辐射性能好、耐高温、可靠性好等一系列突出的优点，在空间电源领域正逐渐取代硅太阳电池，成为空间能源的主力。近年来，伴随着高效多元多结叠层电池的研究和金属有机化合物化学气相沉积（MOCVD）技术、半导体键合（SBT）技术、分子束外延（MBE）技术等生产制备技术的进步，实现了 GaAs 和 InP 两个基系材料的优化组合，电池的效率也越来越高。随着聚光太阳电池系统的不断完善，以 GaAs 为代表的Ⅲ - Ⅴ族化合物半导体太阳电池未来在空间电源领域的应用也将更为广泛。

砷化镓太阳电池的突出优点 [2,5] 体现在以下几个方面：

光电转换效率高。如图 5.6 所示，在 GaAs、Si、a-Si、Ge、CdS、Cu$_2$S 等这些太阳电池材料中，GaAs 具有直接能带隙，其带隙宽度 E_g 为 1.42eV（300K），处于太阳电池材料所要求的最佳带隙宽度范围，这是 GaAs 电池能够取得高效率的主要原因。

材料的光吸收系数大。如图 5.7 所示，GaAs 的光吸收系数，由于是直接带隙材料的关系，在光子能量超过其带隙宽度后，急剧上升到 $10^4 cm^{-1}$ 以上。而 Si 的光吸收系数在光子能量大于其带隙宽度（E_g=1.12 eV）后缓慢上升，在太阳光谱很强的可见光区域，它的吸收系数都比 GaAs 的小一个数量级以上。由于 GaAs 材料的光吸收系数大，GaAs 太阳电池的有源区厚度仅需要 3μm 左右，而硅太阳电池的厚度通常需要 200 ~ 300μm。因此，GaAs 材料也特别适用于做薄膜太阳电池。

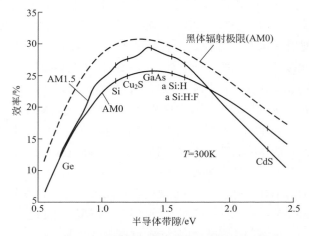

图 5.6 不同材料对应的光电转换效率与带隙的关系 [6]

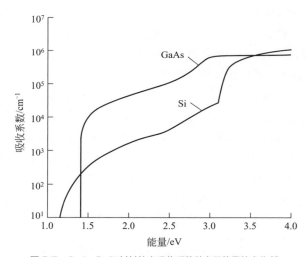

图 5.7 GaAs 和 Si 材料的光吸收系数随光子能量的变化 [7]

抗辐射性能好。辐照实验结果表明，经过 1MeV 高能电子辐照，即使其剂量达到 $1×10^{15}cm^{-2}$ 后，GaAs 基系太阳电池的能量转换效率仍能保持原值的 75% 以上；而先进的宇航级硅太阳电池在经受同样辐照时，其转换效率仅保持其原值的 66%。对于高能质子辐照的情形，两者的差异尤为明显。

温度系数小，在较高温度下仍能够正常工作。由于 GaAs 材料的能带带隙比 Si 材料宽，其温度系数较小，约为 -0.23%/℃，而硅太阳电池效率的温度系数较大，约为 -0.48%/℃。即使在 250℃ 的条件下，GaAs 电池仍能保持良好的光电转换性能，特别适合做高倍率聚光太阳电池。聚光型太阳电池不仅能产生高出普通型太阳电池数十倍甚至数百倍的电能，还能提高电池的光电转换效率。

按照电池成品的结构，以 GaAs 为代表的Ⅲ - Ⅴ族太阳电池可以简单区分为单结和多结两种类型。

a. 单结 GaAs 太阳电池 [8]。单结 GaAs/GaAs（即以 GaAs 单晶体材料为衬底）太阳电池是最早进行研究的一种Ⅲ - Ⅴ族化合物太阳电池。早期一般基于液相外延（LPE）技术进行制备，得到的电池最高效率约25%。1990 年后，MOCVD 技术逐渐被应用到 GaAs 太阳电池的生产制备中。由于 MOCVD 技术生长的外延片表面平整，各层的厚度和浓度均匀并可准确控制，制备的 GaAs 太阳电池的性能明显改进，AM0 效率达到 28.8%。

由于 GaAs 材料存在价格昂贵、密度大、易碎等缺点，单结 GaAs/GaAs 太阳电池的应用受到限制。因而人们想寻找一种替代的衬底材料来代替 GaAs 衬底，形成 GaAs 异质结太阳电池。经过探索，人们采用 MOCVD 技术和 MBE 技术生长出高质量的 GaAs/Ge 异质结，成功制备出性能优良的 GaAs/Ge 异质结太阳电池，并在空间电源领域得到广泛的应用。

b. 多结叠层 GaAs 太阳电池。用单一带隙材料制备的太阳电池，其效率的提升将受到限制。这是因为太阳光谱的能量范围很宽，分布在 $0.2 \sim 10\mu m$ 的波长范围，而单一带隙太阳电池材料的 E_g 是固定值。太阳光谱中能量小于 E_g 的光子不能被太阳电池吸收，能量远大于 E_g 的光子虽然能被太阳电池吸收，激发出高能光生载流子，但这些高能光生载流子会很快弛豫到能带边，将能量大于 E_g 的部分传递给晶格，变成热能而浪费。根据 Shockley-Queisser 的细致平衡理论计算，单一带隙太阳电池的最大理论效率约为 32.2%[8]。

进一步提高太阳电池效率最现实、最有效的途径是形成多结叠层太阳电池[9]。根据叠层电池的原理，构成叠层电池的子电池数目越多，叠层电池可望达到的效率越高。如图 5.8 所示，两结叠层电池比单结电池的理论计算效率要高很多，而当子电池的数目继续增加时，效率提升的幅度变缓 [10]。

在多结叠层 GaAs 太阳电池中，当前在空间获得大规模应用的是三结 $GaInP_2$/GaAs/Ge 太阳电池。由于转换效率远远高于硅太阳电池和 GaAs/Ge 电池，三结 $GaInP_2$/GaAs/Ge 电池的应用使太阳电池阵面的面积比功率和质量比功率都得到明显改进。目前，该型电池的批产效率已超过35%[11]，使之前占据空间电源主导地位的硅太阳电池几乎让出了全部空间市场。

在多结砷化镓电池领域一直处于领先地位的是美国波音公司下属的 Spectrolab（SPL）。1998 年，SPL 公司研制的 GaInP/InGaAs/Ge 三结叠层电池 AM 1.5D 效率达到 31.5%[12]。2002 年，该公司利用 GaInP 中 Ga 和 In 原子晶格位置的无序，将

GaInP 顶电池带隙提高到 1.89eV，使 GaInP/InGaAs/Ge 三结叠层电池 AM 1.5D 效率提高到 32%[13]。2007 年，他们研制的晶格匹配三结叠层 $Ga_{0.5}In_{0.5}P/Ga_{0.98}In_{0.02}As/Ge$（1.86/1.39/0.67eV）聚光电池效率达到 40.1%（135 倍 AM 1.5D 太阳光强，13.5 W/cm², 25℃）[14]。2009 年 9 月，SPL 公司又报道，他们研制的晶格匹配 GaInP/GaInAs/Ge 三结叠层聚光电池，由于减小了栅极挡光面积，在 364 倍 AM 1.5D 光强下效率为 41.6%[15]。2014 年 6 月，SPL 采用 SBT 技术研制了五结叠层电池。在 AM 1.5D 以及 AM0 光谱 1 倍太阳光强下，分别得到了 38.8% 和 35.8% 的当时最高电池效率。预计采用 SBT 制备的五结叠层高倍聚光电池 AlGaInP/AlGaInAs/GaAs/GaInPAs/GaInAs，其效率将可望达到 52%[16]。

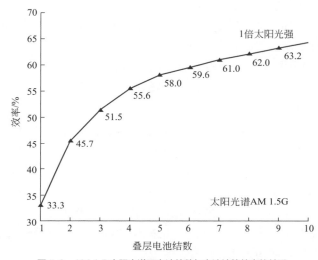

图 5.8　AM 1.5 太阳光谱下电池结数与电池计算效率的关系

除了 SPL 以外，美国国家可再生能源实验室（NREL）在 2006 年发展了反向应变（IMM）生长加衬底剥离工艺，制备的 GaInP/GaAs/GaInAs 电池，其 V_{oc} 比传统 GaInP/GaAs/Ge 电池增加了约 300mV，在 326 倍 AM 1.5D 太阳光强下效率为 40.8%[17]。2009 年，德国 Fraunhofer 太阳能研究所在 Ge 衬底上制备了晶格应变三结叠层电池，在 454 倍 AM 1.5D 光强下效率达到 41.1%，电池结构如图 5.9 所示[18]。2012 年 4 月，日本夏普公司宣布，通过改进 IMM 外延工艺和器件栅极设计，研制的高效 GaInP/GaAs/GaInAs 三结叠层聚光电池在 306 倍 AM 1.5D 太阳光强下效率达到 43.5%[19]。2014 年 9 月，德国 Fraunhofer 太阳能系统研究所采用 SBT 技术研制的四结叠层 GaInP/GaAs/GaInPAs/GaInAs 聚光电池在 324 倍 AM 1.5D 光强下达到了当前国际最高电池效率 46.5%[20]。

国内上海空间电源研究所、天津电子研究十八所等几家单位从 2000 年以后开始研制 GaInP/GaAs/Ge 三结叠层电池，已广泛应用于我国的空间电源系统。2005年，上海空间电源研究所和天津电子研究十八所等研制了晶格匹配 GaInP/GaAs/Ge 三结叠层电池，其批产效率达到 28%（AM0，2×4cm²）[21]。2016 年，他们采用反向应变外延生长加衬底剥离技术，研制了 GaInP/GaAs/GaInAs/GaInAs 四结叠层电池，将 AM0 效率提高到 34.3%。在民用太阳电池领域，天津三安光电公司于 2014年成功研发了晶格应变三结叠层 GaInP/GaInAs/Ge 高倍聚光电池，并进行了规模生产，聚光电池效率达到 41%[22]。厦门乾照光电公司在同一年利用反向应变生长加衬底剥离技术制备的 GaInP/GaAs/GaInAs 高效聚光电池，其 AM 1.5D 效率为 34.5%（1 倍太阳光强），在 517 倍 AM 1.5D 太阳光强下效率为 43.0%[23]。

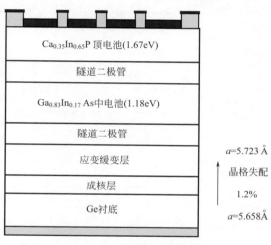

图 5.9　Fraunhofer 研制的晶格应变三结叠层电池结构

注：1Å=10⁻¹⁰m

③ 薄膜太阳电池。

为适应空间应用需求，各国纷纷开展了薄膜太阳电池的研究，旨在进一步提高电池的比功率和降低发射装载容量，研究内容主要涉及：超轻柔性衬底薄膜太阳电池和多结薄膜太阳电池。

目前，薄膜太阳电池的产品类型主要有碲化镉（CdTe）薄膜太阳电池、硅基（a-Si:H）薄膜太阳电池、铜铟镓锡（CIGS）薄膜太阳电池以及砷化镓（GaAs）薄膜太阳电池。2011 年，美国 Alta Devices 公司采用反向外延生长和衬底剥离技术研制的 GaAs 单结薄膜电池 AM 1.5D 效率达到 27.6%，随后又提高到 28.8%[24]。2014 年，日本 Sharp 公司研制出了 AM0 转换效率 31.5% 的反向生长晶格失配薄膜三结太阳电池，并且该公司还用 30 片转换效率为 31% 的薄膜三结太阳能电池制作成组件，组件的比功率达到了 600W/kg[25]。2014 年，我国苏州矩阵光电公司采用反向生长加衬底剥离技术成功研发了柔性薄膜 GaAs 单结电池，效率达到 28%，柔性薄膜二结和三结叠层电池效率达到 31% 和 35%[26]。2015 年，天津电子研究十八所利用光刻、真空蒸镀等半导体器件工艺制作了柔性砷化镓太阳电池样品，其效率为 30.2%（AM0），电池尺寸 4cm×6cm，质量为 0.62g，质量比功率为 1600W/kg，面积比功率为 260g/m²[27]。

表 5.1 为截至 2018 年的非聚光 GaAs 薄膜电池行业技术效率水平，生产效率与研发效率之间存在一定差距，提升量产效率将是未来重要的发展方向[28]。

表 5.1　非聚光 GaAs 薄膜电池行业技术效率水平

开发单位	电池类型	小电池效率（AM 1.5×1）	组件效率
Alta Devices	单结薄膜	28.8%，1cm²（2012 年）	26.3%（2016 年）
	双结薄膜	31.6%，1cm²（2016 年）	—
Microlink Devices	单结薄膜	—	21%（2013 年）
	双结薄膜	—	26%（2013 年）
	三结薄膜	33.9%，1cm²（2015 年）	> 31%（2013 年）
国电科环	单结薄膜	—	> 24%
	三结薄膜	34.5%（2015 年）	—
Sharp	三结柔 / 刚性	37.9%（2013 年）	～ 32% @AM0（2016 年）

（4）聚光 – 动力发电

太阳能除了通过光伏电池转化为电能以外，还可以利用聚焦器以热的形式进行收集，并通过热动力能量转化，将收集的热量用于产生高压蒸汽，驱动旋转汽轮发电机或往复式交流发电机进行发电。

动力功率系统是功率需求在 300kW 左右早期空间站的主要候选方案。美国 NASA 格伦研究中心设计的太阳能聚光 - 动力功率系统如图 5.10 所示，主要包括太阳光聚焦器、接收器、固定结构、散热器、能量变换器、旋转关节、横向动臂等部件。收集的热量可用于加热液体或液态金属，也可以用于加热氢气和氙气的混合气体。

上述动力功率系统能够将热量无损耗地储存数个小时。该特征能够保证产生满足峰值功率要求的高质量电能。另外，相比太阳电池发电系统，该系统由于不需要昂贵的太阳电池和储能电池成本更低，并且汽轮发电机或往复式交流发电机在效率和质量方面的优势也非常明显。因此，该项技术在未来应用中必将获得充分发展，尤其是在数百 kW 量级功率需求的空间任务中。

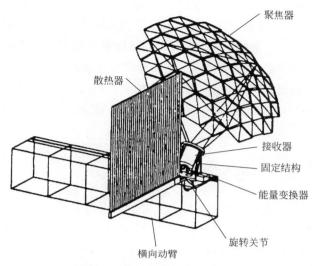

图 5.10　太阳能聚光 – 动力功率系统

（5）核能 – 热电转换

对于行星际和深空任务，由于航天器距离太阳较远，光照较弱，太阳电池发电不再适用。航天器必须自带一次能源，如放射性同位素或核反应堆。放射性同位素将碲化铅这类热释电材料进行加热，在电极两端产生电势。上述原理类似于热电偶，对应转化效率较高。通常来说，放射性同位素热电发电系统将被用于功率需求在数百 kW 的行星际任务。此外，核反应堆也被考虑用来产生 30 ～ 300kW 范围的高功率。无论是放射性同位素系统还是核反应堆系统都能够长时间持续提供电能（发电质量取决于放射性燃料的半衰期，而半衰期一般很长），并且对于无峰值功率要求的负载系统，上述两种发电系统不需要配备储能电池。

（6）核能 / 化学能 – 动力发电

产生数百 kW 甚至几 MW 电功率则需要采用化学能或核反应堆作为一次能源，并需要配备旋转交流发电机。提供短期峰值功率可以依赖航天器自身携带化学燃料实现，而对于长寿命任务，则需要核反应堆提供电能。在核反应堆中，能量源为铀235 这类可裂变材料的裂变能。裂变能以热能的形式释放后，先被用于加热液体或液态金属产生高温蒸气，然后高温蒸气驱动基于布雷顿循环或朗肯循环的汽轮发电机进行发电。斯特林循环发电机适用于功率需求在 50W ～ 50kW 量级的长寿命空间任务，而布雷顿循环发电机则更适用于为功率需求在 50kW ～ 10MW 量级的先进电推进系统提供电能。

在 20 世纪 80 年代末至 90 年代初，多种核能 - 动力发电方案被考虑用于星球大战计划（Strategic Defense Initiative，SDI）。在 SDI 计划中，电源峰值功率设计要求为 30 ~ 300MW，并具备多次、短时间持续输出能力。为满足使用要求，电源系统需要配备体积庞大的储能模块，并且储能模块为满足快速放电要求必须具备较高的比功率，如采用飞轮储能和超导磁体储能方式。当前，NASA 格伦研究中心已经发展了用于星际任务和空间防御任务的百 kW 量级核能 - 动力发电系统，正在开展空间验证。

5.2.2　太阳电池 – 蓄电池组合供电系统

如前所述，离子推力器和霍尔推力器是当前人造卫星应用较为广泛的两类电推力器，主要用于 GEO 轨道卫星的位置保持和轨道提升。当前 5kW 甚至更高功率电推进系统在美国和欧洲的 GEO 卫星平台上已经是比较常见的配置，而我国的卫星电推进系统也正由 1kW 量级向 5kW 量级跨越发展 [29,30]。

当前应用的电推力器一般采用卫星平台的太阳电池 - 蓄电池组组合电源进行供电。典型的空间电推进供电系统框图如图 5.11 所示。由图可见，卫星一次电源供电系统除了前节介绍的太阳电池阵外，还包括功率调节单元（Power Conditioning Unit，PCU）和蓄电池组。另外，电源处理单元（PPU）是电推进系统稳定、可靠工作的基础。它是一个复杂的二次电源变换设备，负责将卫星平台一次电源通过功率转换，提供推力器工作所需要的各种电压和电流。电化学复合推进作为一种具有特殊阻抗特征的负载，其 PPU 的设计要求将在 5.2.3 节中进行专门的分析与介绍。

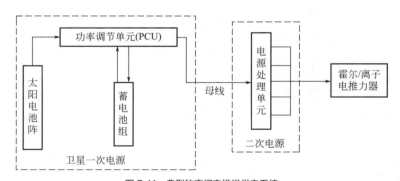

图 5.11　典型的空间电推进供电系统

（1）蓄电池组
蓄电池组用于在地影期为航天器供电，其性能和可靠性指标直接影响航天器能否长期、稳定、可靠地工作。迄今为止，空间蓄电池经历了从早期的锌银蓄电池到镍镉蓄电池，又发展到镍氢蓄电池，再到占当前主导地位的锂离子蓄电池的应用历程[2,31]。

① 锌银蓄电池。

在早期发射的航天器中，锌银蓄电池是首选。1957 年 5 月，苏联发射的世界第一颗人造地球卫星 Sputnik-1 采用的就是锌银蓄电池组。锌银蓄电池在干燥环境中可以保存 5 年，但在低温环境下性能较差，并且充放电循环次数很低。由于缺点明显，目前锌银蓄电池组在航天任务的应用已经很少见，多应用于载人航天的应急备用电源上。

② 镍镉蓄电池。

镍镉蓄电池在航天领域的应用最早可以追溯到 1959 年美国发射的 Explore-6 卫星上。它是目前技术最为成熟的空间化学电源，极大地推动了航天事业的发展。后期发展的超级镍镉蓄电池低轨道寿命高达 5 年，在 25% 的放电深度（Depth Of Discharge，DOD）下循环次数可达 30000 次；地球同步轨道寿命可达 10 ～ 15 年，60% DOD 对应循环次数接近 1300 次，已成功应用于全球 40 余颗航天器上。镍镉蓄电池具有充放电"记忆效性"，过放电会较大地影响电池的使用循环寿命，并且比能量（质量能量密度，单位为 W·h/kg）较低，限制了其进一步应用。

③ 镍氢蓄电池。

镍氢蓄电池是在镍镉蓄电池的基础上发展而来，并于 1977 年首次应用于美国海军技术卫星 NTS-2 上。镍氢蓄电池的正极与镍镉蓄电池相同，负极则用氢电极代替镉电极，使得电池的比能量大幅增高，但由于电池的负极是气体电极，体积较大，能量密度（体积能量密度，单位为 W·h/L）相对较低。镍氢蓄电池拥有较高的循环寿命（30% ～ 40% DOD：循环次数大于 50000 次）和使用寿命（GEO 轨道寿命大于 15 年），并且相比镍镉蓄电池"记忆效应"很不明显，使其在很多 GEO 和 LEO 航天器上获得广泛应用，如高轨大型通信卫星以及低轨国际空间站和哈勃太空望远镜等。

④ 锂离子蓄电池。

锂离子蓄电池最早应用于 2000 年英国发射的 STRV-ld 小型卫星上。由于锂离子蓄电池具有比能量高、寿命长、自放电小、可串并联组合设计等一系列优点，目前已成为继镍镉蓄电池和镍氢蓄电池后的第三代空间储能电源，并逐渐占据主导地位。国内研发的锂离子蓄电池体系主要有钴酸锂（$LiCoO_2$）、镍钴锂（NCA）、磷酸铁锂（$LiFePO_4$）三种，其中获得空间应用的（包括在轨和在研型号）均为钴酸锂体系，电池组比能量为 46 ～ 140W·h/kg，与国外报道的最高水平，即 SAFT 公司 VES180 电池组的 165W·h/kg 比能量还存在一定差距。

基于上述各类电池的空间蓄电池组的典型性能参数如表 5.2 所示。空间储能电池从镍镉蓄电池到镍氢蓄电池，再到现在的锂离子蓄电池，经历换代后比能量均有成倍增长，使用寿命越来越长。由于锂离子蓄电池组的比能量很难突破 200W·h/kg，目前第四代空间蓄电池的发展正处于探索阶段，瞄准目标为 400W·h/kg 以上，主要探索方向包括全固态聚合物锂电池和锂硫电池 [32]。相比于传统锂离子电池，全固态聚合物锂电池的电解质采用镶嵌电极的固态聚合物，金属锂电极膜与固态聚合物电解质薄层黏合组成，固态高聚物同时充当电解质与隔膜，提高了电池质量比能量。另外，全固态聚合物电池可燃性低，提高了安全性。

表 5.2 不同类型空间蓄电池组典型性能参数

电池组类型	比能量 / （ W·h/kg ）	能量密度 / （ W·h/L ）	比功率 / （ W/kg ）	功率密度 / （ W/L ）
镍镉	30 ～ 45	50 ～ 100	150 ～ 200	300 ～ 500
镍氢	45 ～ 65	35 ～ 50	150 ～ 200	200 ～ 300
锂离子	90 ～ 150	150 ～ 250	200 ～ 220	400 ～ 500
锂聚合物	100 ～ 200	150 ～ 300	>200	>400

（2）功率调节单元

功率调节单元是一次电源系统的核心部件，其功能是协调太阳电池阵和蓄电池工作。在光照期间将太阳电池阵产生的功率进行变换，调节为母线所需要的电压，直接为航天器用电设备供电，并将太阳电池阵的多余能量对蓄电池组充电，或将其分流并变换成热能辐射到空间；蓄电池组在阴影期内和负载出现峰值功率时向负载供电，以维持一次电源母线电压的稳定性 [2]。

航天器电源系统需要根据航天器的运行轨道、功率、工作寿命、结构及质量等要求进行设计。从能量传输的角度，航天器电源系统的拓扑结构可分为：直接能量传输（Direct Energy Transfer，DET）和最大功率点跟踪（Maximum Power Point Tracking，MPPT）两种方式 [33]。

目前，国内外的航天器电源系统绝大部分都采用了 DET 电源系统，其拓扑结构如图 5.12 所示。太阳电池阵和蓄电池与负载并联，二者的功率通过母线直接馈送给负载。分流调节器将太阳电池阵过剩功率进行处理，用来调节或限制光照期的母线电压。DET 电源系统能量传输效率很高，但由于在一定光照和温度条件下，太阳电池阵输出功率随电池工作电压增大呈先上升后下降的变化规律，只有在某一特定工作电压下，太阳电池阵的输出功率最大，即太阳电池阵工作在最大功率点，并且太阳电池阵在寿命末期（End Of Life，EOL）输出功率自然衰减。为避免航天器在寿命末期电能供需紧张，一般将工作点设置在 EOL 太阳电池阵最佳工作电压处，会导致航天器初期（Begin Of Life，BOL）能源利用率较低，末期能源利用率较高，全寿命周期内的综合能量利用效率不高。

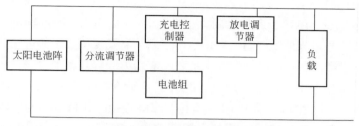

图 5.12　DET 电源系统拓扑结构

MPPT 电源系统拓扑结构如图 5.13 所示，它是在太阳电池阵和蓄电池组或负载之间增加一个串联开关调节器，通过对太阳电池阵最大输出功率点的跟踪以及对串联开关的调节，将太阳电池阵的输出电压始终设在使得输出功率最大的电压值上，能量利用效率较高。由于在太阳电池阵和蓄电池组或负载之间串联了功率调节装置，电源的热耗增加，能量传输效率略有下降[34]。

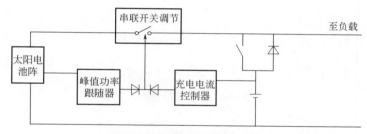

图 5.13　MPPT 电源系统拓扑结构

航天器的母线调节方式可以分为不调节、半调节和全调节三种。其中，不调节母线在光照期和地影期，母线电压都是变化的，一般应用于早期的国内外航天器上。半调节母线是在光照期通过分流调节器调节母线电压，使其保持稳定，而在地影期，蓄电池直接接入供电，母线电压是变化的。全调节母线在光照期和地影期，母线电压都是稳定的，为目前国内外大中型航天器普遍采用的一种方式。

目前，空间电源全调节母线功率调节器类型主要有：顺序开关分流调节器（Sequential Switching Shunt Regulator，S3R）、混合型功率调节器、串联型顺序开关分流调节器（Series Sequential Switching Shunt Regulator，S4R）以及电池充放电分流调节器（Battery Charge Discharge Shunt Regulator，BCDSR）等[2,35]。

① S3R 型功率调节技术。

S3R 型功率调节技术是欧洲航天局（ESA）在 20 世纪 70 年代伴随着开关调节技术发展起来的，之后被广泛应用于地球同步轨道通信卫星。S3R 型功率调节器拓扑结构如图 5.14 所示，它是通过误差放大器在分流域、充电域和放电域三个线性区间内分别对分流调节器（Shunt Regulator，SR）、充电调节器（Battery Charge Regulator，BCR）和放电调节器（Battery Discharge Regulator，BDR）进行控制，实现全调节母线控制。S3R 型功率调节器实现了真正的模块化设计，每次仅调节一个模块，具有良好的动态负载响应能力。自其诞生以来，一直在空间电源调节技术应用中占据主导地位。但对于需要频繁进行充、放电的 LEO 轨道航天器，由于 S3R 型调节器的 BCR 直接与母线连接，在低母线电压体系（如 28 V 母线）中，蓄电池的充电电压所受限制较大，必然采用减少蓄电池单体数量和扩大蓄电池容量的方式来满足母线负载对功率的要求，将会导致充电电流增大，应用受到一定限制。

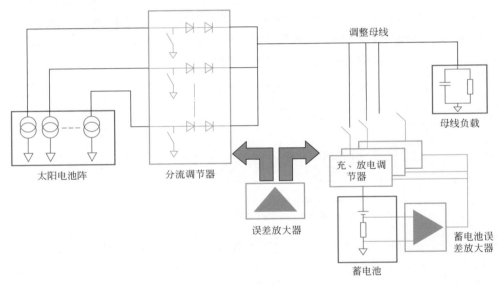

图 5.14　S3R 型功率调节器拓扑结构

② 混合型功率调节技术。

20 世纪 80 年代末期，ESA 研制出混合型功率调节器，其拓扑结构如图 5.15 所示。它是将太阳能电池阵分成充电阵和供电阵，由充电阵独立完成对蓄电池的充电，这样蓄电池的串联数目不再受母线电压限制，克服了 S3R 型调节技术在 LEO 卫星低母线电压供电体系中的应用局限。但混合型功率调节技术的缺点也相当明显：当充电阵满足蓄电池功率要求后，多余的功率将被白白分流，降低了系统的电能利用效率。并且，充电阵对一次母线功率的补充需经过 BCR、BDR 的变换，母线瞬态响应能力较差。

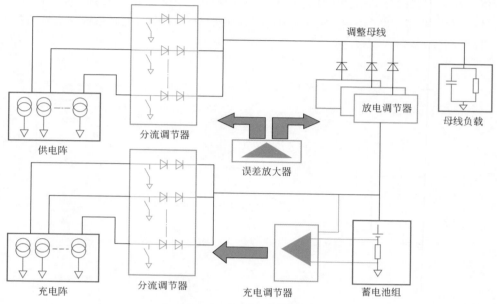

图 5.15 混合型功率调节器拓扑结构

③ S4R 型功率调节技术。

针对全调节母线在 GEO 轨道和 LEO 轨道航天器使用的特点，ESA 于 20 世纪 90 年代中期在全球首先成功研制出 S4R 型功率调节器，其拓扑结构如图 5.16 所示。S4R 型功率调节器将 S3R 型调节器中的 BCR 替换成了串联开关调节器，这样太阳电池阵产生的电能一部分经二极管直接驱动负载，另一部分经可控开关与二极管组成的串联调节器对蓄电池组进行充电，还有一部分过剩能量会经由可控开关组成的分流调节器接地分流。

S4R 型功率调节技术继承了混合型拓扑的两域控制和 S3R 拓扑的统一太阳电池阵设计，既克服了混合型拓扑使用独立充电阵导致能量利用率低的缺点，又克服了 S3R 拓扑的 BCR 连接在一次母线上导致的低压充电限制、高功率损耗和大质量等问题，较好地满足了 GEO 轨道和 LEO 轨道航天器对电源系统的使用要求，当前正在逐步取代 S3R 型的应用主导地位。

④ BCDSR 型功率调节技术。

电池充放电分流功率调节器实现了对蓄电池充、放电一体化调节，为 ESA 基于电源系统一体化需求提出的一种新型功率控制拓扑结构，其拓扑结构如图 5.17

所示。它的控制信号来自母线误差放大器、蓄电池误差放大器。在功率开关控制单元控制下完成充电调节器、放电调节器和分流调节器三种控制器的功能，实现了一体化功率控制设计。新型一体化技术适用于低功率空间电源系统的一体化设计，且适用性强，简化了功率控制电路的复杂程度，代表了空间电源系统功率调节技术的发展趋势[36]。

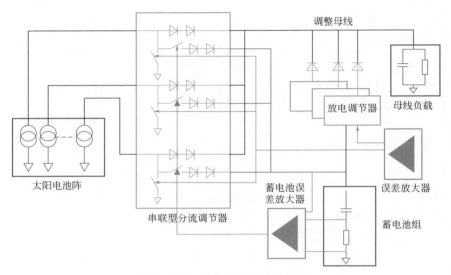

图 5.16　S4R 型功率调节器拓扑结构

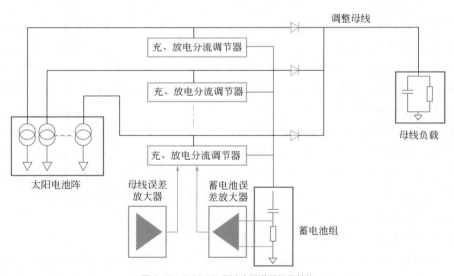

图 5.17　BCDSR 型功率调节器拓扑结构

5.2.3　电源处理单元

电源处理单元（Power Processing Unit，PPU）是电推进系统的重要组成部分。它作为一种复杂的二次电源变换设备，主要负责将卫星平台一次电源提供的电能经过功率转换，为电推力器提供工作所需要的各种电压和电流。不同类型的传统电推力器之间，如离子推力器和霍尔推力器，工作原理和阻抗特性差异显著，其 PPU 所包括的功能模块也各不相同。

（1）离子推力器 PPU 技术

离子推力器工作时，首先将工质进行电离，产生等离子体，然后利用连接负偏压的栅极将阳离子提取出来，并将其在高压加速电场中进行加速，最后从推力器后端开口喷出。另外，为保持喷射出的羽流保持电中性，还需要配备中和器发射电子与羽流中的阳离子进行中和。因此，离子推力器的电源处理单元极其复杂，包含较多的功能电源模块。以美国 NASA 的 NEXT（NASA's Evolutionary Xenon Thruster）离子推力器[37]为例，其 PPU 的功能电源模块主要包括屏栅电源（又称束电源）、加速电源、阳极电源（又称放电室电源）、中和器触持电源、中和器加热电源和阴极加热电源等 6 个部分。除此以外，为实现 PPU 及其内部各模块输出控制，NEXT 离子推力器还配备了辅助电源为控制模块提供功率。

NEXT 离子推力器的 PPU 最高可输出 7kW 功率，其模块组成及电气接口如图 5.18 所示[29]。该 PPU 采用两套独立的一次电源母线进行供电，其中六大功能电源模块由于功率较大，由 80～160V 母线供电；而功率较小的辅助电源则由 22～34V 母线供电。在推力器启动时，首先由中和器、阴极加热电源对中和器和推力器阴极进行预热，使阴极温度达到 1500℃以上时开始热电子发射。预热结束，阴极和中和器触持电源会预先产生高压单次脉冲，使阴极和触持极之间起弧放电，建立电子发射电场，然后切换成恒流输出模式，维持阴极的稳定持续放电状态。对于 NEXT 离子推力器，其阴极触持电源的功能是由阳极电源连接限流电阻提供的，实现了模块间的共用。阳极电源在主阴极和阳极之间形成电场，使电子运动至电离室，引起氙原子电离，在电离室形成稳定的等离子体区域。加速电源和屏栅电源分别用于向加速栅和屏栅进行供电，将电离室内的氙离子（Xe$^+$）进行聚束、加速和引出，从而使推力器产生推力[38]。

NEXT 离子推力器 PPU 各功能电源模块的输出参数如表 5.3 所示。其中，屏栅电源直流输出电压高达 1800V，输出功率占到推力器电源功率的 93%，是整个PPU 中最为重要的功能电源模块。

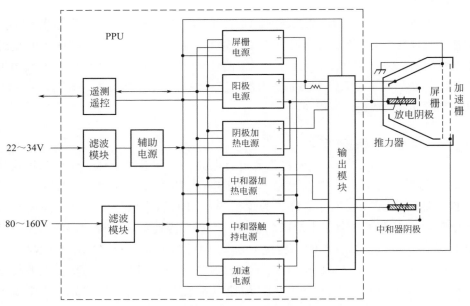

图 5.18　NEXT 离子推力器 PPU 模块组成及电气接口

表 5.3　PPU 功能电源模块输出参数

技术指标	屏栅电源	加速电源	阳极电源	中和器触持电源	阴极加热电源	中和器加热电源
输出电压 /V	275～1800	−525～−115	15～35	8～32	3～24	3～12
输出电流 /A	1.00～3.53	−40～0mA, 0.4 A（100 ms）浪涌	4～24	1～3	3.5～8.5	3.5～8.5
控制模式	电压	电压	电流	电流	电流	电流
点火脉冲			（750±100）V, 10μs, 10Hz, 150V/μs			
负载调整率			2.5%			
输出稳定性			5%			

（2）霍尔推力器 PPU 技术

　　霍尔推力器与前文介绍的离子推力器是目前国际上应用最广泛的两类电推力

器。相比较而言，霍尔推力器结构更为简单，并且不受空间电荷极限效应约束，大功率工况下可以输出较大的推力，在未来各类空间探索任务中应用前景更为广阔。典型的霍尔推力器结构如图 5.19 所示 [39]。中性原子推进剂（通常为氙：Xe）的电离和正离子加速过程主要在由陶瓷套管包裹的环形放电通道内完成。兼具推进剂分配器功能的阳极安装在环形放电通道的封闭端，而作为电子源的阴极则安装在放电通道开口端的外侧。霍尔推力器具体工作原理 [40] 为：推力器工作时，内外磁线圈和磁极将在放电通道内产生强度沿轴向变化（峰值近出口处）、方向主要沿通道半径方向的磁场。磁场强度的大小需保证电子的回旋半径远小于而离子的回旋半径远大于通道长度。在此条件下，电子的优先捕获将在通道内产生与磁场方向正交的轴向电场。轴向电场强度的大小与磁场强度分布有关，其峰值一般在近出口处（对应于磁场强度峰值处），该区域对电子运动的束缚作用也最强。阴极发射的电子会进入放电通道，然后在正交电磁场作用下做周向漂移，形成所谓的霍尔电流。中性原子推进剂从分配器注入环形通道后，将同做漂移运动的电子发生碰撞电离成离子。离子经过电场加速后从通道出口喷出，进而产生推力。

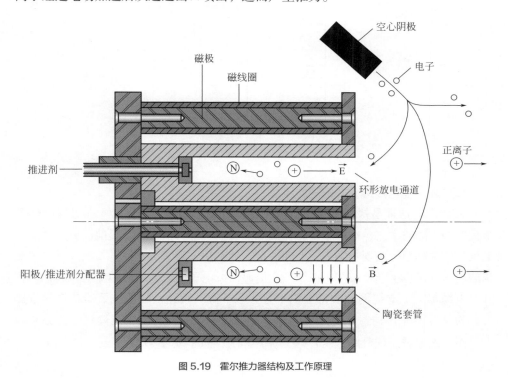

图 5.19　霍尔推力器结构及工作原理

与离子推力器相似，霍尔推力器 PPU 也由多个功能电源模块组成，其典型构成如图 5.20 所示 [41]。内外磁线圈由单独的电源模块进行激励，用来产生所需的磁场，以满足稳定放电要求。在稳定持续放电状态建立之前，需要阴极加热电源和触持电源对阴极进行加热和高压脉冲点火。点火成功之后，阴极触持电源切换成恒流输出模式以维持阴极的持续稳定放电状态。放电电源，又称阳极电源，是整个PPU中最重要的功能模块，提供用于推进剂电离所需的功率和离子加速所需的高压。PPU设计的另一重要方面是放电电源输出滤波器的设计[42]，这主要是为了避免霍尔推力器阳极放电时产生的电流振荡对放电（阳极）电源造成损坏。

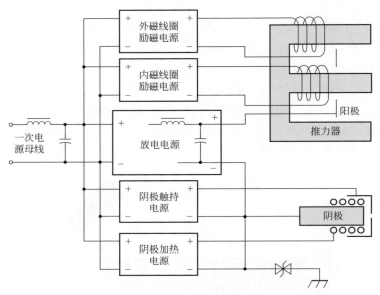

图5.20 霍尔推力器 PPU 功能电源模块组成

（3）大功率电推进 PPU 解决方案

大功率电推进是执行 LEO 至 GEO 轨道间快速转移以及月球、火星探测任务最重要的支撑技术之一。霍尔推力器因具有较高的推力功率比，目前已成为高功率电推进较为理想的实现方案之一。随着推力器电功率需求不断提升，航天器一次电源的功率容量也会随之增加。由于一次电源母线电压的提高会使传输电流成比例下降，电缆损耗或电缆网的质量会以平方关系下降。因此，随着航天器功率容量提升，为降低电能传输损耗和实现电源质量最优化设计，一次电源母线电压势必增大，而一次电源最佳母线电压 V_o 与功率需求 P_r 之间满足下列关系[1]：

$$V_o = 0.025 \times P_r \tag{5.1}$$

例如，电功率需求为 5kW 的航天器，对应的一次电源最佳母线电压为 125V；电功率需求为 15kW 的航天器，对应的一次电源最佳母线电压为 375V。但是母线电压的提高会引起太阳电池阵表面充放电等现象，可能导致器件损毁，对一次电源可靠性设计造成难题。因此，当前我国人造地球卫星所使用的标准母线电压通常低于最佳母线电压。一般来讲，2kW以下卫星平台采用的是28V母线电压；3～5kW卫星平台采用42V（或50V，也有60V）母线电压；6kW以上卫星平台采用100V（或稍高）母线电压[2]。

一次电源母线电压的提高会对PPU的制造带来新的难题。基于当前器件发展水平，缺少耐压等级高（大于250V）、宇航级、抗辐照加固的金属氧化物半导体场效应晶体管（MOSFET）是建造满足高输入电压使用要求的PPU面临的主要技术挑战。在美国宇航局空间技术任务委员会支持下，格伦研究中心[41]早在2011年就已针对采用输入电压为300V的15kW级霍尔推力器PPU开展了技术攻关，当前已形成300V碳化硅（SiC）PPU、300V直接驱动单元（Direct-Drive Unit，DDU）和自平衡串联叠加式（Auto Balancing Series-Stacked，ABSS）阳极（放电）电源等多套具有借鉴意义的技术方案，研制了相应的原理样机，并进行了性能测试评估。

① 300V SiC PPU。

300V SiC PPU主要是指功率占比较大的阳极（放电）电源采用300V高压母线进行供电，而其他小功率电源则采用28V母线进行供电。阳极电源采用图5.21所示的全桥拓扑结构，每个桥壁上开关（S1、S2、S3或S4）由三个工业级1200V/50A SiC MOSFET并联而成。该电源模块输出直流电压范围是300～500V，效率超过96.5%，并在真空环境下完成功能与性能测试验证。

② 300V DDU。

DDU核心设计思想是去除专门的阳极（放电）电源模块，将300V高压母线经可控开关和放电滤波器直接与推力器阳极进行连接，开关闭合后把太阳电池阵的功率直接馈送至霍尔推力器，驱动其放电。300V DDU功能模块组成及电路原理如图5.22所示。相比传统的PPU电路结构，300V DDU能够显著降低系统质量（仅24kg，比300V SiC PPU降低约50%），并能实现更高的效率（＞98%）。但是在该项技术真正应用之前，还存在诸多技术难点亟须突破，如高压太阳电池阵的成功建造、一次电源与推力器之间的可靠隔离以及可实现推力器多模式运行的阴极电流强制分流技术等。

③ ABSS阳极（放电）电源模块。

如前文所述，由于对高压太阳电池阵极其依赖，DDU技术在短期内实现应用还面临较大的技术挑战。虽然采用SiC PPU技术不存在这一约束条件，并且可在更高电压下工作的SiC MOSFET器件的出现也为解决传统MOSFET耐压能力不够的问题提供了极大的可能，但是由于目前缺少宇航级、高工作电压SiC MOSFET器件，导致SiC PPU技术一定时期内仍不能在空间获得应用。曾有工程师提出将多个较低功率的功率变换模块在输入端进行串联叠加用作高输入电压、大功率变换器的解决方案。但如果输入电压不能被均分到每个功率变换模块，将会导致可靠性风险。

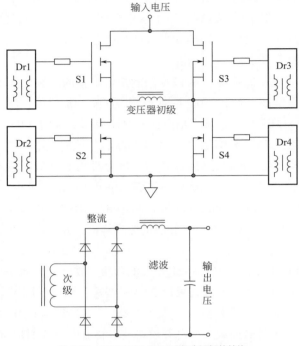

图 5.21　300V SiC PPU 阳极电源拓扑结构

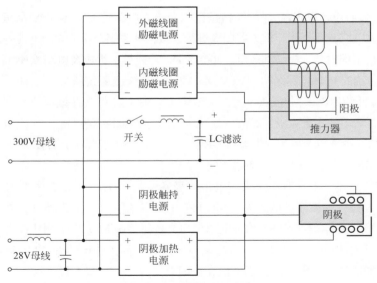

图 5.22　300V DDU 功能电源模块

为了解决高输入电压带来的问题，格伦研究中心提出一种新型功率变换电路，即自平衡串联叠加式（ABSS）变换器。基于此变换器的阳极电源的工作原理如图 5.23 所示。在该拓扑中，输入端有 4 个滤波电容串联，每组较低功率全桥逆变器模块的输入端对应连接一个电容器，每个逆变器模块的工作电压仅为输入电压的 1/4，4 组逆变器的输出端分别与 4 个绕制在同一磁芯上的参数一致的变压器初级线圈相连；在电源输出端，两个全桥整流模块的输入端分别与两组变压器次级线圈连接，输出端进行串联，在实现较高输出电压的情况下，同样降低了对整流二极管的耐压要求。

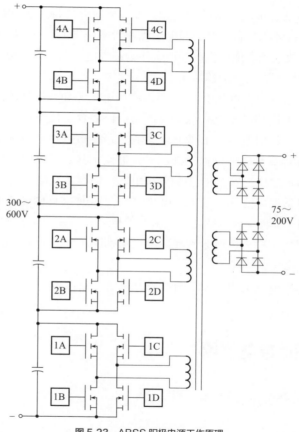

图 5.23 ABSS 阳极电源工作原理

ABSS 阳极电源的优点主要体现在：

a. 降低了开关管和整流管的工作电压要求，使采用低压晶体管可靠地处理高输入电压成为可能；

b. 容易实现模块化，可扩展性强，通过增加全桥变换器或全桥整流模块的数量，能够使电源在更高的输入或输出电压情况下工作；

c. 不需要设计额外复杂的均压电路，采用多组绕制在同一磁芯上的高一致性初级绕组能够实现各变换器模块间的自动均压平衡。

格伦研究中心研制了 4kW 级 ABSS 阳极电源，并对其进行了性能测试和评估。在 300V 和 600V 输入电压、满功率输出时，该电源分别实现了 96.5% 和 95.5% 的高效率。

5.2.4 电化学复合推进电源设计要求

空间电化学复合推进采用脉冲重频工作方式，一个脉冲周期内，由燃料和氧化剂组成的混合气体工质首先会被高电压脉冲击穿，发生气体放电并被点燃，诱发化学燃烧反应；放电和燃烧产生的等离子体会在大电流及其自感应磁场相互作用产生的洛伦兹力作用下进一步加速喷出。

因此，电化学复合推进的 PPU 主要由高压电离源和大电流源两大功能模块组成。电化学复合推进的高压电离源主要用于提供混合工质电离、点火所需的小电流、高电压脉冲，其功能类似于离子和霍尔推力器 PPU 中的点火电源；而大电流源主要是为实现等离子体加速提供低压、大电流，其功能类似于离子推力器 PPU 中的屏栅电源和霍尔推力器 PPU 中的阳极电源。但与传统电推进 PPU 相比，为实现高电离率和显著的电磁加速效果，电化学复合推进 PPU 的高压电离源的输出脉冲电压幅值更高，而大电流源的输出电流幅值更大。另外，为了增大洛伦兹力，可以通过在推力器的阳极外周绕制磁线圈提供附加磁场，而 PPU 中则需要增加磁线圈励磁电源功能模块。

电化学复合推进 PPU 的具体设计将在本书第 7 章中做进一步详细介绍。

5.3　工质储存与供给

5.3.1 化学推进剂储存与供给技术

随着空间化学推力器的不断发展，化学推进剂类型也发生了较大的变化。现阶段，国内外用于航天器轨道转移、姿态控制任务的化学推进方式主要是单组元推进和双组元推进。相应地，化学推进剂也可简单区分为单组元推进剂和双组元推进剂。无水肼（N_2H_4）在催化剂作用下能够发生分解反应，释放出高能热量，理论上可提供高达 2646m/s 的比冲，且自身较为稳定，成为目前近地轨道航天器应用最多的单组元推进剂。与单组元推进剂相比，双组元推进剂是由燃料和氧化剂两部分组成的，通过混合燃烧能够释放出更多的能量。以目前应用最多的绿色四氧化二氮（MON-1）/一甲基肼（MMH）为例，可实现的理论最大比冲高达 2965m/s，使双组元化学推力器的推力和比冲特性都实现了较大提升。无论是无水肼还是四氧化二氮和甲基肼，都具有较强的毒性，加注、存储以及供给等方面可靠性设计要求高，应用会受到一定的限制。另外，随着人类深空探测活动的不断深入，对进一步提升航天器推进系统的性能需求迫切。因此，寻找环境友好、价格低廉、能量更高的新型推进剂也成为空间化学推进领域的研究热点。

典型的双组元推进剂储存与供给系统布局如图 5.24 所示 [43]。燃烧剂和氧化剂分别储存在两个单独的储箱内，气瓶用于充注高压氦气，减压器用于调节储箱入口压力。另外，整个储存与供给系统还包括各类阀门、推进剂过滤器和热控系统。在远地点变轨发动机和姿控推力器工作期间，气瓶内氦气会通过减压器注入推进剂储箱，引起储箱内部压力上升，使推进剂排出。

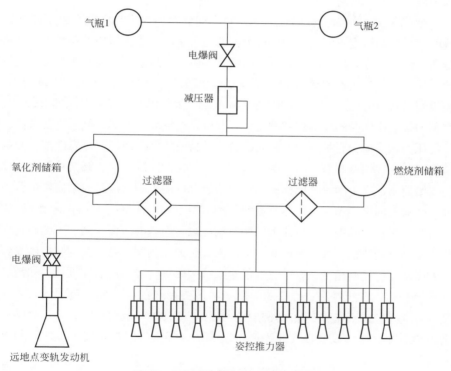

图 5.24　双组元推进剂储存与供给系统布局

双组元推进的储存与供给系统对热控有严格的要求。以"东三"卫星平台为例，热控主要包括高压氦气瓶（-20 ~ 80℃）、储箱（0 ~ 45℃，两储箱温差不超过 5℃）和管路（气路：-20 ～ 45℃，推进剂管路：0 ～ 50℃）等几个方面，具体措施主要包括：通过薄膜型加热片加热控温、包覆多层隔热（Multilayer Insulation，MLI）组件以及加装隔热垫减少与星体的热传导等。

5.3.2　电推进工质储存与供给技术

当前，已发展起来的和在空间获得应用的电推进种类远远超过化学推进。同样地，电推进可使用的工质类型范围也更广，既有液体工质，也有固体工质和气体工质。卫星早期应用的电阻加热式和电弧加热式推力器采用最多的是液态肼推进剂，一般与化学推进共用肼储箱。当前应用最多的两种推力器，即离子推力器和霍尔推力器，最理想的工质为惰性气体氙气（Xe）。另外，也有一些电推进类型可以采用固体工质，如脉冲等离子体推力器采用聚四氟乙烯作为工质，部分磁等离子体推力器采用金属锂作为工质等。随着电推进在空间应用越来越多，工质储存与供给技术也成为研究重点之一。

以氙气为例，作为一种惰性气体，在空间储存相对容易实现。由于氙气供给系统的流量控制精度不但会影响电推力器的推力精度，还会影响其在轨工作可靠性和寿命，因此，为实现较高的流量控制精度，氙气供给系统的设计尤为关键。氙气供给系统主要由压力控制模块和流量控制模块两部分组成。按照控制部件的不同，压力控制模块可分为采用减压阀的机械减压型、采用串联电磁开关阀的 Bang-Bang 控制型和采用比例阀的比例控制型三种。其中，机械减压型对控制系统要求低，但其下游压力无法调节且响应慢；Bang-Bang 控制型的鲁棒性好、可靠性高，但压力调节精度低；比例控制型的压力调节精度高，但比例阀的死区、蠕变特性及持续发热问题给控制带来了困难。同样地，按照节流部件的不同，流量控制模块可分为采用固定节流的温度调节型（即热节流型）和恒温下利用比例阀的变节流型（即变结构节流型）两种。其中，热节流型的调节精度高，但其响应慢、调节范围小；变结构节流型流量调节范围大、响应快，但前面提到的比例阀问题使其控制精度受到影响。为保证流量控制精度，整个氙气供给系统需要进行专门的热控设计，如为避免氙气液化和瓶内气压过高，氙气瓶温度一般需要控制在 0 ～ 50℃范围内，采取的热控措施主要包括：通过安装隔热垫减少瓶体与星体之间的热传导，采用表贴薄膜型电加热器加热瓶体以及在气瓶表面包覆 MLI，降低气瓶与四周环境之间的辐射热交换等。

国外上述三种氙气供给压力控制技术已经相对比较成熟，已发射的电推进氙气供给系统种类繁多。相比之下，我国目前还缺少可在高轨通信卫星上使用的机械减压式氙气供给系统，并且比例氙气供给系统还不成熟，目前尚采用一级 Bang-

Bang 减压和二级比例减压的混合压力控制模式，体积和质量大。总体来讲，我国的电推进氙气供给技术与国外航天强国相比存在一定的差距。

5.3.3 低温推进剂长期在轨储存技术

低温推进剂，如液氢、液氧和液态甲烷等，由于其比冲高、无毒、无污染，是进入空间及轨道转移最经济、效率最高的化学推进剂，也是未来月球探测、火星探测及更远距离的深空探测的首选推进剂。不论是远程载人飞行还是建立空间站、中继站，都对低温推进剂提出了需求。因此，低温推进剂长期在轨存储与管理技术是未来航天任务发展的重要支撑技术之一。

低温推进剂沸点低（常压下，液氢沸点约 -253℃，液氧沸点约 -183℃，液态甲烷沸点约 -163℃），空间恶劣的热环境和微重力环境会造成推进剂大量蒸发损耗及漂浮，形成气液两相流，对低温推进剂长期在轨储存造成极大的技术挑战。

早在 20 世纪 60 年代，美国 NASA 内部马歇尔空间飞行中心、格林研究中心、艾姆斯研究中心、戈达空间飞行中心以及洛克希德·马丁公司、波音公司、中央佛罗里达大学太阳能研究中心等机构已针对低温推进剂长期在轨储存技术进行了研究。经过数十年的探索，提出了多种科学的解决方案，积累了大量宝贵的经验和技术数据。总体来讲，解决低温推进剂长期在轨储存问题主要借助被动热防护技术和主动热转移技术相结合的方式。其中，被动热防护技术主要包括多层绝热技术、蒸汽冷却屏技术（Vapor Cooled Shields，VCS）、流体混合技术（Fluid Mixing System，FLS）和热力学排放技术（Thermodynamic Vent System，TVS）；而主动热转移技术主要采用零蒸发损耗存储技术（Zero Boil-Off，ZBO）。

低温推进剂在轨储存与管理的具体设计主要取决于任务类型，不同周期空间任务需要采用主被动相结合的不同储存与管理方式[44]。

① 针对 3 个月以下的短期探测任务，一般采用"复合 MLI+VCS"的被动绝热方式。系统主要由低温储箱、泡沫层、变密度多层绝热层（Variable-Density Multilayer Insulation，VD-MLI）、高效低温隔热支撑、蒸汽冷却屏等组成，其剖面布局如图 5.25 所示。当低温储箱内液体受热蒸发时，低温蒸汽流会经包围储箱外壁的蒸汽冷却屏后再排放到空间，同时蒸汽冷却屏利用储箱内蒸发的冷蒸汽对储箱壁进行冷却，从而降低储箱内外温差减小复合多层材料的漏热，进而降低低温推进剂的蒸发量。

② 针对 3 ～ 6 个月的中期探测任务，除了复合 MLI 和 VCS 外，还需增加 TVS 装置。系统主要由焦耳 - 汤姆逊节流膨胀阀（又称 J-T 阀）、换热器、低温泵等组成，其剖面布局如图 5.26 所示。低温储箱内的低温液体由泵抽出进入 J-T 阀

膨胀后形成温度和压力降低的两相流，该两相流导入与储箱内液池或储箱壁连通的热交换器，温度较高的液池或储箱壁热量通过热交换器转移到两相流中，使其全部变为蒸汽，让 TVS 排出的气体经过 VCS，经过适当的设计，可以降低低温储箱的漏热量。

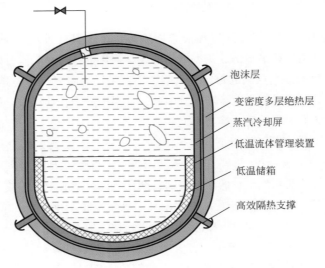

泡沫层
变密度多层绝热层
蒸汽冷却屏
低温流体管理装置
低温储箱
高效隔热支撑

图 5.25 "复合 MLI+VCS" 示意图

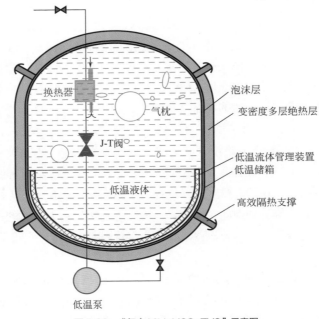

换热器
气枕
J-T阀
泡沫层
变密度多层绝热层
低温流体管理装置
低温储箱
低温液体
高效隔热支撑
低温泵

图 5.26 "复合 MLI+VCS+TVS" 示意图

③ 针对 6 个月到 1 年的中长期探测任务，需要采用"主动制冷 + 复合 MLI+ 流体混合"相结合的方式。系统由低温储箱、低温制冷机、高效导热元件、复合 MLI、高效隔热支撑和低温泵等组成，其剖面布局如图 5.27 所示。飞行器在轨飞行阶段，由于外界环境热量的进入，低温推进剂受热蒸发，储箱内压力升高。当储箱内压力升至某一值时，开启低温制冷机，产生的冷量通过高热导热元件传递至低温流体，低温流体产生三种变化：a. 在气枕范围内，将蒸发的气体冷凝成饱和液体；b. 气液界面处，发生冷凝现象；c. 在部分低温液体内部，会使饱和液体过冷。同时，低温泵抽取一部分低温液体，注入低温储箱内部，对储箱内的低温流体进行强迫对流换热，同时破坏低温流体在储箱内壁面的液体边界层，使得储箱内液体温度相对均匀，从而达到控制低温液体蒸发量的目的。

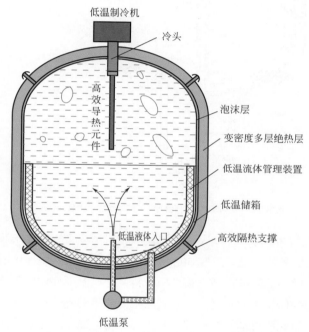

图 5.27　"主动制冷 + 复合 MLI+ 流体混合"示意图

④ 针对 1 年以上的长期探测任务，需要采用"主动制冷 + 复合 MLI+ 流体混合 +TVS"相结合的方式。系统由低温制冷机、J-T 阀、低温泵、喷雾棒换热器、复合 MLI、高效隔热支撑等部件组成，其剖面布局如图 5.28 所示。系统运行时，低温液体进入压力控制管路，低温制冷机将低温液体过冷，低温泵将过冷液体抽向喷雾棒换热器，通过喷雾棒将低温液体呈放射状喷入储箱内部，从而抑制储箱内液体的热分层，降低储箱压力。当持续几天到数周之后，通过流体混合不能满足压力

控制需要时，一部分低温液体被送到 J-T 阀，变成低温低压的两相流体，经过喷雾棒热交换器，变成气体被排出储箱外部，从而达到有效消除液体热分层和控制储箱压力的目的，最终降低低温液体蒸发量。

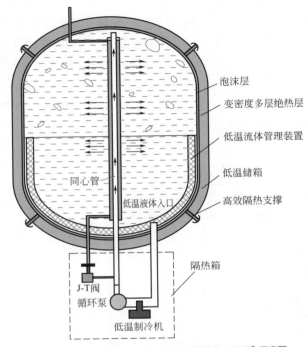

图 5.28 "主动制冷 + 复合 MLI+ 流体混合 +TVS"示意图

国内的低温推进剂储存技术，尤其是在轨长期储存方面的技术实力，与美国相比还存在不小的差距。航天五院 502 所和 510 所、航天六院 801 所、航天一院以及一些大学对空间用低温推进剂储存结构材料选择、温度梯度引起的热应力、低温推进剂沸腾引起的储箱压力升高、低温表面张力储箱的隔热等方面进行了可行性探索，但所取得的研究成果都停留在理论和机理分析层面，与工程应用具有较大的差距。为保障我国载人深空探测活动的顺利开展，进一步提升我国的航天技术实力，针对低温推进剂长期在轨储存与管理技术的研究已势在必行。

5.3.4 基于水电解技术的在轨工质供给方案

空间电化学复合推力器的工质由燃料和氧化剂两部分组成。在所有的燃料和氧化剂组合中，以氢气（H_2）和氧气（O_2）的组合热力学效率较高。因此，上述工质组合也将成为空间电化学复合推力器的首选，以实现高化学比冲，进而最大限度地节约电能。地面常用的压缩储气方式在空间已不再适用，原因在于：

首先，压缩储气是将气体加压并储存在高压容器中。由于气体密度很低，压缩储气效率不高，将导致储箱体积很大，并且为保证耐压要求，工质储箱必须具有一定的厚度，造成质量较大。

其次，由于氢气活性很强，并且卫星发射过程中会伴随剧烈的振动以及在轨运行期间会面临复杂多变的空间环境，以压缩储气方式储存氢气安全系数较低。

除了传统的压缩储气方式以外，液化储气方式，即前文所述的低温推进剂储存方式，虽然成本相比于压缩储气方式要高得多，但其能量密度却很高，可以显著缩小储箱体积，所以常被应用于航空、航天以及军事领域中。复合推力器所需的氢气和氧气工质可以以液氢和液氧的形式进行储存，供推力器使用时再经过简单的加热处理使其转变成气体工质。可以说，低温推进剂长期在轨储存技术的发展将成为电化学复合推力器空间应用的一大助力。但从国内低温推进剂长期在轨储存技术的发展现状来看，该技术待攻关核心技术还有很多，距离工程应用还有较大的差距，短期内实现空间应用的难度非常大。

针对低温推进剂短期内难以在轨获得应用的问题，这里介绍一种简单设计的氢氧工质在轨获取、储存与供给系统。该系统所包含的功能模块包括工质产生模块、工质储存模块、工质利用模块、供给控制模块等，如图 5.29 所示。供给控制模块用于接收地面遥控指令，将与气罐连接的压力传感器信号传送至地面，并根据遥控指令对水电解电源、气体压缩机、减压器、储气和供气电动阀、质量流量计等进行控制和调节。工质产生模块用于根据指令启动和终止水工质电解，并将电解所得气体工质压缩后输送至工质储存模块。工质储存模块用于对气体工质进行存储，测量压缩后气体工质的储存气罐内压力数据，并将该数据返送至供给控制模块。工质利用模块用于将储存在气罐内的气体工质输送至外部推力器。

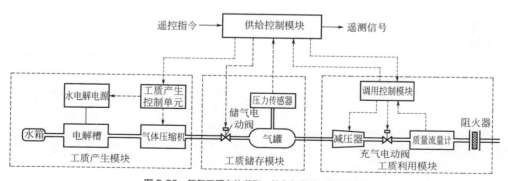

图 5.29　氢氧工质在轨获取、储存与供给系统示意图

这种氢氧工质在轨获取、储存与供给方法并不是直接将氢氧（气体或低温液体）工质直接储存并利用，而是直接储存水，相比之下，在轨储存难度大幅降低。另外，在推力器工作间隙，将储存的水工质进行电解，只需产生可满足单次任务需求量的氢氧工质即可，航天器不需要携带容积太大的气罐。

该方法在轨实施步骤具体如下：

① 执行机动任务前，地面测控人员根据任务类型首先确定工质需求量。具体确定依据为：

$$\frac{M_f}{M_p} = e^{-\Delta v/(gI_{sp})} - 1 \tag{5.2}$$

式中，M_f 为航天器净质量（不含工质），M_p 为工质需求量，Δv 为任务速度增量，g 为重力加速度，I_{sp} 为推力器混合物比冲。

② 地面控制系统将工质需求量传送至工质供给控制模块。控制模块根据工质需求将水电解电源、气体压缩机和储气电动阀使能，启动水电解和气体压缩，并将产生的氢氧工质储存在气罐中。同时，压力传感器实时监测工质产量，当工质产量达到工质需求量后，控制模块关闭水电解电源、气体压缩机和储气电动阀。

③ 当供给控制模块接收到任务开始地面遥控指令后，设定减压器和质量流量计的参数并打开供气电动阀，开始向推力器输送工质。

④ 当供给控制模块接收到任务结束地面遥控指令后，关闭供气电动阀，停止向推力器输送工质。

上述方案在解决电化学复合推进工质在轨储存与供给问题上具有一定的可行性，但能否实现应用还取决于高效的水电解技术、高效的压缩储气技术、精确的流量控制技术等几个方面。

参考文献

[1] Patel M R. Spacecraft Power Systems [M]. Boca Raton：CRC Press，2004，3：40-50，53-57.

[2] 李国欣. 航天器电源系统技术概论 [M]. 北京：中国宇航出版社，2008，9：150-151，368-372，446-449，1096-1099.

[3] Zhao J H，Wang A，Green M A. 24.7% Effient PERL Silicon Solar Cells and Other High Effiency Solar Cell and Module Research at the University of New South Wales [C]. ISES Solar World Congress，Jerusalem，Israel，1999.

[4] Schultz O，Gluz S，Goleschmidt T，et al. Thermal Oxidation Process for High-efficiency Multicrystalline Silicon Solar Cells [C]. The 19th European Photovoltaic Solar Energy Conference，Paris，2004：604-607.

[5] 向贤碧，廖显伯. 砷化镓基系 III - V 族化合物半导体太阳电池的发展和应用（2）[J].

太阳能，2015（07）：20-21.

[6] Dimroth F，Schubert U，Bett A W，et al．Next generation GaInP/GaInAs/Ge multi-junctionspace solar cells［C］．Proceedings of 17th Photovoltaic European Conference，Munich，2001．

[7] Kasap S．Optoelectronics and Photonics：Principles and Practices［M］．New York：Prentice Hall，2001：96-98．

[8] 向贤碧，廖显伯．砷化镓基系Ⅲ-Ⅴ族化合物半导体太阳电池的发展和应用（3）［J］．太阳能，2015（08）：13-14.

[9] 向贤碧，廖显伯．砷化镓基系Ⅲ-Ⅴ族化合物半导体太阳电池的发展和应用（4）［J］．太阳能，2015（09）：18.

[10] Andreev V M．高效聚光Ⅲ-Ⅴ族太阳电池的研究［C］．中国科学院半导体所学术讨论会，北京，2005.

[11] 向贤碧，廖显伯．砷化镓基系Ⅲ-Ⅴ族化合物半导体太阳电池的发展和应用（5）［J］．太阳能，2015（10）：15-16.

[12] Cavicehi B T，Karam N H，Haddad M，et al．Multilayer Semiconductor Structure with Phosphide-Passivated Germanium Substrate［P］．US，EP00941106.7，2007.

[13] King R R，Fetzer C M，Colter P C，et al．High-efficiency Space and Terrestrial Multijunction Solar Cells Through Bandgap Control in Cell Structures［C］．Proceeding of the 29th PVSC，New Orleans，2002.

[14] Kurtz S R，Myers D，Olson J M．Projected Performance of Three and Four Junction Devices Using GaAs and GaInP［C］．Proceedings of 26th PVSC，Anaheim，CA，1997.

[15] Killg R R，Boca A，Hong W，et al．Band-gap-engineered ArchitectIlres for High-efficiency Multifunction Concentrator Solar Cells［C］．24th European PhotoVoltaic Solar Energy Conference and Exhibition，Hamburg，2009：55-61.

[16] Karam N．Advancements in High Efficiency Multi-junction Solar Cells for Low-cost Power Generation［C］．WCPEC-6，Kyoto，2014.

[17] Geisz J F，Friedman D J，Ward J S，et al．40.8% Efficient Inverted Triple-junction Solar Cell with Two Independently Metamorphic Junctions［J］．Applied Physics Letters，2008，93（12）：123505.

[18] Guter W，Schone J，Philipps S P，et al．Current-matched Triple-junction Solar Cell Reaching 41.1% Conversion Efficiency under Concentrated Sunlight［J］．Applied Physics Letters，2009，94（22）：223504.

[19] 向贤碧，廖显伯．砷化镓基系Ⅲ-Ⅴ族化合物半导体太阳电池的发展和应用（7）［J］．太阳能，2015（12）：18.

[20] Tibbits T N D，Beutel P，Grave M，et al．New Efficiency Frontiers with Wafer-Bonded Multi-junction Solar Cells［C］．29th European PV Solar Energy Conference and Exhibition，Amsterdam，2014.

[21] 涂洁磊，张忠卫．GaInP/（In）GaAs/Ge 三结叠层太阳电池光电流的改进［C］．第八届全国光伏会议暨中日光伏论坛，深圳，2004.

[22] 林桂江．聚光高效多结太阳电池的研究进展和市场化情况［C］．中国化学与物理电源行业协会太阳能光伏分会第三届学术研讨会，上海，2014.

［23］姜伟，张永，王向武，等. 高效率倒装聚光三结太阳电池［C］. 第十四届中国光伏大会（CPVC 14），北京，2014.

［24］向贤碧，廖显伯. 砷化镓基系Ⅲ - Ⅴ族化合物半导体太阳电池的发展和应用（9）［J］. 太阳能，2016（02）：12-13.

［25］Youtsey C，Adams J，Chan R，et al. Epitaxial Lift-off of Large-area GaAs Thin-film Multi-junction Solar Cells［C］. Proc. of the CS MANNTECH Conference，Boston，2012.

［26］朱忻. 高效柔性薄膜砷化镓太阳能电池产业化［C］. 中国化学与物理电源行业协会太阳能光伏分会第三届学术研讨会，上海，2014.

［27］孙强，姜明序，刘如彬，等. 柔性高效薄膜砷化镓太阳电池研究［C］. 第 15 届中国光伏学术年会（CPVC15），北京，2015.

［28］中国可再生能源学会光伏专业委员会. 2017 年我国光伏技术发展报告（4）［R］. 太阳能，2018.

［29］Pinero L R，Hopson M，Todd P C，et al. Performance of the NEXT Engineering Model Power Processing Unit［C］. The 43rd AIAA Joint Propulsion Conference，Cincinnati，Ohio，2007.

［30］李峰，康庆，邢杰，等. 大功率电推进电源处理单元技术［J］. 北京航空航天大学学报，2016，42（8）：1575-1581.

［31］杨紫光，叶芳，郭航，等. 航天电源技术研究进展［J］. 化工进展，2012，31（6）：1231-1237.

［32］罗广求，罗萍. 空间锂离子蓄电池应用研究现状与展望［J］. 电源技术，2017，41（10）：1501-1504.

［33］马世俊，韩国经，李文滋，等. 卫星电源技术［M］. 北京：中国宇航出版社，2005：188-191.

［34］赵国伟，韩献堂. 高轨大功率卫星电源系统的 MPPT 技术［J］. 电源技术，2016，40（8）：1675-1678.

［35］郭显鑫，郭祖佑，王卫国. 空间电源功率调节技术综述［J］. 上海航天，2010，3：30-39.

［36］杨波，焦云华. 空间电源系统关键技术分析［J］. 导航定位与授时，2015，2（3）：114-119.

［37］Patterson M J，Benson S W. NEXT Ion Propulsion System Development Status and Performance［C］. The 43rd AIAA/ASME/SAE/ASEE Joint Propulsion Conference & Exhibit，Cincinnati，Ohio，2007.

［38］王少宁，王卫国. 适用于 30cm 离子推力器的 5kW 电源处理单元设计［J］. 航天器工程，2013，22（5）：74-79.

［39］Lee T D. A Small Modular Laboratory Hall Effect Thruster［D］. Irvine：The University of California，2014：3-4.

［40］于达人，刘辉，丁永杰，等. 空间电推进原理［M］. 哈尔滨：哈尔滨工业大学出版社，2014，3：185.

［41］Pinero L R，Bozak K E，Santiago W，et al. Development of High-Power Hall Thruster Power Processing Units at NASA GRC［R］. American Institute of Aeronautics and Astronautics，2015：1-12.

［42］王少宁，陈昶文，张保平，等. 霍尔电推进系统数字化电源处理单元设计［J］. 航天器工程，2016，25（5）：69-73.

［43］彭芝生. 双组元推进分系统主要部件的热控设计［C］. 第五届空间热物理会议，2000：86-91.

［44］王丽红，冶文莲，王田刚，等. 低温推进剂长期在轨存储技术方案分析及研究［C］. 第十二届全国低温工程大会，2015，08：497-503.

第 **6** 章

复合加速腔设计

在推力器所有功能模块中，复合加速腔结构设计是实现混合工质爆震燃烧状态和高效电离加速的决定因素之一。虽然空间电化学复合推进技术路线可以认为是主要基于脉冲爆震发动机和磁等离子体推力器的设计思想而提出的，但其工作机理与其中任何一种推进技术相比又存在显著差异，复合加速腔的设计方法也必然不同。电化学复合推进作为一种新型推进技术，当前由于缺乏深入的理论和实验研究，尚未形成成熟的设计理论和性能预测模型。在开展原理验证样机研发时，主要参考脉冲爆震发动机和磁等离子体推力器的相关设计理论，对复合加速腔结构合理性进行粗略评估。本章内容将详细介绍针对复合加速腔的技术探索情况。

6.1　总体设计

6.1.1　设计要求

顾名思义，空间电化学复合推进显然针对的是空间应用环境。地面原理验证样机总体设计指标是：平均推力≥50N，真空下混合物比冲≥1000s，脉冲重复频率≥50Hz。

根据传统电推进计算方法，推力与比冲的关系满足 [1]：

$$T = -\mu \frac{\mathrm{d}M}{\mathrm{d}t} = \mu \dot{M} = I_{sp} g \dot{M} \tag{6.1}$$

式中，T 为平均推力，μ 为工质出口速度，$\dot{M}$ 为工质秒耗量，I_{sp} 为混合物比冲，g 为当地引力加速度。可以看出，推进系统产生的推力与工质出口喷射速度和质量流量有关，而比冲则取决于推进系统的喷流速度以及当地的引力加速度，直接反映了执行特定机动任务时推进系统对推进剂的消耗情况。根据总体设计指标，可以计算出工质秒耗量约为 5g/s，对工质出口喷射速度设计要求约为 10^4m/s。由于电化学复合推进采用高频间歇模式工作，工作频率为 50Hz 时对应的单个脉冲进气量为 0.1g。如果氢氧混合工质按照化学当量比组成，单个脉冲氢气质量约为 0.011g，氧气质量约为 0.089g。

由于电化学复合推进的工质加速过程主要包括热力学化学加速和电磁加速两种，工质喷射动能则由氢氧燃烧反应释放的化学能和电源提供的电能转化而来。根据能量守恒定律，在特定的推力和比冲指标约束下，化学加速过程提供的比冲越高，越有助于节省电能消耗。因此，在化学加速过程中实现热力学效率较高的爆震燃烧状态是电化学复合推进设计的关键。

对于整个推力器系统，爆震燃烧状态能否形成很大程度上取决于复合加速腔的结构设计。根据以往的理论计算和实验测试结果，氢氧脉冲爆震发动机的真空混合物比冲能够接近 500s。这就意味着在电化学复合推进中爆震燃烧化学加速能够提供接近一半的推力。在特定工质流量条件下，达到上述能力还需要通过合理的加速腔结构设计来实现。

6.1.2　总体结构方案

电化学复合推进工作期间，加速腔中将发生混合可燃工质的瞬态等离子体点火、爆燃向爆震的发展和等离子体电磁加速等主要作用进程。因此，复合加速腔既要包含连接电源、支持高电压点火和大电流加速进程的电极结构，又要具备一定的容积和长度，为燃烧的充分发展提供物理尺寸条件。

复合加速腔由固定座、陶瓷垫片、工质进气口、阳极筒、阴极杆、紧固螺栓以及尾喷管等部组件组成，具体结构如图 6.1 所示。整个加速腔呈一端封闭、一

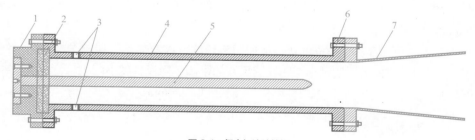

图 6.1　复合加速腔结构

1—固定座；2—陶瓷垫片；3—工质进气口；4—阳极筒；5—阴极杆；6—紧固螺栓；7—尾喷管

端开口的圆筒形状，前端封闭端形成推力壁。燃料和氧化剂进气口在阳极筒前端呈对称分布。尾喷管安装于阳极筒出口端，由紧固螺栓固定。阴极杆固定在前端固定座，并需要与阳极筒同轴安装。阳极、阴极和尾喷管皆采用金属导电材料；固定座和陶瓷垫片则选用绝缘材料，其尺寸设计应满足高电压绝缘要求。

6.2 阳极外筒

在复合加速腔所有部组件中，阳极外筒的设计对燃烧进程的影响尤为显著，主要参照多循环脉冲爆震发动机的设计理论实现。

阳极外筒的基本尺寸主要包括长度 L 和内径 d 两个参数。对于传统的脉冲爆震发动机，这两个参数与发动机平均推力存在以下关系[2]：

$$F_{avg} = I_V V f = I_V \frac{\pi d^2}{4} f L \qquad (6.2)$$

式中，I_V 为单位体积冲量，V 为燃烧室容积，f 为工作频率。

本节也将利用这一关系式对电化学复合推进中化学推进部分达到的性能进行估算。

6.2.1 理论计算

（1）长度确定

为了使复合推力器中的燃烧程度发展达到爆震状态，阳极几何尺寸必须满足一定的条件。首先，阳极长度 L 必须大于 DDT 距离 L_{DDT}[3]，即：

$$L > L_{DDT} \qquad (6.3)$$

式中，L_{DDT} 又与爆震波胞格尺寸 λ 有关，关系一般满足 $L_{DDT} \geqslant 10\lambda$。对于以氢气为燃料、以氧气为氧化剂的爆震燃烧，地面大气条件下其爆震波胞格尺寸约为 30mm[4]，因此 $L_{DDT} \geqslant 300mm$。

由式（6.2）描述的关系可知，增加阳极长度可以增加推力器的平均推力，但实际应用中受到推力器质量和实际安装尺寸的限制，阳极长度不能太长，一般要求不超过 2m。在实验验证样机中，阳极外筒长度取 450mm。

（2）内径确定

除了对加速腔长度的要求外，阳极产生爆震波还受到临界直径的限制。当阳极的直径小于临界直径时，就不能形成爆震。因此，阳极内径必须大于一定的数值[3]，即：

$$d \geqslant \lambda / \pi \tag{6.4}$$

对于地面大气条件下以氢气为燃料、以氧气为氧化剂的爆震燃烧，有 $d \geqslant \lambda / \pi \approx 9.6\text{mm}$。虽然推力器的平均推力与阳极内径的平方成正比，但阳极内径也不能过大，否则需要很大的点火能量和一套复杂的点火系统，不利于整个系统的小型化，难以满足空间使用要求。考虑实际需要，选取阳极的内径范围是：$200\text{mm} \geqslant d \geqslant 9.6\text{mm}$。这里，阳极筒内径取 30mm。

(3) 设计性能核算

① 发动机循环频率。

由式（6.2）可知，对于多循环模式运行的脉冲爆震发动机，在工质流量、加速腔尺寸、点火能量等条件一定时，循环频率越高，所能实现的平均推力越大。最大循环频率 $f_{\max}$ 与最小循环时间 t_{cycle} 呈倒数关系，而最小循环时间是由隔离气体的吹除时间 t_{purge}、可爆混合物填充时间 t_{fill}、点火及爆震波传播时间 t_{det} 以及燃烧产物膨胀排气时间 t_{rare} 等组成的。其中，可爆混合物填充时间满足：

$$t_{\text{fill}} = L / v_{\text{fill}}$$

式中，v_{fill} 是填充速度。点火及爆震波传播时间满足：

$$t_{\text{det}} = L / u_{\text{CJ}}$$

式中，u_{CJ} 是爆震波传播速度。

经过数十年的数值模拟和实验研究，目前对多循环脉冲爆震发动机一个脉冲周期内各时间尺度关系的认识已经十分清晰，并形成一些经验公式。例如，在燃烧产物膨胀排气时间的确定上，认为约为爆震波传播时间的 9 倍，即 $t_{\text{rare}} = 9L / u_{\text{CJ}}$；当隔离气体填充长度为整个爆震管长度的一半时，认为隔离气体的填充速度等于可爆混合物的填充速度。此时，隔离气体的吹扫时间满足 $t_{\text{purge}} = L / 2v_{\text{fill}}$。

综合以上关系，最大循环频率可以表示为：

$$f_{\max} = \frac{1}{L} \times \frac{1}{\dfrac{3}{2v_{\text{fill}}} + \dfrac{10}{u_{\text{CJ}}}} \tag{6.5}$$

对于长度为 450mm、内径为 30mm 的圆筒，室温下（T=300K）填充 0.011g 氢气和 0.089g 氧气后，初始压力约为 61kPa。根据理论计算结果，对应的爆震波传播速度约为 2810m/s。考虑到实际应用时气体的填充速度控制在 50 ~ 100m/s 范围内，则由式（6.5）计算出的最大循环频率为 66 ~ 120Hz，满足循环频率设计需求。

② 平均推力。

在燃料和氧化剂供给量一定时，发动机的性能与喷管面积比、填充压力、环境压力以及燃烧室密度比等参数都有着重要的关系。不带喷管情况下的直筒型脉冲爆震发动机，爆震燃烧状态对应的状态参量可以利用 CEA 程序 [5,6] 计算完成。所谓的 CEA（Chemical Equilibrium with Applications，意为"面向应用的化学平衡"）程序是 NASA Lewis 研究中心开发的化学平衡计算机程序，其原型诞生于 20 世纪 60 年代。50 多年来，该程序经过多次改进，目前已经具备十分丰富的功能，主要可以解决以下几类问题：

a. 给定一个热力学参数，计算此状态下的化学平衡组分。该热力学状态是通过给出两个状态函数的值来给定的，具体来说，可以是下列几种情况的一种：温度和压强，焓和压强，熵和压强，温度和比容，内能和比容，熵和比容。

b. 计算火箭发动机的理论性能。

c. 解决 Chapman-Jouguet 爆燃问题。

d. 解决激波问题。

在现有尺寸和不同填充条件下，采用 CEA 程序中的 Chapman-Jouguet 功能模块计算得到的爆震燃烧状态参数如表 6.1 所示。采用化学当量比填充时，爆震波速达到 2810.3m/s。

表 6.1　不同填充条件下氢氧爆震燃烧状态参数

氢氧质量比	填充压力 / atm	初始温度 / K	爆震压力 / atm	燃烧室温度 / K	爆震波速 / （m/s）
1:8	0.6116	300	11.51	3584.09	2810.3
1:6	0.7208	300	13.63	3585.79	3051.4
1:4	0.9174	300	16.73	3422.85	3390.4

采用化学当量比的氢气和氧气注入阳极筒，初始压力为 61kPa 时，由理论计算得出单位体积冲量约为 485kg/（m²·s）。由式（6.2）可知，不带喷管情况下，循环频率取 50Hz 时能实现的平均推力约为 7.7N。

推力器加装喷管后，理论上能够减少一部分能量损失，从而提升性能。带喷管结果的脉冲爆震发动机性能可以近似采用 CEA 程序中的火箭发动机功能模块进行估算，相关计算结果将在本章 6.3 节做进一步介绍。

③ 结构强度。

电化学复合推进工作时，爆震燃烧过程中会在腔内形成高温、高压气体，阳极圆筒壁上将承受较大的应力。因此，阳极外筒结构材料的选择以及壁厚的设计需要满足耐久性和安全性要求。

实验中使用的阳极外筒几何尺寸为：内外直径分别为 30mm/36mm，长度为 450mm。材料选用 304 不锈钢，其性能参数为：密度 $\rho=7.93\mathrm{g/cm^3}$；拉伸屈服极限 $\sigma_s=310\mathrm{MPa}$；抗拉强度 $\sigma_b=520\mathrm{MPa}$；伸长率 $\sigma_5(\%)\geqslant 40$；断面收缩率 $\psi(\%)\geqslant 60$。

对于只有内压的厚壁圆筒，其应力计算公式为：

$$\begin{cases} \sigma_r = -\dfrac{P_1 a^2}{b^2-a^2}\left(\dfrac{b^2}{r^2}-1\right) \\[3mm] \sigma_\theta = \dfrac{P_1 a^2}{b^2-a^2}\left(\dfrac{b^2}{r^2}+1\right) \end{cases} \tag{6.6}$$

式中，σ_r 为径向应力；σ_θ 为周向应力；a、b 分别为圆筒内外径；r 为中心至管壁上的任意距离；P_1 为管内压力。

根据第三强度理论，材料在复杂应力状态下承受的最大剪应力达到在简单拉伸或压缩屈服的最大剪应力时将遭到破坏。强度条件需要满足：

$$\sigma_1 - \sigma_3 = \sigma_s \leqslant [\sigma] \tag{6.7}$$

式中，σ_s 为材料的屈服极限，$[\sigma]$ 为材料的许用应力；σ_1、σ_3 分别为材料在复杂应力状态下的最大主应力和最小主应力，这里以式（6.6）中的 σ_θ 和 σ_r 分别代替，并令 $r=a$，则结合式（6.7）可进一步得到第三强度理论对应压力 σ_{rs} 与圆筒内壁开始出现塑性变形时的内压力 P 的对应关系：

$$\frac{2Pb^2}{b^2-a^2} = \sigma_{rs} \leqslant [\sigma] \tag{6.8}$$

304 不锈钢材料常温下的许用压力取 137MPa。代入式（6.8）可得：

$$\sigma_{rs} = \frac{2\times P\times 18^2}{18^2-15^2} \leqslant 137\times 10^6 \tag{6.9}$$

则计算得到圆筒所能承受的最大压力应满足 $P\leqslant 20\mathrm{MPa}$。

在实验填充条件下，氢氧爆震燃烧压力可由 CEA 程序进行理论预测，约为 1.5MPa，远低于 20 MPa 上限。因此，阳极外筒的结构强度和安全性裕量完全满足设计要求。

6.2.2 结构设计

阳极外筒三维结构如图 6.2 所示，前后两端设计有法兰结构，用于推力壁和尾喷管的连接。在前端法兰外周设计有三个进气口，分别用于氢气、氧气和氮气加注。进气口直径均为 10 mm，且保证进气方向与周向中心线垂直。其中，氢气和氧气进气方向呈对称分布，氮气进气方向与氢、氧进气方向垂直。

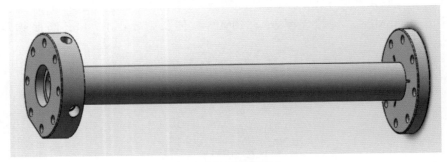

图 6.2　阳极外筒三维结构

6.3　尾喷管

对于工质依靠气动力加速的推进系统，尾喷管能够有效降低径向动量损耗和热损耗，显著提升推进系统的性能。根据本书第 3 章、第 4 章对磁等离子体推力器和脉冲爆震发动机这两种不同类型推力器的介绍可以发现，尾喷管的结构设计必须与推力器气流速度范围匹配才能发挥应有的作用。本节将结合气体动力学理论及理论计算结果进一步介绍复合加速腔尾喷管的具体设计。

6.3.1　喷管选型

在气体动力学中，马赫数 Ma 是划分可压缩气体流动的重要无量纲判据，可以定义为当地流速 V 和当地声速 c 之比，即：

$$Ma = \frac{V}{c} \tag{6.10}$$

对于不同速度范围的可压缩气体流动，当 $Ma < 1$ 时，称为亚声速流动；当 $Ma = 1$ 时，称为声速流动；当 $Ma > 1$ 时，称为超声速流动。

在管道内流动的一维定常等熵流，根据其基本微分方程组可以推导得到各物理状态参数随管道截面积的变化关系，具体推导过程可参考文献 [7]，这里直接给出结果表达式，即：

$$
\begin{cases}
\dfrac{\mathrm{d}V}{V} = \dfrac{1}{Ma^2 - 1} \times \dfrac{\mathrm{d}A}{A} \\[3mm]
\dfrac{\mathrm{d}P}{P} = \dfrac{\gamma Ma^2}{1 - Ma^2} \times \dfrac{\mathrm{d}A}{A} \\[3mm]
\dfrac{\mathrm{d}\rho}{\rho} = \dfrac{Ma^2}{1 - Ma^2} \times \dfrac{\mathrm{d}A}{A} \\[3mm]
\dfrac{\mathrm{d}T}{T} = \dfrac{(\gamma - 1)Ma^2}{1 - Ma^2} \times \dfrac{\mathrm{d}A}{A} \\[3mm]
\dfrac{\mathrm{d}Ma}{Ma} = \dfrac{2 + (\gamma - 1)Ma^2}{2(Ma^2 - 1)} \times \dfrac{\mathrm{d}A}{A}
\end{cases}
\tag{6.11}
$$

根据截面积的变化情况，管道可简单区分为扩张型和收敛型两种。当 $\mathrm{d}A > 0$ 时，称为扩张管道；当 $\mathrm{d}A < 0$ 时，称为压缩管道。而火箭发动机中常用的拉瓦尔喷管可以认为是先压缩而后扩张的结构。由式（6.11）可以看出，变截面一维定常等熵流具有膨胀加速或压缩减速的流动特性。当亚声速气流经过收敛喷管后，气体的流速随管道截面积反向变化，气体压强、密度和温度降低，气流速度增加；当超声速气流经过压缩喷管后，气体压强、密度和温度升高，气流速度降低，而扩张喷管的情况却恰恰相反。对于拉瓦尔喷管，一般要求入口速度为亚声速，喉部达到声速，在出口处获得超声速气流。

对于普通的脉冲爆震发动机，不带喷管的发动机其爆震波后的爆震燃烧产物的马赫数是小于 1 的，燃气射流为亚声速流，爆震管出口的气流处于欠膨胀状态，可以考虑使用收敛喷管和拉瓦尔喷管来加速燃气流，促进爆震释放出的内能向排气动能转化。而电化学复合推进中的等离子体不仅能够通过爆震燃烧化学加速，还能够通过电源的电能进行加速。在这两种加速过程作用下，在喷管入口处的气流速度马赫数理论上会大于 1，判定为超声速气流。根据喷管设计理论，扩张喷管结构将是理想选择。

6.3.2　结构设计

根据等容循环分析理论，在一定范围内，喷管面积膨胀比 ε 对发动机的推力和比冲的影响较为显著。采用 CEA 软件的火箭发动机功能模块计算得到的不同质量比和不同喷管面积膨胀比下氢氧爆震燃烧理论上所能达到的真空混合物比冲如图 6.3 所示。

根据理论计算结果，当喷管面积膨胀比在 2～200 范围内变化时，氢氧爆震燃烧所能获得的真空混合物比冲值不断提升，对应的增速随喷管面积膨胀比增加逐渐变缓。另外，氢氧混合质量比也会对爆震燃烧状态产生重要影响。当氢氧质量比为 1:4 时，混合物可燃活性更强，燃烧效率更高，所能获得真空混合物比冲值也略有提升。当喷管面积膨胀比增加到 200 时，可以近似等效为背景压强为真空环境。可以近似得出：真空环境下的氢氧爆震燃烧获得的比冲接近 500s。

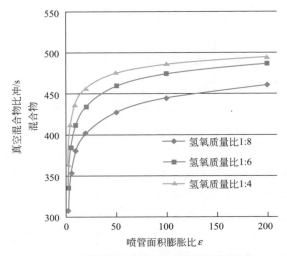

图 6.3　氢氧爆震真空混合物比冲与喷管面积膨胀比关系

在地面原理验证实验阶段，从节约成本、小型化和安全性方面考虑，这里选用质量比为 1:8 的配比进行氢氧混合，喷管面积膨胀比则设计为 1:10，喷管张角为 20°，喷管长度约 90mm，通过法兰与阳极进行连接，具体结构如图 6.4 所示。

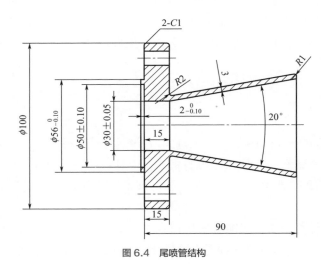

图 6.4　尾喷管结构

6.4　阴极杆

在阳极外筒内径和长度确定后，阴极杆的结构设计则关乎氢氧混合物点火位置、气体放电难易程度以及等离子体加速效果，进而影响粒子电化学复合加速过程中电磁加速部分的性能。因此，本节内容涉及的阴极杆设计主要参考磁等离子体推力器（MPDT）的设计理论来完成。

6.4.1　理论计算

对于 MPDT，常采用本书 3.1.1 节中介绍的 Maecker 公式估算平均推力大小。由于复合推进的等离子体电磁加速过程与 MPDT 极其类似，因此这里也将借助于该公式计算阴极尺寸。

假如空间环境下电化学复合推进中氢氧爆震燃烧化学加速过程提供的真空比冲能够达到理论上的极限值 500s，相应地化学加速进程就能提供 25N 推力。那么根据总体设计指标，剩余 25N 推力必须依靠电磁加速进程来实现。已知阳极半径为 15mm，当阴极半径取 3mm、放电电流为 10kA 时，由 Maecker 公式计算得到的洛伦兹力大小约为 25N。综合爆震燃烧对推力的贡献，以上尺寸理论上能够符合平均推力 50N 设计指标要求。

6.4.2　结构设计

阴极杆主要包括阴极盘和阴极针，其三维结构如图 6.5 所示。阴极盘的设计主要考虑满足大电流传输线的安装要求。当放电电流为 5kA 时，拟采用宽度为 80mm 的铜编织软线进行传导。为便于安装，阴极盘直径设计为 100mm。阴极针尖端形状设计成外边呈 60°角的锥形，初步设计装配后长度与阳极一致。

图 6.5　阴极杆三维结构

与大功率磁等离子体推力器面临的应用难题类似，由于阴极在工质加速过程中将会通过大电流，阴极的烧蚀问题将成为电化学复合推进未来应用面临的障碍之一，需要经过材料试验和阴极构型优化等途径进行克服。在前期地面原理验证实验中，电源输出电流设计为 5kA，且大部分测试不要求长时间高频运行，阴极杆材料亦选用 304 不锈钢。后期，高重复频率运行可靠性实验及未来应用中将采用镧钨合金、钨铜合金等材料以提高其抗烧蚀性能，延长使用寿命。

另外，为便于灵活改变点火位置，满足实验对比测试需要，尝试扩大阴极前端外螺纹长度，安装用于调节点火位置的放电环。设计放电环规格有两种（图 6.6），其一外径为 14mm，宽 8mm，中间平顶宽度为 4mm；另一外径为 10mm，宽 8mm，中间平顶宽度为 4mm。除此以外，还将尝试缩短阴极长度，采用不同长度的阴极进行实验。

图 6.6　两种不同规格放电环

6.5　其他组件

除上述基本组件的物理尺寸和结构设计以外，在阳极外筒外周还分别设计了进气组件、推力测量辅助组件以及腔内压力测量传感器安装组件等。另外，为保证高重复频率工况下氢氧混合气体点火可靠性，单独设计了一套带腔体冷却组件的阳极外筒。本节将主要介绍腔体冷却组件的设计方案，进气及测量辅助组件将在后续相关章节详细介绍。

6.5.1　腔体冷却组件

电化学复合推进所谓的"复合"，首先体现在工质的加速过程是由热力学加速和洛伦兹力电磁加速两种组成的，其次体现在采用工质是由燃料和氧化物组成的复合工质。复合工质燃烧与放电加速过程中将产生较大热量，引起腔体温度升高。推力器正常工况为脉冲模式，当脉冲重复频率较高且长时间运行时，多次点火以后腔体热量累积过多将导致腔体温度过高，可能发生提前引爆新鲜复合工质的情况，尤其对于氢气和氧气组合更易发生这类异常的不可控点火情况。

为保证推力器在高重复频率工况下长时间正常工作，需设计腔体冷却组件实现对加速腔体的温度控制。加速腔阳极筒采用双层密封结构，内外层之间焊接挡水条，形成特定的水流路径。水冷模块中的冷却液经机械泵驱动，循环至加速腔阳极外周换热器，与加速腔进行热交换后，冷却液将热量带至热交换器，与环境空气进行强制换热，冷却后的冷却液返回水泵入口，完成循环，达到降低腔体温度的目的。

（1）冷却水流量需求估算

冷却水流量需求估算可以用于指导水冷机的选型。当加速腔外周水路几何结构确定后，腔体筒壁与冷却水之间交换的热量多少与冷却水流量密切相关，所选型号水冷机的出口流量必须满足既定的温控要求。

氢气在氧气中的燃烧属于典型的放热反应。当氢气完全燃烧时，对应的化学反应方程式如下：

$$H_2(g)+\frac{1}{2}O_2(g)\longrightarrow H_2O(g)-245kJ\,/\,mol \qquad (6.12)$$

在计算氢氧燃烧所释放的热量时，选择推力器供气模块最大设计流量工况下的单脉冲进气量作为研究对象，即：氢气流量为 750L/min，氧气流量为 375L/min，二者体积比为 2:1，进气脉冲宽度取 10ms。则在一个脉冲周期内，复合加速腔内填充的氢气体积为 0.125L，对应的物质的量为 0.0056mol。根据反应方程式（6.12），计算得出单个脉冲填充的氢氧混合气体完全燃烧释放出的热量约为 1.367kJ。

根据传热理论，上述燃烧条件下的平均燃气温度约为 1050℃。为使推力器以高重复频率长时间工作过程中腔体外壁温度维持在 60℃以内，当入口冷却液温度为 5℃时，由流体的热平衡方程：

$$\varPhi = q_{m2}C_{p2}(t_2'' - t_2') \qquad (6.13)$$

计算得到所需的冷却液流量约为 60L/min。

（2）数值模拟仿真验证

换热器外壁管内径为 28mm，内壁管（阳极筒）外径为 18mm，厚度皆为 3mm，建立的三维全尺寸网格模型如图 6.7 所示。

计算初始条件为：初始燃烧温度取 300K；冷却液进口温度为 5℃，流量为 60L/min，且持续注入。设计工况为：

a. 0 ~ 10ms 内，单个脉冲时间内充入的氢氧混合物燃烧；

b. 10 ~ 20ms 内，腔体内部充入充当隔离气体的温度为 5℃的氮气；

c. 20 ~ 30ms 内，单个脉冲时间内充入的氢氧混合物燃烧。

第 10ms、20ms 和 30ms 时分别对应的加速腔外管壁温度分布云图如图 6.8 所示：第 10ms 时，在冷却液冷却下，加速腔燃烧条件下加速腔外壁温度不到 30℃；第 20ms 时，加速腔内冲入 5℃氮气，冷却液持续冷却条件下，加速腔外壁温度不到 10℃；第 30ms 时，在冷却液冷却下，加速腔燃烧条件下加速腔外壁温度不到 30℃。因此，加速腔外冷却水流量为 60L/min，入口温度为 5℃，足以保障加速腔外壁温度控制在 60℃以内。

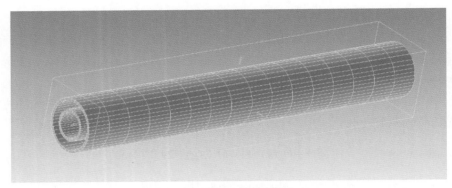

图 6.7　加速腔冷却管网格模型

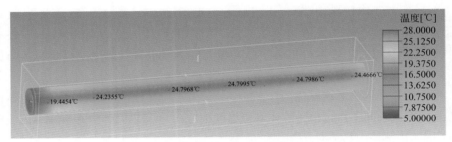

(a) 第10ms时，加速腔温度分布云图

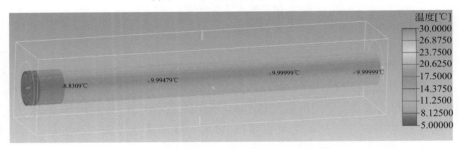

(b) 第20ms时，加速腔温度分布云图

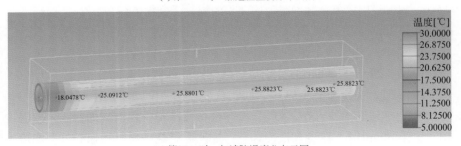

(c) 第30ms时，加速腔温度分布云图

图 6.8　冷却效果仿真验证

（3）冷却组件具体设计

加速腔水冷组件外筒直径设计为 28mm，厚度为 3mm。水路的设计是通过设置挡水条来实现的。冷却水导流路径如图 6.9 所示。在加速腔外周，高压水在水泵的作用下沿着挡水条呈周向蜿蜒前进，达到散热效果。挡水条安装在阳极筒外周凹槽内，外围由金属外筒包覆。挡水条与内外筒、外筒与两端法兰等金属结构件之间均采用氩弧焊接实现固定与密封。

图6.9 冷却水导流路径

6.5.2 系统装配

在实验测试过程中，整个推力器将被固定在台架上，具体装配如图 6.10 所示。由于加速腔前端有高压引线，所以无法在加速腔正前方中心位置安装测力组件。为了便于开展推力测试，增加了承载组件、对撞板、力传感器安装板、紧箍件等部件。在最前端的供气法兰正下方，垂直方向焊接一块挡板，这样加速腔前移平板撞击测力传感器完成推力测试。对撞板为 304 不锈钢，厚度为 5mm，确保撞击后不变形。测力传感器被安装在采用硬铝加工成的测力传感器安装支架上。

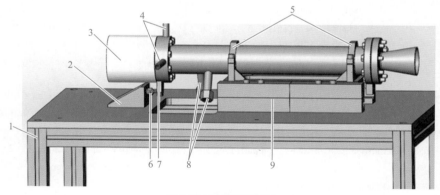

图6.10 复合推进装配图

1—台架；2—力传感器安装架；3—固定座；4—进气管；5—紧箍件；6—力传感器；
7—对撞板；8—进出水口；9—承载组件

承载组件主要包括载具和轨道两部分，如图 6.11 所示。推力器工质喷射期间，加速腔随着载具在轨道上一起移动，直至对撞板压迫力传感器完成推力测量。载具主要由车体、轮轴、轴承、滑轮、卡簧等组成，所用材料为 304 不锈钢，通过氩弧焊将车体焊接成一体。载具两端分别安装圆形卡箍，用以固定加速腔。载具所用轮轴前后各一根，采用 304 不锈钢材质，轴上开有卡簧固定槽，以便固定轴承和滑轮。由于滑轮需要承载整个加速腔以及载具等质量，需要一定的强度，同时质量越轻越好，这里选用氧化锆陶瓷轮。加工时将与"V 形"轨道接触的轮缘打磨至镜面，减小阻力。

由于推力测量过程中载具受到的外界阻力越小越好，要求轨道和滑轮接触面积尽可能小。因此，采用图 6.12 所示的"V 形"轨道设计，不但保证了轮子的前进方向，又减小了摩擦阻力。

图 6.11　加速腔载具及滑轮轨道

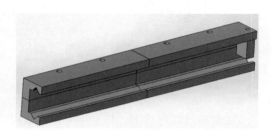

图 6.12　"V 形"轨道

参考文献

［1］于达人，刘辉，丁永杰，等. 空间电推进原理［M］. 哈尔滨：哈尔滨工业大学出版社，2014，3：9-10.

［2］严传俊，范玮，等. 脉冲爆震发动机原理及关键技术［M］. 西安：西北工业大学出版社，2004，10：226.

［3］蒋波. 脉冲爆震发动机模拟发射试验研究［D］. 西安：西北工业大学，2007.

［4］Zhang B，Shen X B，Pang L，et a1. Detonation Velocity Deficits of $H_2/O_2/Ar$ mixture in Round Tube and Annular Channels［J］. International Journal of Hydrogen Energy，2015，40：15078-15087.

［5］Gordon S，McBride B. Computer Program for Calculation of Complex Chemical Equilibrium Compositions and Applications，Ⅰ. analysis［R］. NASA Reference Publication，1994：1311.

［6］McBride B，Gordon S. Computer Program for Calculation of Complex Chemical Equilibrium Compositions and Applications，Ⅱ. User Manual and Program Description［R］. NASA Reference Publication，1996：1311.

［7］童秉纲，孔祥言，邓国华. 气体动力学［M］. 北京：高等教育出版社，2012，7：68-82.

第 **7** 章

电源系统设计

空间电源系统一般由一次电源和二次电源两部分组成。其中，一次电源是以特定直流母线电压和额定功率进行供电；二次电源则是以一次电源母线电压作为输入，根据各类载荷阻抗差异转换成载荷正常工作所需的电压和电流。地面试验用电源系统类似于空间二次电源的角色，主要区别在于地面电源的输入电压为 380 V 交流市电。本章主要介绍电化学复合推进地面试验系统中电源分系统的方案设计及在未来空间应用时的一些设计考虑，其涉及的电路拓扑、器件选型、部组件工艺设计等内容是对空间电化学复合推进二次电源系统的预先技术探索。

7.1　阻抗特征分析

复合推力器工作原理与现有的磁等离子体推力器（MPDT）具有一定的相似性，都需要高电压击穿工质气体使其放电，并需要大电流维持放电和加速。因此，两种推力器的负载变化规律也极其相似。在气体击穿前后，推力器的阻抗皆会发生较大变化。在气体放电过程中，推力器阻抗由近似无穷大逐渐降低，待阴阳极之间建立稳定的放电通路后，阻抗降至几十毫欧量级，并趋于稳定。电源系统连接在推力器的阴阳极之间，由于气体击穿前后推力器阻抗发生跃变，电源的前后输出模式也将发生很大变化。在气体击穿过程中，电源系统需要输出用于击穿气体的高电压，由于此时推力器阻抗较大，其输出电流很小；稳定放电建立后，电源系统需要输出用于加速等离子体的大电流，由于此时推力器阻抗极小，其输出电压一般在百伏左右。除了气体放电和等离子体加速过程与 MPDT 相似外，复合推力器由于采用氢气与氧气组成的复合工质还涉及燃烧进程，可能造成其阻抗特性更加特殊。因此，复合推进使用的电源系统注定与传统的高压直流电源技术路线存在显著差异，设计难度增加。

电源系统中决定推力器能否正常工作的关键指标主要是用于氢氧混合气体放电的击穿电压和用于等离子体加速的驱动电流，分别对应于高压电离源的输出电压和大电流源的输出电流。根据气体放电理论，气体在均匀电场下的最小击穿电压可由帕邢定律进行估算。具体计算公式为：

$$U_b = \frac{BPd}{\ln \dfrac{APd}{\ln \dfrac{1}{\gamma}}} \tag{7.1}$$

式中，U_b 为最小击穿电压，kV；P 为气体压强，133Pa（或 mmHg，Torr）；d 为放电电极间距，cm；A 为电子碰撞电离常数，1/（cm·133Pa）；B 为电子碰撞电离常数，V/[cm·（133Pa）]；γ 为正离子的表面游离系数。

碰撞电离是气体中产生带电粒子的最主要原因。在均匀电场作用下气体发生击穿的前期，主要发生电子的碰撞电离过程，即所谓的 α 过程。A 和 B 是与 α 过程有关的经验常数，对于确定的气体而言为常数，对应的经验数据如表 7.1 所示。

表 7.1 系数 A、B 的经验数据（t=20℃）

气体	系数 A/ [1/（cm·133Pa）]	系数 B/ [V/（cm·133Pa）]
空气	11	273.8
N_2	12.4	342
CO_2	20	466
H_2	3.8	97.5

在均匀电场的气体击穿过程中，发生 α 过程后还会发生正离子碰撞阴极以及气体空间形成的光子引发的电极表面光电离过程，即所谓的 γ 过程。系数 γ 主要与电极材料有关，对应的经验数据如表 7.2 所示。

表 7.2 系数 γ 的大致数据

金属	气体					
	氩	氢	氦	空气	氮	氖气
铝	0.12	0.1	0.02	0.035	0.1	0.052

金属	气体					
	氩	氢	氦	空气	氮	氖气
铜	0.06	0.05	—	0.025	0.065	—
铁	0.06	0.06	0.015	0.02	0.06	0.022

根据文献调研结果，专门针对氢氧混合气体在高压脉冲作用下的放电特性进行研究的文献不多，更没发现直接反映氢氧混合气体最小击穿电压 U_b 与 Pd 对应关系的现成依据。这里首先将氢氧混合气体分别处理成氢气和空气，利用式（7.1）计算出两个最小击穿电压值，然后我们认为氢氧混合气体的最小击穿电压介于二者之间。根据确定的电极尺寸结果，阳极半径为 1.5cm，阴极半径为 0.3cm，电极间距为 1.2cm。根据平均推力 50N、比冲 1000s 总体指标要求，当推力器工作频率为 50Hz，氢气与氧气体积比为 2:1 时，单个脉冲进气量约为 0.1g，在放电腔内扩散均匀后对应压强约为 465Torr。假设腔体内部全为氢气，电极材料为铜，则对应的 A、B 和 γ 系数取值分别为 3.8、97.5 和 0.05，对应的 U_b 约为 8.3kV。同样，假设腔体内部全为空气，电极材料为铜，则对应的 A、B 和 γ 系数取值分别为 11、273.8 和 0.025，对应的 U_b 约为 20.6kV。因此，所设计高压电离源的电压输出能力必须覆盖 8.3～20.6kV 这一范围。

大电流源的输出电流指标主要依据之前介绍的 Maeker 公式进行确定，对于阳极半径为 1.5cm，阴极半径为 0.3cm 的加速腔，5kA 放电电流理论上可使推力器输出推力达到 6.25N，10kA 放电电流理论上可使推力器输出推力达到 25N，20kA 放电电流理论上可使推力器输出推力达到 100N。根据前文的分析，气体击穿后阴阳极之间的阻抗很小，极间电压，即大电流源的输出电压，仅在百伏特量级。

考虑到高重复频率大电流源平均功率、体积与质量将过于庞大，对应的研制成本、研制难度以及对供电的要求都很高。因此，在满足地面原理性验证试验需求基础上，前期试制的电源系统适当降低了大电流源的设计指标，所包含高压电离源和大电流源模块的设计指标如表 7.3 所示。

表 7.3　电源系统设计指标

功能模块	电气指标			
	峰值电压	峰值电流	脉冲宽度	重复频率
高压电离源	≤ 40kV	≤ 40A	1μs	1～50Hz
大电流源	152V	≤ 5kA	～5ms	1～5Hz

7.2　理论设计与工程研制

7.2.1　电路拓扑及原理介绍

　　满足地面试验使用的电化学复合推进电源系统拟采用图 7.1 所示的电路拓扑结构，通过线型调制器技术形成点火所需的脉冲高压。整个电源系统主要由充电电源、人工线组件、大电流源、低压储能单元、二极管组件以及控制分机组成。其中，充电电源为一台直流高压电源，能够输出 25kV/10mA 的直流；人工线组件包括人工线电感、人工线电容、充电反峰吸收组件、闸流管及其灯丝电源和触发器、脉冲变压器，主要功能为将高压电源的电能储存后放电形成脉冲高压；大电流源包括两台并联的低压直流电源，每台电源是由控制保护电路、整流电路、全桥逆变谐振电路和高频变压器组成，采用逆变充电工作方式；低压储能单元由多个电容并联组成，将低压直流充电电源所充的能量存储起来；二极管组件隔离高压脉冲，提供大电流的通路；控制分机主要完成整个系统的加电控制、参数设置、故障保护和状态指示，其核心控制功能采用 PLC 控制器和触摸屏的方式，完成人机交互和远程控制。

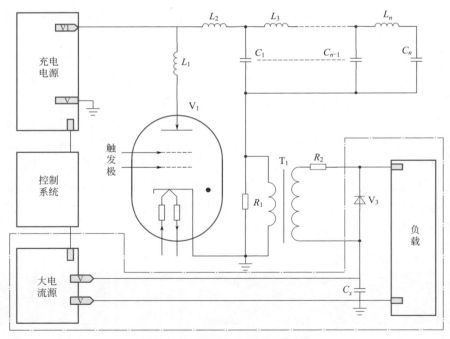

图 7.1　复合推进电源系统电路拓扑结构

大电流源输出正极通过脉冲变压器次级连接到负载，可实现大电流源和高压电离源的耦合输出。电源启动后，由于负载未击穿时，阻抗非常大，大电流源以稳压状态工作，无输出电流；同时，充电电源向脉冲形成网络电容充电，充电到额定电压后，充电电源停止工作；控制分机根据系统同步信号，触发闸流管，脉冲形成网络通过闸流管和脉冲变压器形成放电回路，脉冲变压器输出高压脉冲，触发负载电离；待负载电离后，阻抗降低，脉冲电压迅速降低，负载的能量供给将逐渐由脉冲高压自动切换到大电流源，由大电流源通过二极管组件 V_3 输出大电流，维系负载工作，由于 R_2 的限流作用，经过脉冲变压器次级的电流比较小；当负载脉冲工作状态结束后，负载阻抗逐渐变大，变为高阻抗，大电流源输出断开。在大电流源工作时，脉冲电容的能量继续泄放，待放电工作结束后，闸流管可自行恢复关断，控制充电电源的工作时序，待闸流管关断后，再向储能电容充电，等待下一次触发脉冲的到来。

7.2.2 关键部组件设计

(1) 脉冲变压器
① 设计指标。

脉冲变压器是整个电化学复合推进电源系统中的关键部件，发挥着抬高脉冲电压幅值，快速输出高压脉冲的作用。由于脉冲变压器次级线圈与大电流源并接的电容器进行串联，还要求其具有承受大电流冲击的能力。根据高压电离源设计要求，脉冲变压器主要设计指标为：次级输出脉冲电压 40kV，脉冲电流 40A，脉冲宽度 1μs；初次级线圈变比 1:4；脉冲重复频率 50Hz，且适用于 PFN 调制器。

② 功率计算。

变压器输出的脉冲峰值功率为：

$$P_m = U_2 I_2 = 4 \times 10^4 \times 40 = 1.6 \times 10^6 \text{ W} \tag{7.2}$$

换算成输出平均功率为：

$$P_e = P_m \tau f = 1.6 \times 10^6 \times 1 \times 10^{-6} \times 50 = 80 \text{ W} \tag{7.3}$$

式（7.2）和式（7.3）中，U_2 为次级输出电压幅值，V；I_2 为次级输出电流幅值，A；τ 为脉冲宽度，μs；f 为脉冲重复频率，Hz。

③ 导线规格选定。

次级线圈流过的有效电流为：

$$I_{2e} = I_2 \sqrt{D} = I_2 \sqrt{\tau f} = 40 \times \sqrt{1 \times 10^{-6} \times 50} = 0.3 \text{ A} \tag{7.4}$$

根据变压器升压比计算初级有效电流为：

$$I_{1e} = 1.05I_{2e}n = 1.05 \times 0.3 \times 4 \approx 1.3 \, \text{A} \qquad (7.5)$$

式中，n 为变压器变比，等于次级线圈匝数与初级线圈匝数的比值。

由于脉冲变压器属于采用油纸绝缘结构的大功率油浸式类型，导线的电流密度设计为不大于 3A/mm²。假如初级采用一根 SQAJ 0.15×227 丝包线束，对应截面积 S 约为 4mm²，则流过 1.3A 电流时，对应的初级导线的电流密度为：

$$J = \frac{I_{1e}}{S} \approx \frac{1.3}{4} \approx 0.33 \text{A} / \text{mm}^2 \qquad (7.6)$$

满足电流密度不大于 3A/mm² 的要求。

假如次级采用一根 QZ-2/155-1.0 漆包线，对应截面积 S 约为 0.785mm²，则流过 0.3A 电流时，对应的初级导线的电流密度为：

$$J = \frac{I_{2e}}{S} \approx \frac{0.3}{0.785} \approx 0.38 \text{A} / \text{mm}^2 \qquad (7.7)$$

同样满足电流密度不大于 3A/mm² 的要求。

④ 变压器 L_s 和 C_s' 设计要求。

脉冲变压器等效电路如图7.2所示。其中，R_1 为脉冲源内阻，L_s 为变压器漏感，L_m 为有效磁化电感，C_s' 为分布电容，R_2' 为负载阻抗转换成变压器初级的等效电阻。脉冲源输入的脉冲电压经过脉冲变压器后引起的波形失真主要是受这些参数的影响。

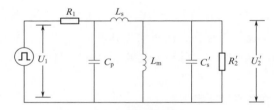

图 7.2　脉冲变压器等效电路

衡量脉冲变压器输出脉冲质量的主要参数有：脉冲上升时间 τ_r、脉冲上升时间特性系数 k 以及上升时间系数 σ_r，并且 k 与 σ_r 之间存在如图 7.3 所示的曲线关系[1]。

对于用于 PFN 类型调制器的脉冲变压器，一般 k 取 0.707，σ_r 取 0.35，且满足：

$$R_1 = R_2' = \sqrt{L_s C_s'} \qquad (7.8)$$

由输出电流和输出电压值计算出负载阻抗 R_L 为 1000Ω，则由式（7.8）计算结果为：

$$R_1 = R_2' = \sqrt{L_s C_s'} = R_L / n^2 = 62.5\,\Omega \qquad (7.9)$$

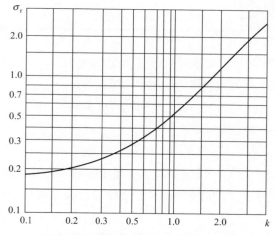

图 7.3 脉冲变压器脉冲前沿表征参数之间的关系

如果脉冲前沿 τ_r 取 0.4μs，则脉冲变压器的分布参数设计要求估算如下：

$$\left.\begin{array}{l} L_s \leqslant 0.64\tau_r R_1 = 16\mu H \\ C_s' \leqslant 0.64\tau_r / R_1 = 4096pF \end{array}\right\} \qquad (7.10)$$

由于脉冲变压器负载阻抗较高，导致所需要的分布电容较小，设计时需要重点考虑降低分布电容。

⑤ 漏感系数计算。

脉冲变压器绕组采用图 7.4 所示的底筒式结构。P1、P2 表示初级线圈端子，S1、S2 表示次级线圈端子。在绕组的顶部，初次级线圈间距设计为 0.5cm，底部为 0.5cm，则平均绝缘长度 δ_z 为 0.5cm。另外，根据设计，绕线平均幅宽为 10cm，平均匝长为 19cm，对应的导线总厚度 Σd_{mi} 约为 0.45cm，则变压器漏感系数计算为：

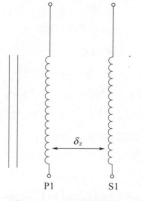

$$k_s = \delta_z + \frac{\Sigma d_{mi}}{3} \approx 0.65 \qquad (7.11)$$

⑥ 铁芯选择。

图 7.4 脉冲变压器绕组结构

脉冲变压器输出脉冲宽度对铁芯的钢带厚度具有一定的要求，具体如表 7.4 所示。根据变压器设计要求，脉冲宽度为 1μs，则变压器铁芯选择厚度为 0.03mm 的铁基非晶材料。

表 7.4　脉冲宽度与铁芯钢带厚度对应关系

脉冲宽度 /μs	< 5	5 ～ 10	10 ～ 50	50
铁芯钢带厚度 /mm	0.03	0.05	0.08	0.20

拟选用的铁芯未切口前的饱和磁感应强度 B_s 为 1.2T，未切口前的剩余磁感应强度 B_r 为 0.6T，则无偏置时极限磁感应强度增量为：

$$\Delta B = B_s - B_r = 0.6\,\text{T} \tag{7.12}$$

有偏置时极限磁感应增强增量为：

$$\Delta B = 0.7B_s + B_r = 1.44\text{T} \tag{7.13}$$

此处采用无偏置方式，剩余磁感应强度增量取 0.5T。厚度为 0.03mm 的铁基非晶铁芯的脉冲磁导率 μ_p 约为 2000Gs，则当脉冲顶降 λ 满足 1% 时的励磁电感核算为：

$$L_m \geqslant \frac{R_1 \tau}{2\lambda} = 3125 \mu\text{H} \tag{7.14}$$

铁芯最大截面积为：

$$S_C = \frac{U_1 \tau \times 10^{-4}}{\Delta B} \sqrt{\frac{40\pi \mu_p (S_C / l_C)}{L_m}} = \frac{10000 \times 1 \times 10^{-4}}{0.5} \sqrt{\frac{40 \times 3.14 \times 2000 \times 0.2}{3125}} \approx 5.1\,\text{cm}^2$$

$$\tag{7.15}$$

式中，(S_C / l_C) 为铁芯结构因子，对于高压大功率油浸变压器取 0.5 ～ 0.8，窄脉冲油浸变压器取 0.2 ～ 0.4，采用标准矩形铁芯时可取 0.08 ～ 0.15，采用环形铁芯时取 0.03 ～ 0.08，这里取 0.2。

在选用更大面积的铁芯时会造成匝数变少，从而会影响励磁电感量，造成顶降不能满足要求。综合考虑脉冲波形前沿、顶降要求以及铁芯损耗等因素，设计时按照 10% 裕量标准，铁芯截面积取 5.7cm²，拟选用图 7.5 所示的 CD 型铁芯。单副铁芯截面积为 8cm²，按照 0.94 的填充系数计算后截面积为 7.52cm²，平均磁路长度为 42cm，满足设计要求。

⑦ 匝数计算。

脉冲变压器初级匝数为：

$$N_1 = \frac{U_1 \tau}{\Delta B S_C} \times 10^{-2} \approx 26 \tag{7.16}$$

次级匝数为：

$$N_2 = 26n = 104 \tag{7.17}$$

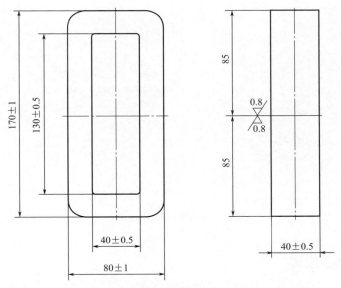

图 7.5　铁芯外形尺寸

⑧ 技术参数核算。

变压器设计参数为：初级平均匝长为 14cm，初级绕线幅宽为 11cm；次级平均匝长为 24cm，次级绕线幅宽为 9cm；初次级线圈平均匝长 l_m 为 19cm，初次级线圈平均幅宽 h_m 为 10cm，对应的漏感系数为 0.65，导线总厚度为 0.45cm，则变压器实际漏感为：

$$L_s = 4\pi N_1^2 l_m k_s \frac{10^{-3}}{h_m} = 4 \times 3.14 \times 26^2 \times 19 \times 0.65 \times \frac{10^{-3}}{10} = 10\mu H \qquad (7.18)$$

变压器励磁电感为：

$$L_m = \frac{4\pi N_1^2 \mu_p S_C}{l} \times 10^{-3} = 3040\mu H \qquad (7.19)$$

变压器励磁电流为：

$$I_m = U_1 \tau / L_m = 3.2 A \qquad (7.20)$$

由于 PFN 调制器的脉冲电压顶降可以通过 PFN 参数进行调节，因此对初级电感量的设计要求不需要很精确。

⑨ 结构设计。

由于脉冲变压器的次级负载较大，导致变压器分布电容需要更小。为了减小分布电容，需要采用底筒式分段刻槽结构外形，整个变压器工作时将放置在油箱内，油箱上部附加有绝缘子等。变压器的绕组结构及油箱外观如图 7.6 所示。

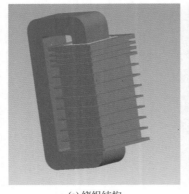 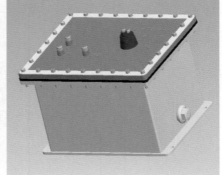

(a) 绕组结构   (b) 油箱外观

图 7.6　变压器绕组结构及油箱外观

（2）脉冲形成线

由于次级输出高压为 40kV，则脉冲变压器初级的脉冲电压为 10kV，脉冲形成线电容充电电压约为 20kV，取脉冲特征阻抗为 250Ω，匹配电阻选择 250Ω，则可计算电容、电感总值分别为 4nF 和 250μH。如果脉冲形成线级数选用 5 组，则每个电容为 0.8nF，每个电感为 50μH。脉冲变压器次级串联 1kΩ 电阻，最大脉冲电流为 40A，对应初级电流为 160A，即脉冲形成线的工作电流为 160A。

（3）闸流管

高压电离源中，脉冲放电回路的实际工作参数为 20kV，选用 FX1585 型闸流管。该闸流管最大耐压为 35kV、脉冲峰值电流为 5kA，平均电流为 0.6A，满足使用要求。

闸流管灯丝加热电源采用统一的控制及保护策略，其工作原理如图 7.7 所示。220V 交流电压通过调压器调压后，再通过降压变压器得到闸流管灯丝电压和氢发生器电压。通过控制接入降压变压器初级的抽头来实现输出电压的阶梯上升。同时把闸流管灯丝电流和氢发生器电流的取样信号送到取样保护板上，通过与设置的基准电平进行比较，实现过流和欠流保护功能，保护信号通过继电器触点输出。同时，闸流管灯丝和氢发生器的电压和电流通过数字电表在面板显示。

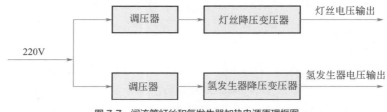

图 7.7　闸流管灯丝和氢发生器加热电源原理框图

（4）充电电源

脉冲形成线中，储能电容容量为 4nF，最高充电电压为 30kV，工作频率为 50Hz，则储能电容上所输出的功率为 90W。虽然作为充电电源的高压直流电源的输出功率较小，但是由于电源的负载是电容，同时放电瞬间负载是短路状态，要求电源具有抗负载短路特性。因此，充电电源拟选用图 7.8 所示的拓扑回路。该结构由全桥逆变谐振电路、高频变压器和整流电路组成，采用串联谐振恒流充电工作方式，电源开关频率设计为 40kHz。

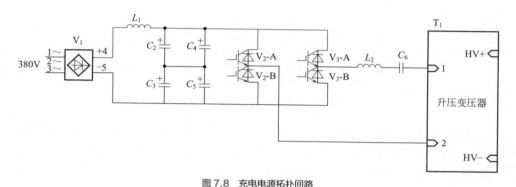

图 7.8 充电电源拓扑回路

（5）大电流源

复合推进粒子加速所需要的大电流是由大电流源并接储能电容的方式提供的。大电流源先向储能电容充电，阴阳极导通以后电容释放能量。根据使用要求，复合推进要求的单个脉冲周期内大电流持续时间必须达到 5ms。如果重复频率要求太高，如 50Hz，则对大电流源的输出功率要求过大。这里综合考虑选用小功率电流源，重复频率按照 5Hz 设计，则对应的充电功率约为 20kW。

该电源主要由三相整流电路、输入整流滤波电路、控制电路、逆变电路、高频变压器和输出整流滤波电路组成。将三相市电进行整流后采用两只完全相同的电容串联滤波，得到 510V 左右的直流，供给逆变电源模块，开关频率设置为 28kHz，通过全桥逆变后的输出再通过谐振电路加到高频开关变压器的初级上，次级通过整流滤波电路输出高压。电源采用控制芯片完成闭环控制，其 DSP 控制器负责监控和通信。

① 输入整流滤波电路。

大电流源采用交流侧软启动方案，即在三相供电的回路中串入一定阻值的电阻进行软启动保护，如图 7.9 所示。高压启动后，接触器 K_1 线包得电，常开触点闭合，三相供电通过电阻 $R_1 \sim R_3$ 给充电电源内部滤波电容 C_1、C_2 充电，一段时

间后接触器 K_2 线包得电，常开触点闭合，电阻 $R_1 \sim R_3$ 被短路，三相供电直接给电容 C_1、C_2 充电，从而实现软启动功能。

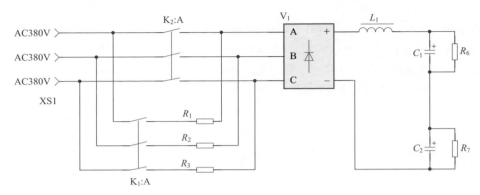

图 7.9　输入端软启动及整流、滤波电路示意图

按照充电工作模式的峰值功率计算，大电流源功率需求为 20kW。这里假定效率为 90%，则逆变电路输入功率 P_{in} 约为 22.2kW。由于电流源采用交流电压 380V进行供电，则三相整流桥的输出电压约为：

$$U_d = 3\sqrt{2}U_1 / \pi = 513V \tag{7.21}$$

按照电网电压下降 10% 时的电压 460V 计算平均电流，则整流桥输出电流为：

$$I_d = P_{in} / U_d = 48.2A \tag{7.22}$$

整流桥额定电压一般考虑为三相线电压峰值的 2 ～ 3 倍余量，则其额定电压为：

$$U_T = (2 \sim 3) \times \sqrt{2} \times U_1 = (1073 \sim 1612)\ V \tag{7.23}$$

额定电流为：

$$I_T = (2 \sim 3) \times \sqrt{2} \times I_d = (96.4 \sim 144.6)\ A \tag{7.24}$$

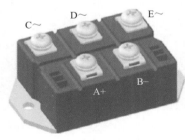

图 7.10　整流二极管

则整流桥选用 IXYS 公司生产的 VUO110-16NO7 型产品，其反向浪涌电压为 1600V，正向允许持续电流为 125A，正向非重复浪涌电流为 1200A，外观如图 7.10 所示。

② 输出整流滤波电路。

输出整流滤波电路采用 LC 滤波形式。由于采用三相整流电路，整流电压中的纹波基波成分为 300Hz。为确保整流输出电压平稳，滤波电路时间常数应该远大于基波脉动周期，实际应用中一般取为 6 ～ 8 倍，即：

$$R_d C_d = (6 \sim 8) \times \frac{1}{300} \, \text{s} \qquad (7.25)$$

而滤波电路负载阻抗为：

$$R_d = U^2 / P_{in} = 11.25 \, \Omega \qquad (7.26)$$

则滤波电容取值为：

$$C_d = \frac{6 \sim 8}{300 R_d} = (1.78 \sim 2.36) \, \text{mF} \qquad (7.27)$$

采用 12 个 CD296L 型 680μF/400V 的电容串并联实现，容量为 2.04mF，满足使用要求。

滤波电感应为：

$$L = \frac{R_d}{3 \times 2 \times \pi \times f} = \frac{11.25}{3 \times 2 \times 3.14 \times 300} = 1.99 \text{mH} \qquad (7.28)$$

考虑电感体积，采用 0.4mH 电感正负母线各一只的形式，额定电流为 55A。

③ 逆变电路。

对于平均功率在 4kW 以上的电源，谐振宜选用三种拓扑结构（LC、LLC、LCC）之一，并工作在电流断续模式下 [2]。因为上述三种谐振变换器开关均工作于零电压或零电流下开通、零电压下关断的状态，发热和损耗较小，效率更高。

大电流源拓扑结构采用在常规 LC 拓扑的谐振电容两端并联一个参数适中的电感器。如此设计的作用是随开关频率升高而使回路 Q 值自动升高，从而增大谐振电流。这样作为充电电源使用时，可在充电到额定电压附近时，以低频率和小能量转换模式工作来确保提高充电电压的精度；作为稳压稳流电源使用时则可以在较小的频率调节范围内使输出降低更多，改善了轻载低输出下的纹波。

对此拓扑结构的仿真结果如图 7.11 所示。由图可以看出，频率降低时谐振电流也明显降低，而旁路电感上的电流增大，因此谐振参数将按照此模式计算。

逆变电路输入功率为 22.2kW，输入电压范围为 460 ～ 513V。考虑到作为部分放电型电容的充电电源使用，受到充电变压器分布电容的影响，在靠近最大输出能力的工作点，工作续流电流相对较小而使工作比降低，选择工作点在 0.72Vo/Vin 附近，即输出电压应可以达到：

$$U = 150 / 0.72 = 208 \text{V} \qquad (7.29)$$

当逆变器在电源最低电网电压下的输出电压为 460V 时，充电高压变压器变比应为：

$$n = 460 / 208 = 2.2 \qquad (7.30)$$

实际研制时，高频变压器的变比取 2.3:1。

另外，结合之前设计经验得到：谐振电感为 8.45μH，谐振电容为 0.95μF，旁路电感为 240μH。逆变模块从前端两个电容上获取 513V 电压，所以开关管选取参数为 1200V/300A 的模块。另外，因为逆变电路是软开关拓扑，选用低频管 FF300R12KE3 或者 FF300R12KT3 均可。

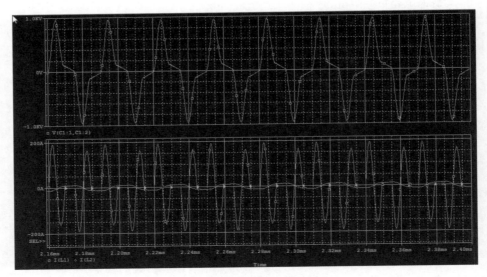

(a) 高频谐振电压和电流波形

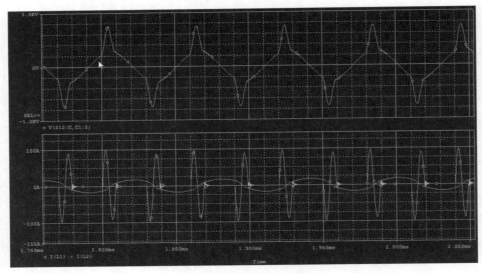

(b) 低频谐振电压和电流波形

图 7.11　逆变电路仿真结果

（6）储能电容

为了提高脉冲大电流在工质加速过程中的稳定性，需要在大电流源的输出端并接大容量储能电容。大电流脉冲宽度 τ 为 6ms，工作电压 U 为 150V，输出电流 I 为 5kA，考虑脉冲期间储能电容压降为 20%，则储能电容的容量为：

$$C = \frac{I\tau}{\Delta U} = 1F \tag{7.31}$$

当选用容值为 800mF 的储能电容时，仿真得到的脉冲电流波形如图 7.12 所示。电流幅值从 6kA 降到 4.7kA，脉冲宽度为 5ms，基本能够达到使用要求。

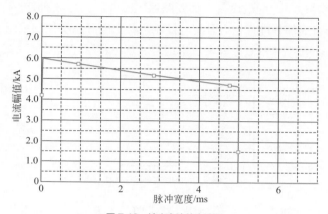

图 7.12　输出电流仿真波形

电容 C_x 容量为 800mF，电压为 150V，负载电阻为 0.025Ω

在实际设计时，拟选用 100 个型号为 CD135-250V-10000μF（h=157mm）的电解电容并联。每个电容的脉冲电流约为 60A，并且还需并联无感脉冲电容实现大电流输出。

(7)　续流二极管选择

当触发电压击穿气体时，负载的阻值快速降低。当触发电压小于直流电压时，大电流源电源通过二极管组件 V_3 导通，提供大电流给负载。另外，V_3 要承受的工作电压是 40kV，实际要考虑耐压超过 60kV，脉冲电流超过 10kA，选择多个高压、大电流二极管串联实现。实际应用型号为：中国中车 ZPB2600-65 型二极管，其正向平均电流为 2670A，导通电阻为 0.15mΩ，在 5000A 条件下，正向导通压降约为 1.6V。10 个该型二极管串联使用，并在每个二极管上并接电容 / 电阻。

当负载等效电阻取 25mΩ，二极管串的等效总电阻约为 1.5mΩ，则在 5Hz 下的电阻损耗估算为：

$$P = I^2 RD = 5000^2 \times 1.5 \times 10^{-3} \times (5 \times 5 \times 10^{-3}) = 937.5W \tag{7.32}$$

式中，D 为工作占空比。

二极管导通压降产生的损耗估算为：

$$P = UID = 16 \times 5000 \times (5 \times 5 \times 10^{-3}) = 2\text{kW} \qquad (7.33)$$

可见，续流二极管工作时损耗较大，会导致二极管温度升高。因此，需要采用循环油冷的方式进行冷却。

(8) 系统控制设计

配电系统通过工业配电设备，如断路器、继电器、接触器等元件为执行元件，对系统的各个组成部分进行电力分配与控制。整个电源系统控制采用西门子可编程逻辑控制器（以下简称 PLC）和上位机组合实现，其原理框图如图 7.13 所示。

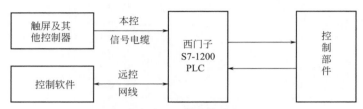

图 7.13 系统控制原理框图

根据技术协议的要求，系统控制（基于西门子 PLC 的控制组件）与计算机的通信接口为以太网口。为保证系统操作人员和设备的安全，采用网线传输，实现高低压的隔离。在上位机与 PLC 通信时，通过交换机与 PLC 通信接口连接，实现上位机与 PLC 之间的数据传输。根据以往实际应用效果评估，基于以太网下的通信模式非常可靠，完全可以达到控制要求，实现稳定的通信连接。通信以太网口传输，可有效抑制对上位机的干扰，实现信号的隔离，保证控制系统的安全。

7.2.3 可靠性及结构设计

(1) 可靠性设计

由于高功率脉冲电源输出的是高压与大电流，所以在设计时需要充分考虑操作人员及设备两方面的安全，采取足够的屏蔽、隔离及接地等保护措施，确保操作人员及设备的安全。为提高电源系统的可靠性，将加强以下几个方面的设计：

① 简化设计。

简化设计是提高基本可靠性最有效的方法之一，高压电源系统主要采用以下途径进行简化设计：

a. 优化设计方案，简化电路；

b. 尽量采用数字、模拟和混合集成电路提高集成度，减少元器件数量和品种；

c. 采用功能单元的最佳配置以达到简化设备量的目的。

② 电磁兼容性设计。

由于脉冲电源工作在较为恶劣的电磁环境中，设计时将采取多重屏蔽、隔离、滤波及接地等技术措施，使本系统能有效抵制来自周围设备的电磁干扰，并将本系统自身产生的电磁干扰抑制到最低，保证本系统在较恶劣的电磁环境中能正常工作，并且也不会干扰其他设备的正常运行。

系统配电设计时，三相进线先后进行两级滤波（总输入滤波和分机单元滤波），以提高系统的抗干扰能力。为抑制外界和系统工作对控制信号产生的干扰，信号线均通过磁环滤波后接入控制电路，对于特殊信号（高压采样、电压基准等）采用同轴屏蔽电缆以抑制干扰。

③ 电气互连设计。

电气互连设计主要考虑以下几个方面：

a. 输入、输出和控制信号相对集中，分别选用相应的电缆和连接器；

b. 进行标准化、规范化设计，最大限度压缩接插件品种；

c. 机柜以及分机内各类信号线、电源线及高压传输线等按其传输电流和电位差的大小及高低分开走线。

④ 散热设计。

散热设计将在电路和结构设计时同步进行，主要注意以下几个方面：

a. 优化电路设计，尽量减少电路的发热量，选用耐热性好和热稳定性好的元器件、原材料，采用适当的降额设计原则等。

b. 优化结构设计，对发热元件如充电机开关功率管采取最优冷却方案；对于系统工作时发热较为严重的元器件（如 IGBT 开关、泄放电阻、分压电阻等），通过水冷或风冷方式进行冷却，通过设计合适的风道、冷却回路，选择合适的散热器等方法以提高散热效果，确保其正常工作。

(2) 电源结构布局

整个电源结构采用柜式一体化设计，所有功能模块集成于机柜内，布局如图 7.14 所示。机柜根据高低压分离设计分为左右两个部分。左侧从上到下分别放置控制分机、充电电源、大电流源和工频配电模块；右侧从上到下分别放置 PFN 组件、脉冲变压器、闸流管及其辅助供电组件、续流二极管及其冷却组件、储能电容组件。

电源系统主要热损耗来源于脉冲变压器、大电流源和续流二极管，在机柜顶部和底部正对大功率组件分别配备有风机，为一侧进风、一侧出风设计。除此以外，对于损耗较大的续流二极管额外配备液冷组件和接口。整个电源机柜设计尺寸为：宽度为1400mm，深度为1000mm，高度为1800mm。系统总质量约为300kg。

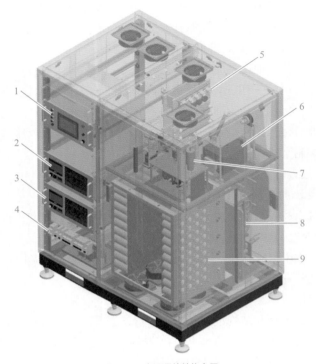

图 7.14　电源系统结构布局

1—控制分机；2—充电电源；3—大电流源；4—工频配电模块；5—PFN组件；6—脉冲变压器；
7—闸流管及附件；8—续流二极管及油冷组件；9—储能电容组件

7.3　空间应用优化设计考虑

电源是航天器最重要的分系统之一，为航天器各类用电载荷运转提供所需的电能。一次电源损坏将直接影响航天器的使用寿命，而二次电源损坏也将导致负载载荷不能发挥应有的功能。由于近地空间环境（如真空、热层、电离层、电磁辐射等）对空间系统的危害较大，以及空间载荷一旦损坏难以维修，空间电源系统与地面试验使用的电源相比，在轻量化、结构布局、电磁兼容、元器件筛选、工艺等各个方面的设计标准都更为严苛。

本节首先对可能造成电源系统在轨故障的空间环境因素及作用效应进行简要分析，然后针对这些空间环境因素并结合空间电源有关设计标准，对空间电化学复合推进的电源处理单元方案开展初步的优化设计。

7.3.1 空间环境因素影响简析

航天器发射入轨后会遇到复杂的空间环境，如真空环境、太阳辐照环境、空间冷黑环境、高能粒子辐照环境、微流星体环境、空间碎片环境、等离子体环境、磁场环境、微重力环境、原子氧环境及高层大气环境等。这些环境会对航天器在轨运行和生存产生极其重要的影响[3]。尤其是配备了大功率电化学复合推力器的大尺寸航天器，更容易受空间环境的影响。

航天器在轨运行阶段，其热性能、电性能、力学性能等将会受到几乎所有空间环境因素的影响。单就对航天器二次电源系统的影响而言，最突出的影响因素有真空环境和高能粒子辐照环境两种。

(1) 真空环境

在地球大气环境中，随着距离地面高度的增加，大气压力越来越小。从航天器发射到入轨运行，一般要经历 1 个大气压到高真空（压力低于 10^{-6}Pa）的环境变化。在此期间，航天器载荷设备、部组件、元器件及材料会与真空环境产生相互作用。归纳起来，由真空状态引起的空间真空效应主要有：压力差效应，真空放电效应，辐射传热效应，真空出气效应，材料蒸发、升华和分解效应，黏着和冷焊效应以及空间大气密度对航天器的阻尼效应等[4]。

在这些效应中，真空放电效应、辐射传热效应以及真空出气效应会对空间电源系统的可靠性产生重要影响，是空间电化学复合推进高压、大电流电源在方案设计阶段重点关注的。

① 真空放电效应。

真空放电效应研究较多的一般是低气压放电和微放电，主要发生在星载微波载荷及供电模块上。对于射频器件，低气压放电常在压力 300 ～ 1300Pa 范围的真空环境中发生，一般认为是在较低气压环境中，气体中带电粒子在外加射频场的作用下，碰撞中性粒子或在金属表面激发二次电子发射，造成空间电子数雪崩式增长，形成气体击穿效应；而微放电常在压力 6.65Pa 以下范围的真空环境中发生，是高真空条件下微波无源器件在承受高功率时发生的射频击穿现象。入轨以后启用的星载微波有效载荷运行环境压力低于 $1×10^{-3}$Pa，只需要防止微放电，而对于需要从发射到定点全过程均处于开机状态的微波测控设备，需要同时防范低气压放电和微放电的发生[5]。

空间高压电源部件对体积、质量和可靠性有极高的要求。它需适应地面常压、发射过程的低气压和在轨运行的真空环境。目前，空间出现的高压典型值，如行波管电源在 8 ~ 10kV，电推进的电源处理单元在 15 ~ 20kV。对于空间高压部件，低气压放电（电晕放电、沿面闪络等）是造成其故障和失效的主要因素。理论上，深空中没有任何气体，从而没有任何电荷载体。因此，在深空中，真空是一种绝佳的绝缘体。然而，实际上这种绝缘体并不存在，因为航天器总存在非金属材料的放气、邻近表面升华、航天器的漏气等，为低气压放电现象的发生提供了局部环境。其中，尤以绝缘闪络现象的存在妨碍了星载设备向更高电压等级和更高功率密度的方向发展，亦是解决设备小型化的瓶颈问题。沿面闪络电压受气压条件的变化会产生显著的改变[6]。以聚四氟乙烯为例，其沿面闪络电压随真空度的变化如图 7.15 所示。无论是直流、交流或脉冲电压，当气压低于 4×10^{-3}Pa 时，闪络电压基本不随气压变化；当气压介于 1Pa 和 4×10^{-3}Pa 之间时，闪络电压随气压升高而急剧减小；在气压大于 1Pa 时，闪络电压基本达到最小值并趋于平稳，之后随气压增加而缓慢增加。

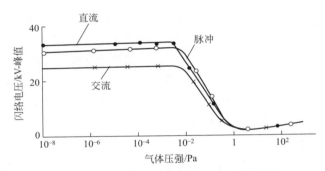

图 7.15　聚四氟乙烯沿面闪络电压随真空度的变化规律

② 辐射传热效应。

空间真空辐射传热效应主要影响电化学复合推进电源系统的散热设计。地面环境中，对于大功耗器件的散热可以采用辐射、对流、传导的方式，如常配备有对流风机。但在空间真空环境下，在压力低于 10^{-3}Pa 时，空气的传导和对流换热可以忽略。因此，航天器与外界的传热主要通过辐射形式，而在航天器内部的换热主要以辐射和传导的形式进行，造成热控制方案与地面存在较大差异。

③ 真空出气效应。

在空间真空环境下，非金属材料内部或表面某些成分会因发生解吸、释放、分解等过程而脱离表面，这一现象称为真空出气[7]。卫星上的介质材料长期处于高真空环境下，将不可避免地产生出气效应。

当真空度高于 10^{-2}Pa 的情况下，材料中的气体不断从其表面释放出来。这些气体的来源是：

　　a. 原先在材料表面上吸附的气体在真空状态下从表面脱附；

　　b. 原先溶解于材料内部的气体在真空状态下从材料内部向真空边界扩散，最后在界面上释放，脱离材料。

　　c. 渗透气体通过固体材料释放出来。

　　航天器材料在空间真空环境下出气，通过分子流动和物质迁移而沉积在航天器其他部位上造成的污染，称为分子污染。严重的分子污染会降低观察窗和光学镜头的透明度，改变热控涂层的性能，减少太阳电池的光吸收率，增加电气元件的接触电阻等。对于空间高压电源的高压组件多采用固体灌封的方式实施绝缘防护，如果灌封不实或灌封材料除气不良，在空间应用时，灌封体内形成的空腔逐渐对外放气，从而形成低气压，进而引发高压放电，造成高压组件有效载荷失效。据统计，在我国空间行波管放大器国产化的研制过程中，有80%的故障是在热真空试验中发生的，而热真空试验中的故障70％以上又是由灌封缺陷造成的 [8]。

(2) 高能粒子辐照环境

　　空间高能粒子辐照环境主要来自地球辐射带、太阳宇宙射线（Solar Cosmic Ray，SCR）、银河宇宙射线（Galactic Cosmic Ray，GCR）等，与空间等离子体共同构成了航天器轨道上的带电粒子环境。

　　地球辐射带又称 Van Allen 带，主要由来自太空的高能带电粒子被地磁场捕获而形成。带电粒子在地磁场作用下的运动如图 7.16 所示，可分为绕磁力线的螺旋运动、在两半球磁镜点之间的振荡运动和漂移运动 [9]。Van Allen 辐射带又分为内辐射带和外辐射带。其中，内辐射带简称内带，其中心位置的地心距为 1.2 ～ 2.5 个地球半径，粒子成分主要包括捕获质子、捕获电子以及少量的重离子，捕获质子的能量范围为 0.1 ～ 400MeV，捕获电子的能量范围为 0.04 ～ 7MeV。外辐射带中心位置的地心距为 3 ～ 8 个地球半径，主要粒子成分是捕获质子和捕获电子，捕获质子的能量范围为小于几 MeV，捕获电子的能量范围为 0.04 ～ 4MeV。

　　太阳宇宙射线是太阳光球层表面上突然爆发并释放出巨大能量，发生太阳耀斑时，从日面上喷射出的高能、高通量带电粒子流，又称太阳质子事件。太阳宇宙射线的粒子种类主要由质子组成，氦核占 3% ～ 15%，也有 $Z > 2$ 的重核存在，粒子能量覆盖 10 ～几十 GeV。银河宇宙射线是来自太阳系以外的通量很低但能量很高的带电粒子，一般认为是银河系以内的超新星爆发产生的高能粒子。其粒子能量范围覆盖 $10^2\,MeV$ ～ $10^9\,GeV$，大部分粒子能量集中在 10^3 ～ $10^7\,MeV$。

银河宇宙射线进入地球大气之前称为初级宇宙线。初级宇宙线的强度变化很小，其成分包括元素周期表中的所有元素，主要成分是质子，约占总数的84.3%，其次是α粒子，约占总数的14.4%，其他为重核成分，约占总数的1.3%。进入太阳系后，银河宇宙射线中的高能带电离子受到行星星际磁场的影响，因此银河宇宙射线的通量和能谱随着太阳活动水平的变化呈周期性变化。

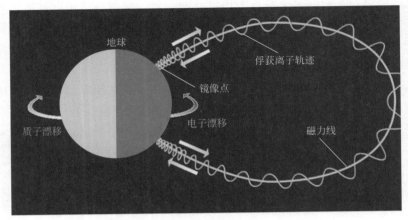

图7.16　地球辐射带成因

空间等离子体是由带电粒子（也包括部分中性粒子）在电磁力作用下表现出集体行为的一种准中性物质，被称为物质的第四态。日地空间等离子体主要由太阳风等离子体、磁层等离子体、电离层等离子体三部分组成，它们是太阳辐射、粒子辐射与地球磁场、地球高层残余大气相互作用的复杂结果。

当航天器运行于空间高能粒子辐照环境中时，带电粒子对航天器材料、微电子器件、光学窗口、温控表面、生物及宇航员均会产生辐射损伤，进而造成航天器在轨异常和失效。例如，20世纪70年代初对地球同步轨道通信卫星接连出现的故障分析表明，空间高温等离子体使卫星充电与等离子体的电位差高达上万伏。当出现不等量带电时，会产生放电现象，强电弧和电磁脉冲将干扰卫星正常工作，甚至将卫星的组件击穿，造成永久性损伤。

从效应机理来讲，粒子辐照环境对航天器的影响主要表现为总剂量效应、单粒子效应、位移损伤效应、表面充放电效应、高能电子内带电效应、磁层顶穿越事件等。其中，主要空间辐射效应的辐射源及作用对象如表7.5所示。由于总剂量效应将影响几乎所有的电子器件及材料，而单粒子效应也会造成多种类型元器件的失效和损坏。因此，电化学复合推进电源系统的设计尤其需要重点考虑如何降低总剂量效应和单粒子效应两个因素造成的影响。

表 7.5　主要空间辐射效应辐射源及作用对象

空间辐射效应	引发效应的主要带电粒子	产生效应的主要对象
电离总剂量效应	捕获电子 / 质子、耀斑质子	几乎所有电子器件及材料
位移损伤效应	捕获 / 耀斑 / 宇宙线质子	太阳电池、光电器件
单粒子翻转（SEU）	高能质子 / 重离子	逻辑器件、单 / 双稳态器件
单粒子锁定（SEL）	高能质子 / 重离子	CMOS 器件
单粒子烧毁（SEB）	高能质子 / 重离子	功率 MOSFET
单粒子栅击穿（SEGR）	高能质子 / 重离子	功率 MOSFET
单粒子瞬态干扰（SET）	高能质子 / 重离子	模拟器件、数字器件
卫星表面充 / 放电	低能等离子体	卫星表面包覆材料、涂层
内带电	高能电子	卫星内部介质材料、器件
太阳电池的等离子体充电	低能等离子体	太阳电池

① 总剂量效应（Total Ionizing Dose，TID）。

总剂量效应通常特指电离总剂量效应，它对器件的影响表现在整体功能和性能的层面。带电粒子入射到材料中后，部分能量会被吸收形成能量积累。当吸收的能量超过材料的禁带宽度时，就会使电子从价带跃迁至导带，进而产生电子 - 空穴对，另外一部分能量则被晶格吸收。引发总剂量效应的主要辐射源是捕获电子、捕获质子、太阳耀斑质子以及轫致辐射等。总剂量效应是一种累积性的损伤行为，随着器件在总剂量辐射环境中辐照时间的增加，器件内部诱发产生的界面态和正氧化物陷阱电荷越多，其性能退化越显著[10]。

对于长寿命航天器，其内部几乎所有的电子器件（重点对象为：集成电路、晶体管、运算放大器、CPU、DSP、FPGA 等）及原材料（重点对象为：有机材料、胶、电缆外皮、接插件、光纤、热控材料、玻璃、微波器件的介质材料、工艺辅料等）都会因总剂量效应的影响产生损伤。

对于电子器件，总剂量效应会造成的影响有：a. 双极晶体管电流放大系数降低，漏电流升高，反向击穿电压降低；b. 单极型器件（MOS 器件）跨导变低，阈电压漂移，漏电流升高；c. 运算放大器输入失调变大，开环增益下降，共模抑制比变化；d. 光电器件及其他半导体探测器暗电流增加，背景噪声增加；e. 星上计算机中 CPU 及其外围芯片等逻辑器件的电性能参数偏移，并最终导致器件的逻辑功能错误乃至丧失等。

对于原材料，总剂量效应会造成的影响有：a. 导线［图 7.17（a）］、微波馈线、高分子材料、接插件［图 7.17（b）］等介质材料强度降低、开裂、粉碎；b. 玻璃材料在严重辐照后可能会变黑、变暗［图 7.17（c）］；c. 温控涂层开裂、脱落、热学参数（发射率和吸收率）衰退等。

(a) 线缆外皮脱落

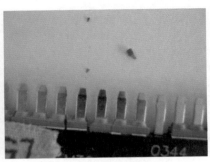
(b) 接插件介质脱落

(c) 玻璃变黄或变黑

图 7.17　总剂量效应造成的原材料损坏现象

由于航天器接收到的辐射总剂量与其轨道、在轨时间和屏蔽等因素密切相关，因此对于不同轨道的航天器，航天器内部受到的总剂量存在较大的差别。典型轨道剂量与屏蔽厚度、轨道高度、在轨年限的关系如图 7.18 所示。可以看出，在轨年限越长，承受的辐射总剂量越大；低地球轨道的总剂量值远远小于地球同步轨道的总剂量值；低地球轨道上铝屏蔽对总剂量的影响非常有限，而对于地球同步轨道，不同厚度铝屏蔽对总剂量的影响异常明显。

② 单粒子效应（Single Event Effects，SEE）。

当单个高能粒子入射到电子元器件，在穿过元器件的敏感区域内沉积足够能量，使器件材料的原子电离和激发，产生电子 - 空穴对，这些电荷在电场作用下被电路敏感结点所收集，导致器件功能异常，把这一类由单个粒子引起的效应称为单粒子效应[11]。单粒子效应只有空间中来自地球辐射带、太阳高能质子事件和银河宇宙线产生的重离子和质子才能引发，其入射粒子与器件材料相互作用涉及的能量传递机制主要是核反应和直接电离。其中，由辐射带、耀斑、SCR/GCR 高能质子引起的单粒子效应主要是核反应机制，而由 SCR、GCR 高能重离子引起的单粒子效应主要是直接电离机制。

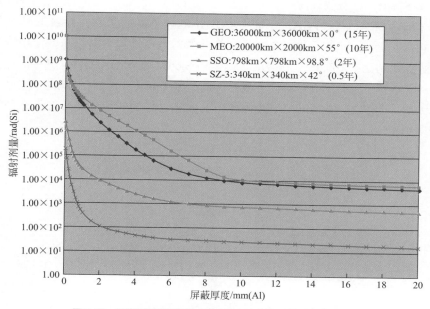

图 7.18　典型轨道辐射剂量与屏蔽厚度、轨道高度、在轨年限的关系

单粒子效应分为"软错误"和"硬错误"。其中，"软错误"只改变存储单元的信息或者逻辑状态，其可以通过重写、复位或者重新上电加载的方式进行修复，不会造成半导体器件永久性的损坏，如单粒子翻转（SEU）、单粒子瞬态干扰（SET）、单粒子功能中断（SEFI）和单粒子闩锁（SEL）；对器件造成永久性破坏的则被称为"硬错误"，广泛使用的功率器件，在特定的偏置下暴露在辐射场中，会产生单粒子栅击穿（SEGR）或单粒子烧毁（SEB），引起器件硬件的损坏。根据地面单粒子效应测试以及航天器在轨故障分析统计结果，像 CPU、DSP、FPGA、1553B、SRAM 等这类逻辑器件主要涉及单粒子反转、单粒子瞬态干扰和单粒子功能中断，体硅 CMOS 器件主要涉及单粒子锁定，高压模块使用的功率 MOSFET 主要涉及单粒子烧毁和单粒子栅击穿，电压比较器、反相器等模拟或数字器件主要涉

及单粒子瞬态干扰。空间电化学复合推进电源系统不可避免地会使用大量逻辑器件和功率 MOSFET，需要针对单粒子效应开展防护设计。

a. 单粒子翻转。

单粒子翻转是指单个带电粒子在器件中引起逻辑状态翻转变化，具体发生过程如图 7.19 所示。带电粒子穿过器件内部时通过电离作用损失能量，在粒子路径周围由于电离作用产生电子 - 空穴对，当器件加电时，电子和空穴在电场作用下发生定向转移，引起逻辑器件逻辑状态由 "0" 变为 "1" 或者由 "1" 变为 "0"，最终造成在轨航天器有效载荷的逻辑混乱、指令错误。例如，某卫星大量使用 Xilinx 公司 300 万 SRAM 型 FPGA，未充分重视其单粒子高敏感性，导致卫星重要载荷在轨每 4 ~ 5 天出现一次功能中断，严重影响载荷功能。由于当前使用较多的 Xilinx 公司 30 万、100 万、300 万、550 万门 SRAM 型 FPGA 器件，其中的配置存储器具有单粒子翻转的高敏感性，故器件抗单粒子翻转线性能量传输值（LET 值）阈值太低（小于 2 MeV·cm^2/mg）。因此，对此类器件的使用，必须进行充分的抗 SEU 防护设计。

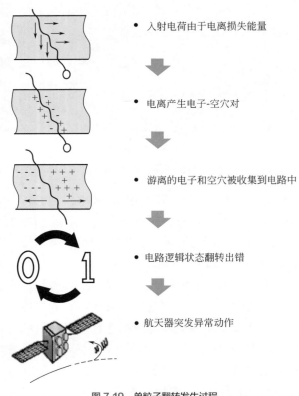

图 7.19　单粒子翻转发生过程

质子在器件中直接电离的 LET 非常小（约小于 0.4MeV·cm²/mg），很难直接引发 SEU。质子引发单粒子效应时，需质子与器件材料相互作用产生次级重离子，重离子再引起电离而导致 SEU，这些重离子的 LET 值小于 15MeV·cm²/mg。因此，如果器件抗 SEU 的阈值大于 15MeV·cm²/mg，就可以避免由于质子引发的 SEU 问题，而只遗存空间重离子引发的 SEU。由于地球辐射带、南大西洋异常区、太阳质子事件等辐射源中，质子占了大多数，因此，器件抗 SEU 的阈值大于 15MeV·cm²/mg 非常有利于器件的抗 SEU 防护。

b. 单粒子闩锁。

体硅后外延工艺的 CMOS 器件由于自身固有的生产工艺，不可避免地存在寄生可控硅结构，是发生单粒子闩锁效应的特殊对象。可控硅内部结构如图 7.20 所示。在正常情况下，闸流管处于高阻关断状态，但当离子入射时，将触发该结构导通，产生电流。由于可控硅的正反馈特性，流过的电流不断增大，进入大电流再生状态。一般而言，单粒子闩锁效应是由重离子引起的。

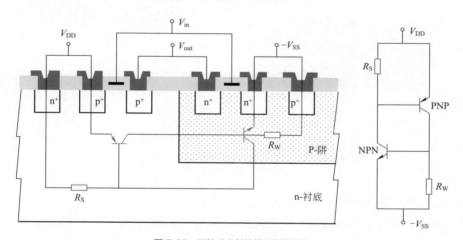

图 7.20　可控硅内部结构及电路结构

由于 SEL 发生时，可能带来自身器件烧毁、使用的电源损伤、共用电源的其他设备连带工作异常等严重后果，设备在轨发生 SEL 后，如不能解除锁定，则设备将始终处于失效状态，可能对卫星造成重大损伤，甚至使卫星某些重要功能（如指令加载、加密解密等）彻底丧失。1994 年 2 月 27 日，我国 SJ-4 卫星入轨 19 天，直流稳压 Ⅱ 号电源 +5V 输出突然跌落到 +2V，使用该电源的单粒子效应动态监测仪等仪器完全停止工作，同时直流稳压 Ⅱ 号电源外壳温升 4℃，监测仪外壳温升 2℃。3 月 26 日，通过遥控指令使监测仪瞬时断电再启动，直流稳压 Ⅱ 号电源输出电压立即回升正常，几台相关仪器恢复正常工作。经判定，造成这一异常的原因就是单粒子效应动态监测仪发生 SEL。

c. 单粒子烧毁和单粒子栅击穿。

如图 7.21 所示,入射粒子产生的瞬态电流会导致敏感的寄生双极结晶体管导通。双极结晶体管的再生反馈机制造成收集结电流不断增大,直至产生二次击穿,造成漏极和源极的永久短路,烧毁电路。功率 MOSFET 通常采用 VDMOS 工艺,其不可避免存在寄生三极管,多数 VDMOS 器件在小于 55V 母线电源体制下,在高压应用、截止状态下,可能产生 SEB 和 SEGR。FPGA、DSP 等逻辑器件,不存在发生 SEB 和 SEGR 的物理机制。功率 MOSFET 在电源分系统或电源供电模块中经常使用,应高度关注其 SEB 和 SEGR 效应的防护。

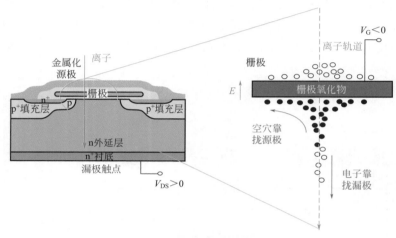

图 7.21　单粒子栅击穿原理

d. 单粒子瞬态干扰和单粒子功能中断。

单粒子瞬态干扰是指对于组合逻辑电路,当受到带电粒子入射时,会产生瞬时电流脉冲,干扰逻辑器件正常判断,进而导致输出异常。该瞬态脉冲是否会被当作真实信号而被捕捉,取决于它到达的时间与时钟下降沿或上升沿的关系。而单粒子功能中断则是指当质子或重离子入射到器件的控制单元,引起器件的控制逻辑出现故障,使得器件的控制功能失效。单粒子功能中断通常发生在较复杂的集成电路中,如 FPGA 和 Flash 等,一旦发生单粒子功能中断,需要重新上电才能恢复工作。

7.3.2　空间适应性优化设计

可靠性是航天器的生命线。航天器在轨运行环境复杂多变,其载荷将面临各种空间环境因素的影响，相比地面试验系统可靠性设计要求更高。由于空间电化学复合推进的电源系统功率容量更大，脉冲电压和脉冲电流幅值更高，更容易受空间环境因素影响而诱发异常。在研制过程中，需要针对各种常态空间环境和突发性空间天气事件采取必要的防护措施。本节将在地面原理样机方案基础上，结合7.3.1节对空间环境效应的分析，在提高电源系统空间适应性方面开展初步的优化设计探索。

（1）电路拓扑优化

空间电化学复合推进二次电源（特指电源处理单元，即 PPU）与地面用原理样机相比，其高压电离模块和大电流模块的输入参数发生显著变化。地面原理样机采用 50Hz 交流市电作为输入，而空间电源的输入为平台一次电源直流母线，高压充电电源和大电流源的输入侧电路拓扑中将会减少整流和滤波模块。另外，由于复合推力器加速腔内形成放电通道后阴阳极之间电势约为百伏量级，与大功率母线的电压幅值基本相当，可以借鉴 5.2.3 节中的 300V DDU 拓扑原理直接利用一次电源充当大电流源，将电路拓扑结构进一步简化。

（2）轻量化设计

航天器依靠运载火箭进行发射。由于受运载火箭发射能力的限制，航天器的质量大小与发射条件和发射成本关系密切，在开展航天器载荷研制过程中，尽量减小其质量是设计的首要任务之一。

系统的轻量化是决定电化学复合推进是否具有空间应用前景的关键因素之一。电化学复合推进相比纯化学推进由于增加了电能对工质气体的作用过程，比冲得到提升，能够节省一定的燃料。但这并不意味着电化学复合推进就一定比化学推进更具有应用前景，这主要是因为复合推进额外增加了电源系统。对于某一速度增量的空间机动任务，采用哪种类型推力器需要综合权衡电源系统质量与燃料节省质量之间的关系。如果电化学复合推力电源系统很轻，远低于任务周期内因比冲提升节省的燃料质量，那么采用电化学复合推进替代同等推力量级的化学推进则具有可行性和较好的前景，反之效费比不高。

为开展地面试验而研制的复合推进电源系统总重高达 350kg，其中又以机柜、配电模块、储能电容模块的质量最大。在地面电源系统中，采用模块化设计，将充电电源、直流电源、控制模块等这些功能模块设计成抽屉式结构，并分层安装在机柜内。机柜除了提供支撑作用外，主要还起到电磁屏蔽和保护现场操作人员安全的作用。在空间应用时，电源系统中的一些部件是可以去除的，如配电模块；另外还有一部分是由平台一次电源进行考虑的，如控制分机、大电流源、冷却模块、储能电容模块等。去除这些模块，空间复合推进电源基本包括二次充电电源、闸流管、脉冲变压器、PFN 组件、续流二极管等几个部分，体积与质量将能够大幅缩减至几十公斤量级，满足了小型化设计要求，将具备较好的应用可行性。

(3) 结构设计

由于航天器有效热管理、良好电磁兼容的实现都与结构布局存在密切的联系，合理的结构设计是保证航天器可靠性的前提条件之一。除了做好平台的整体结构设计以及各类有效载荷在平台的装配布局设计外，有效载荷内部及部组件结构设计同样不容忽视。

对于复合推进二次电源这类技术指标较为特殊的功能模块来说，需要重点围绕保证结构件强度、高压部组件绝缘防护、大功率部组件良好散热、电磁兼容等几个方面开展有针对性的设计。航天器一般需要经历发射、空间轨道运行、离轨或返回地面等三种极为特殊的环境。在发射阶段，航天器要经历恶劣的加速度、振动、冲击和噪声等的力学环境；对于返回地面的航天器还需经历再入过程产生的严酷气动力和气动热环境以及着陆环境等。相比地面环境，这些空间环境因素对电源壳体及内部结构件强度设计提出更高的要求。复合推力器工作启动阶段需要高电压脉冲进行点火，电源高电位端子的外围几何结构必须满足与低电位之间具有足够的绝缘距离，防止沿面闪络现象的发生。对于大功率开关管、脉冲变压器、续流二极管等高功耗部组件需要设计合理的散热结构，并考虑与平台热管理系统的接口兼容性。电源内部的开关器件、变压器、整流管等皆是产生电磁干扰的重要源头，应该通过合理的结构设计屏蔽其电磁辐射，防止对控制器、传感器以及传输线等产生干扰。

(4) 器件的筛选与替换

为了节约成本，地面电源系统在研制过程中一般采用工业级电子元器件。航天器在轨运行阶段，需要经受来自地球辐射带、太阳宇宙射线（Solar Cosmic Ray，SCR）、银河宇宙射线（Galactic Cosmic Ray，GCR）等空间高能粒子辐射环境的作用，像模拟集成电路、数字集成电路、接口集成电路、微型计算机与存储器等这类工业级电子元器件因为不能满足抗辐照要求将被宇航等级器件替代。除了部分元器件抗辐照级别提升以外，还有一部分地面常用元器件由于制造工艺、自身原理等原因不能适应空间环境而面临更换。例如，在新能源汽车、智能电网以及轨道交通等领域大规模使用的 IGBT 器件，由于在高低温交替环境下可靠性较差，在空间一般采用 MOSFET 进行替代。由于材料的介电常数会随温度变化而变化，温度变化对各类电容器的电容量都有影响，具体如图 7.22 所示 [12]，其中以铝电解电容的热稳定性最差，在空间电源系统中一般采用固体钽电容进行替换。

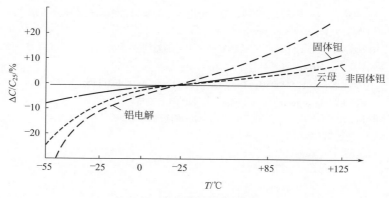

图 7.22　各类电容器的热稳定性

(5) 制造工艺选用

先进的工艺技术和制造装备是确保航天器型号的研制生产顺利进行、产品质量不断提高的重要保证。但目前的航天器型号研制生产中由于部分环节采用落后生产工艺，导致航天器在轨故障和失效的事件还时有发生。2006 年，"鑫诺二号"卫星因电源短路，不能实现火工品点火，太阳帆板二次展开、天线展开受阻，导致整星不能工作。在空间复合推进电源研制过程中，对制造工艺的总体要求是：对照《航天产品禁（限）用工艺目录》及相关标准，从特种加工、电气装联、焊接、机械加工、表面处理、热加工等各个方面进行全面筛查，禁止选用和使用禁用工艺，避免选用限用工艺，保障产品质量和使用寿命。

参考文献

［1］郑新，李文辉，潘厚忠，等. 雷达发射机技术［M］. 北京：电子工业出版社，2006，9：363.

［2］刘凤君. 现代高频开关电源技术及应用［M］. 北京：电子工业出版社，2008，1：169.

［3］方进勇，李立. 空间人工环境概论［M］. 北京：北京理工大学出版社，2021，1：3-8.

［4］柯受全，黄本诚，等. 卫星环境工程和模拟试验［M］. 北京：中国宇航出版社，2005，10：10-12.

［5］王宇平，夏玉林. 星载微波设备低气压放电及其防范［J］. 上海航天，2015（S1）：65-68.

［6］李卓成. 空间高压绝缘降额系数的确定［J］. 空间电子技术，2016（5）：92-98.

［7］汪静，刘宇丹，高鸿，等. 航天器电缆真空出气特性和真空烘烤条件研究［C］. 电力电子与航天技术高峰论坛，2014，6：242-248.

［8］洪彬. 空间用高压绝缘组件真空灌封技术研究［D］. 天津：天津大学，2012，05.

［9］牛胜利，罗旭东，王建国，等. 带电粒子在辐射带中的运动轨迹模拟［J］. 核技术，2011，34（5）：345-349.

［10］刘静. PPD CMOS 图像传感器像素单元的总剂量效应仿真模拟研究［D］. 湘潭：湘潭大学，2014，03.

［11］Kjalmarson H E，et al. Dose-rate Dependence of Radiation-induced Interface Trap Density in Silicon Bipolar Transistors［C］. NIMB，2006.

［12］GJB/Z 112—98，宇航用电子元器件选用指南 - 电容器［S］. 北京：中国人民解放军总装备部，1998.

第 **8** 章

工质供给系统设计

工质供给系统承担着工质的储存、压力调节和流量控制等功能，是空间推进系统的关键子系统。由于工质供给过程中的流量控制精度不仅影响推力器的推力精度，还会影响其在轨工作可靠性和寿命，各国在工质供给方面都开展了大量的研究和工程实践。传统工质供给技术研究涉及建模与仿真技术、流体控制器件技术、系统集成技术等关键技术[1]。工质供给系统是典型的机-电-磁-热-流体多场耦合系统，需要借助建模与仿真技术对其进行优化设计。流体控制器件是实现工质供给系统的物理基础，尤其是对于采用脉冲模式工作的推力器，对先进流体控制器件的使用更为依赖。系统集成技术主要体现在采用化学刻蚀工艺、激光刻蚀工艺等先进制造工艺加工流体通道，并采用扩散焊技术、MEMS 技术等先进集成技术将器件和流体管道组合起来，是实现工质供给系统微型化的有效途径。

与已经在轨应用的空间电推进和化学推进相比，空间电化学复合推进呈现新的技术特点，其工质供给系统的设计要求也发生新的变化。本章在分析电化学复合推进工质供给技术要求的基础上，结合对工质供给相关文献资料的调研，重点介绍地面试验阶段所使用的工质供给系统方案设计。

8.1　供给量需求分析

化学推进是通过化学反应将工质的化学能转变为热能，再转变为动能，产生推力。化学推进的优势在于推力大，但其工质喷射速度受限于推进剂化学内能，比冲较低。电推进系统是利用星上电源系统提供的电能将推进剂电离并使其加速喷出，为卫星提供推力。由于不受推进剂化学能的约束，电推进可以实现高比冲，但推力一般不大。这两种类型的推力器工作原理和技术特点完全不同，对推进剂的供给需求也存在显著差异。

占据当前空间主流应用地位的离子和霍尔这两种推力器工作过程中其工质一般以连续模式供给。由于电推进输出推力最高百mN量级，比冲可至数千秒，所需工质供给流量一般很小。以我国实践二十卫星配置的LIPS-300离子推力器为例，该推力器在5kW大功率模式下，推力200mN，比冲3500s。根据式（6.1），计算工质供给流量约为5.7mg/s。

卫星常规配置的化学推力器主要有10N量级姿控推力器和490N远地点发动机，推力相比电推进显著提升，但比冲较低，最大真空比冲为320s左右，所需推进剂供给流量较大。由于化学推力器一般带有喷管，计算推力时必须考虑喷管的作用。根据动量方程，化学推进在排气过程中所产生的瞬时推力计算公式为：

$$F = \dot{m}v_e + (P_e - P_\alpha)A_e \tag{8.1}$$

式中，$\dot{m}$为任意时刻喷管出口的瞬时质量流量；v_e为排气速度；P_e为喷管出口压力；P_α为环境压力；A_e为喷管出口截面积。由于喷管出口压力除了与推进剂供给量和喷管构型有关外，还与推进剂燃烧状态密切相关，化学推进的推力和比冲参数一般经过实测才能最终确定。以某型甲基肼/四氧化二氮双组元推进剂发动机为例，推力为445N，比冲达到350N·s/kg，对推进剂的供给流量需求约为1.27kg/s。

电化学复合推进技术指标特点为输出推力与化学推进相当，比冲比化学推进显著提升，达到接近电推进水平的千秒量级。由电推进和化学推进推力计算公式可以看出，推力器的主要推力调节手段是调节推进剂质量流量$\dot{m}$。电化学复合推进技术的特点决定了其工质供给量大小将介于化学推进和电推进之间。对于不带喷管结构的电化学复合推进，其理论指标采用电推进计算公式进行估算。当推力为50N，比冲为1000s时，计算出工质秒耗量约为5g/s。

kW级离子推力器和霍尔推力器已在我国航天器上得到大量应用。这两类电推力器一般采用单一工质，且以连续模式工作。与之相比，电化学复合推进在工质类型、工质流量、工作模式方面存在较大差异。由于电化学复合推进是以高频脉冲模式工作，对于工质脉冲内加注的峰值流量需求大幅提升。当采用按照化学当量比混合的氢气和氧气作为工质，重复频率为50Hz、进气时间长度取10ms时，对应的单个脉冲氢氧进气总量为0.1g，单个脉冲氢气质量约为0.011g，氧气质量约为0.089g，则氢、氧加注时的流量需求分别高达746L/min和373L/min。为保证工质能够足量供给，在电磁阀的选型时尽可能兼顾大流量和快响应两个参数。另外，由于电化学复合推进采用由氧化剂和燃料组成的复合工质，推力器工作期间二者能否充分混合将对推力器性能产生较大影响。在进气方式选择以及加速腔内结构设计上应充分考虑对燃料和氧化剂混合效果的影响。

8.2 供给方式选择

8.2.1 供给速度控制

电推进的氙气供给系统一般包括高压气瓶、压力控制模块和流量控制模块三个部分。如图 8.1 所示，高压气瓶是用于氙气的高压、高密度储存；压力控制模块是通过减压元件将氙气瓶中的高压氙气减压并稳定在较低的压力值；而流量控制模块是通过具有超高流阻的节流元件实现微小流量的精确控制并供给电推力器的阳极、阴极或中和器。为了提高流量稳定性和精度，节流元件一般采用热控装置，构成所谓的"热节流元件"[1]。

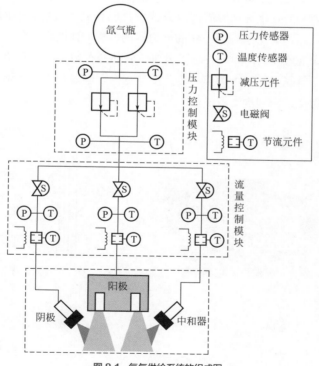

图 8.1 氙气供给系统的组成图

流量控制模块对工质流量较小、对流量控制精度较高、非脉冲型供气的电推进而言是极其必要的。但对于采用脉冲模式供气的电化学复合推进，一般的流量控制元件，如质量流量计，稳定等待时间难以满足脉内调控需求，并且在供气通路设置流量控制元件反而会增加流阻，影响工质的流通速度。因此，在保持电磁阀导通时间不变前提下，电化学复合推进的供给速度调控主要依靠压力控制模块来实现。

8.2.2　氢/氧混合方式

众所周知，利用爆震燃烧产生推进能力的基本要求是燃料与氧化剂的快速和充分混合。在燃料当量比不合适或燃料/氧化剂混合不充分的情况下，爆震的起爆较为困难且产生的爆震波可能再次解耦和熄爆，从而导致脉冲爆震推进失效。对于采用气相氢、氧作为燃料和氧化剂的电化学复合推进，常用的燃料与氧化剂混合方式主要有两种。如图 8.2 所示，一是燃料/氧化剂对冲混合方式；二是预混腔混合方式[2]。燃料/氧化剂对冲混合方式中，燃料和氧化剂为独立进气，方便分别对其进行时序控制，并且进气系统相互干扰少，同时可以防止爆震燃烧后的回火现象。对冲混合方式主要是用于低频工作的推力器的燃料/氧化剂混合，在高频工作方式下受到限制。燃料/氧化剂预混腔混合方式中，燃料氧化剂混合时间和距离较长，有利于充分混合，可应用于高频工作的推力器的燃料/氧化剂混合。其主要的缺点是，爆震管回火现象较为严重，导致部分进气管热负荷较大，给管道的密封及安全带来问题。对于氢氧这一类可燃当量比范围较宽的可燃混合物，必须避免在预混腔中形成驻定的燃烧，否则推力器不能工作。

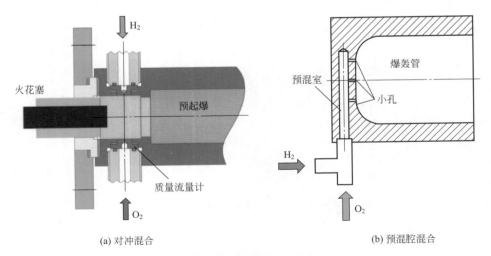

(a) 对冲混合　　　　　　　　　　　　　　(b) 预混腔混合

图 8.2　燃料和氧化剂常用混合方式

在预混腔混合方式中，氢氧混合程度将受到预混腔内部结构型式的显著影响。对于两股流体的混合结构，根据混合器内部是否存在运动部件，可分为动态混合器与静态混合器。由于动态混合器的混合原理是利用涡旋体的自旋运动为内部流体提供混合的外在动力，增加了混合器结构的复杂程度，同时也增加了额外的负荷。这里主要介绍几种静态混合器设计方案。

（1）传统型式

传统型式静态混合器如图 8.3 所示，其由外部的管道及内部的异形波纹板装配而成。氢气、氧气在通道内经历"分割 - 移位 - 重叠"后完成混合，成为氢气 / 氧气混合气流流向燃烧室，待升温至燃点后进行燃烧。在混合过程中，"移位"起到决定性作用，其通过通道内同一截面流速分布引起的相对移位及多通道的相对移位两种作用促进氢 - 氧两相的混合。

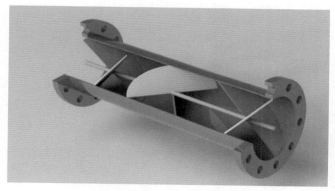

图 8.3　传统型式静态混合器

（2）喷射混合型式

喷射混合型式以单相流体空间作为混合腔室，通过向混合腔室内注入另一相，完成两相流体的混合。根据混合腔室所在位置，喷射混合型式可分为内腔混合式、外腔混合式和中间腔混合式三种。如图 8.4 所示，内腔混合式静态混合器位于外腔室的流体由喷嘴注入内腔室，与内腔室的另一相流体相遇、混合；外腔混合式静态混合器位于内腔室的流体由喷嘴注入外腔室，与外腔室的另一相流体相遇、混合；中间腔混合式静态混合器位于内腔室与外腔室的流体由喷嘴注入中间混合腔室，在中间混合腔内实现两相流体的混合。

（3）异形型式

异形型式静态混合器如图 8.5 所示，采用的是波瓣喷管与缩放喷管相结合的型式。两股流体在异形混合器内流动时，位于内腔的流体（如氧气）经缩放喷管进行降压增速后，流经波瓣喷管，使来自缩放喷管的气流失稳，并与来自外腔（喷管外部）的流体相遇，进而增强与外腔流体（如氢气）的混合程度，而后混合气体在缩放喷管内继续混合。

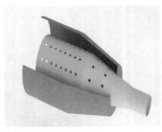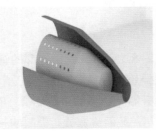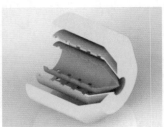

(a) 内腔混合式　　　　　　　(b) 外腔混合式　　　　　　　(c) 中间腔混合式

图 8.4　喷射混合型式静态混合器

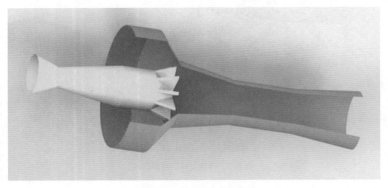

图 8.5　异形型式静态混合器

在对氢氧预混器进行设计时，可以基于上述基本型式类型进行混合，进而达到更高效混合的目的。

8.3　系统方案设计

8.3.1　氢氧混合特性仿真计算

在流体力学领域，常采用雷诺数（Reynolds number）来表征流体流动的情况，并区分流动是层流还是湍流。雷诺数表达式为：

$$Re = \rho v d / \mu \tag{8.2}$$

式中，v 为流体的流速，m/s；ρ 为流体的密度，kg/m³；μ 为流体黏性系数，Pa·s；d 为特征长度，m。

氢气的密度和黏性系数分别为：0.082kg/m³ 和 8.91×10⁻⁶Pa·s；氧气的密度和黏性系数分别为：1.292kg/m³ 和 20.55×10⁻⁶Pa·s。为了便于对比氢气和氧气的流动特性，二者减压阀输出后的流量皆取 300L/min，则在直径为 10mm 的管道入口流速为 63.66m/s。由式（8.2）计算出氢气和氧气的雷诺数分别为 6200 和 43100。可见两种气体在管道中的流动性存在较大差异，并且由于雷诺数均大于 4000，两种气体的流动类型为湍流流动，势必造成在加速腔内混合不均匀的现象。

为了对氢气和氧气充入加速腔后的扩散情况有一个直观了解，采用 Fluent 仿真软件进行建模仿真。在实际试验过程中，出于安全考虑，气源远离加速腔约 50m 放置。氢气和氧气经减压器后，将在管道内传输一段距离才能达到加速腔。因此，在模拟氢氧混合特性之前，首先对两种气体在一定长度管道中传输时的压降和流速进行计算。

（1）氢、氧在管道中的压降和流速

为了获得氢气和氧气在管道中的压降和流速，采用 Fluent 仿真软件，建立了如图 8.6 所示的四分之一管道对称湍流模型，管道内径为 10mm，长度为 50m。

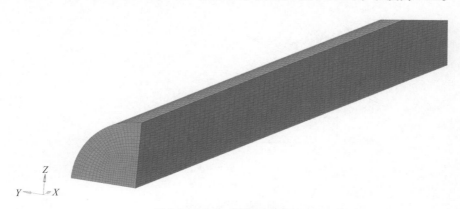

图 8.6　四分之一管道对称湍流模型

氢气在管道中的传输速度和压力分布随传输距离的理论计算结果如图 8.7 所示。图 8.7（a）表示的是在管道的中心轴线处，以入口段为初始位置，沿着轴向防线截取管道中心的流速值。结果显示，在管道入口段 1m 距离内，气体传输速度变化很大；在 1m 之后，流速趋于平稳，达到 86.8m/s。图 8.7（b）表示的是在管

道的中心轴线处，以入口段为初始位置，沿着轴向防线截取管道中心的压力值。结果显示，压力在管道内是线性减小，在 50m 管道末端的压力为 −53896Pa。

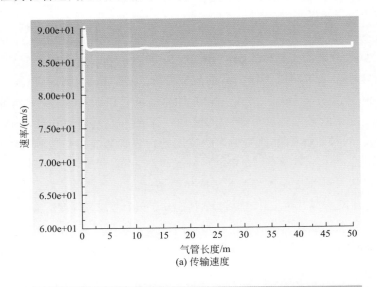

(a) 传输速度

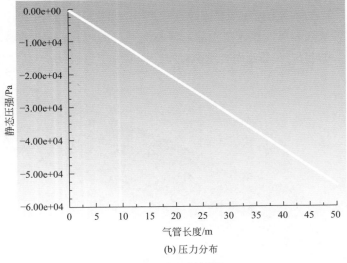

(b) 压力分布

图 8.7　氢气传输特征

　　氢气在整个管道内的速度分布云图仿真结果如图 8.8 所示。可见，在入口段沿着轴向方向，流速呈现增大的趋势，中心轴线处速度最大；在径向方向，由于黏性阻力的作用，速度逐渐减小。在出口段沿着轴向方向，流速趋于平稳，中心轴线处最大速度达到 87.3m/s，出口处平均速度为 68.8m/s。

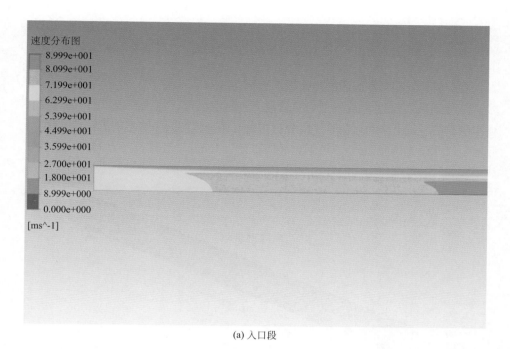

(a) 入口段

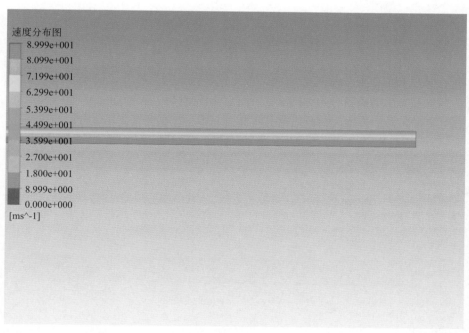

(b) 整个管道

图 8.8　氢气在管道内速度分布云图

氧气的流动性仿真结果呈现出与氢气相同的变化规律。传输距离超过 1m 以后的流速为 70.1m/s；在 50m 管道末端压力为 −257202Pa，出口处平均速度为 64.8m/s。

(2) 氢、氧在加速腔内的传输与扩散

氢气和氧气经过 50m 管道后直接注入加速腔内部，注入腔内以后气体将向腔体末端扩散。接下来通过仿真手段分析两种气体在腔内的传输与扩散特性。建立的腔体全尺寸湍流模型如图 8.9 所示，腔体直径为 30mm，腔体长度为 450mm，氢气、氧气和氮气的进气口沿周向分别间隔 120° 均匀分布。

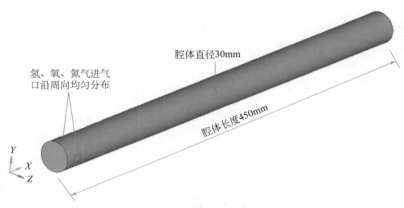

图 8.9　氢气在管道内速度分布云图

在氢气和氧气充入加速腔之前，首先控制氮气阀门打开，使氮气预先充满腔体。氢气和氧气的质量分布如图 8.10 所示：初始时刻（第 0.02ms），氢气和氧气在入口处开始扩散，仅在入口处质量分布高。其中，蓝色背景表示氮气的质量分布。

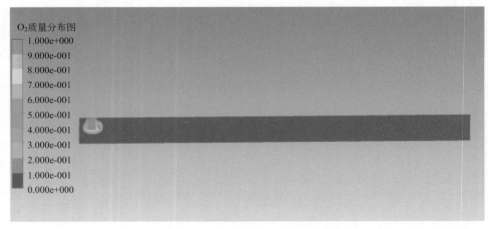

(a) 氧气

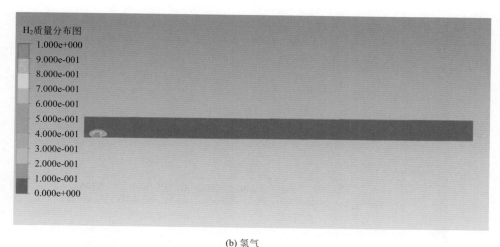

(b) 氢气

图 8.10　初始时刻气体在入口处的质量分布

　　在入口处截取一个截面上的速度云图，如图 8.11 所示，可以明显看出二者的扩散速度差别。由于氧气在入口的雷诺数和惯性力都比氢气大，在初始时刻氧气在入口处的扩散相比氢气要大。

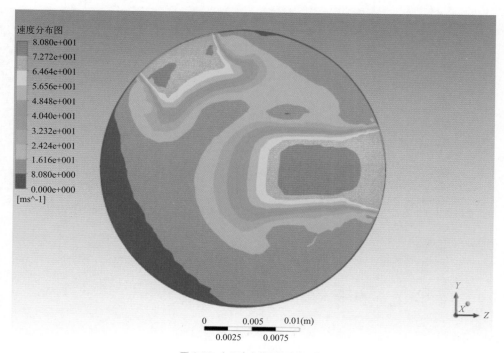

图 8.11　入口中心截面处速度云图

图 8.12 描述了氧气在腔体内的传输与扩散过程。随着时间的推移，氧气逐渐充满了腔体，氮气被完全排出腔体。在第 35ms 时，氧气已经到达腔体末端；在第 50ms 时，氧气完全充满腔体。

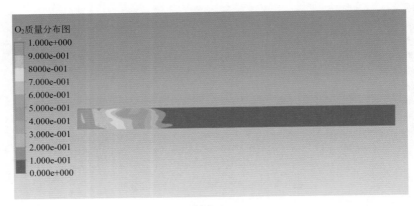

(a) 6ms

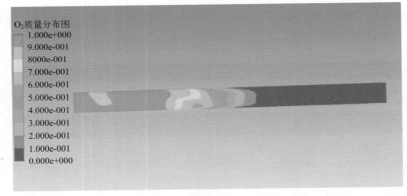

(b) 15ms

(c) 35ms

(d) 50ms

图 8.12 氧气在腔体内扩散过程中质量分数演化

　　与氧气相比，氢气在腔体内的传输与扩散速度则慢很多。第 35ms 时氢气的质量分数以及入口中心截面处的速度分布如图 8.13 所示，此时，氢气仍局限于入口处的扩散，而氧气已经基本扩散开来。

　　以上仿真结果直观地反映出氢气与氧气在存在背景气体的情况下以相同减压器出口压力呈 120°角分别注入腔体时的传输与扩散特性。在设定工况下，氧气相比氢气扩散更快，但也要耗时约 50ms 才能均匀分布于整个腔体。这主要是因为在氢气和氧气注入前腔体内部已经充入一定量的氮气，对氢氧的扩散形成了阻力，导致氢氧扩散速度很不理想。另外，氢气和氧气的扩散速度存在显著的差异，氧气扩散

(a) 质量分布

图 8.13

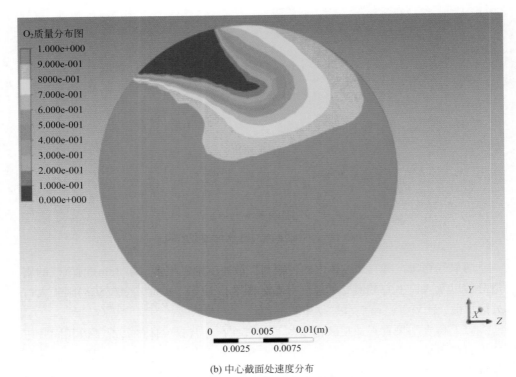

（b）中心截面处速度分布

图 8.13　第 35ms 时氢气的扩散情况

速度较快而氢气则慢很多，导致两种气体在腔内并不能充分混合，很容易导致点火失败，影响推力器的性能稳定性。当然，实际工作工况与设定工况会存在一定的差异，如工作环境换成低真空，两种气体在加速腔内的传输与扩散将更快；又或者改变氢气和氧气的化学配比，氢气、氧气减压器出口压力将不再相等，传输与扩散特性也将变化。

8.3.2　腔内混合器设计

为了提高氢气和氧气的混合均匀性，可以考虑几种尝试：一是将氢气和氧气的进气口位置调整，使两种气体对冲，其中，氢气在上，氧气在下；二是将氢气注入脉冲宽度压缩，提高进气压力，缩短进气脉冲时间，并通过调整阀门开关时序将氢气脉冲嵌套在氧气脉冲中间，提高混合效率。另外，在腔内加入混合器，两气体在经过混合器后先进行混合，然后再一起向喷口方向加速前进，起到促进混合的作用。

试验样机中加速腔前端安装了如图 8.14 所示的气体混合器。该混合器中心开孔，便于在推力器阴极上安装。气流通道为 4 个圆弧部分，既保证了气流的流通面积，又满足了爆炸强度。混合器材料选用耐高温、不导电的 Al_2O_3 陶瓷，满足腔内使用条件。具体安装时，将 3 个陶瓷混合器错位放置，混合器之间使用陶瓷环间隔开。

8.3.3　气路布局及元件选型

出于安全考虑，地面试验系统将按照对冲混合方式进行气路布局设计。进气管布局如图 8.15 所示，进气管通过推力壁法兰引入加速腔，H_2 和 O_2 进气管呈 180°对称布局，在与 H_2 和 O_2 进气管

图 8.14　气体混合器及安装示意图

呈 90°位置焊接了 N_2 进气管。其中，N_2 进气管的作用是在高重复频率工作时充入隔离气体 N_2，以防止新鲜可燃混合物与燃烧产物接触时过早燃烧。另外，在大气环境下工作时，预先充入 N_2 可在点火之前将加速腔内空气排出，避免空气中的 H_2 和 O_2 引起燃烧混合物化学配比发生变化。

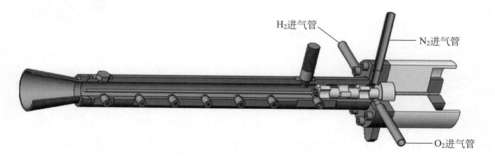

图 8.15　进气管布局

整个供气模块的气路布局如图 8.16 所示，分为氢气、氧气和氮气三个供气支路。推力器工作时，对应气源经过减压器、高频电磁阀向燃烧室（即复合推进加速腔）内充气。由于电磁阀的开通和关断需要一定的响应时间，一定脉冲宽度内实际进气量与理论计算值存在差异。尤其是对于响应时间不快的阀门，这一差异更为显著。为了获得单个脉冲内的精确进气量，明确脉冲宽度与进气量的对应关系，除了上述主要的工作支路外，还设计了单脉冲进气量标定支路。在硬件方面，额外增加了氢气和氧气储气罐，每个储气罐上都装配有排气阀、抽气阀、压力传感器和精密

机械压力表。模块中的所有电驱动阀门，将在 PLC 控制系统的控制下进行相应的开关动作，实现需要的供气时序。

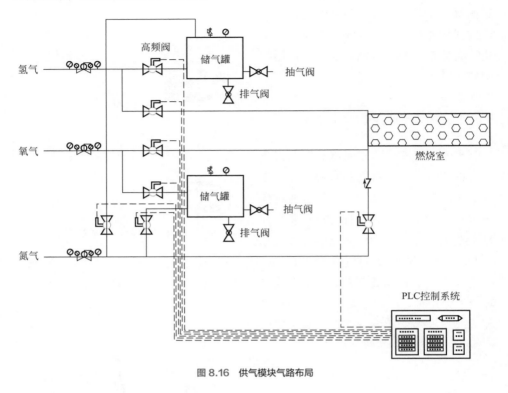

图 8.16　供气模块气路布局

(1) 气瓶减压器

由于推力器高重复频率工作时，充气电磁阀不断地重复开关动作。如果前级减压器稳定性不够，将导致脉冲间进气压力的波动，进而造成脉内进气量一致性差，影响推力器工作的稳定性。相比单级减压器，双级减压器稳定性和调节精度能够实现显著提升。这里选用结构如图 8.17 所示的双级减压器，其量程为25MPa/1.6MPa，调节精度为 0.1MPa/div。

(2) 高频电磁阀

阀门技术是复合推进能否实现高频化的关键技术之一。综合对比各种高频阀门技术，对于复合推进来说，采用电磁阀控制供给是较为可行的方案。随着工作频率的升高，电磁阀开启时间缩短，即推进剂的供给时间缩短。为保证复合推进在每个周期内燃料和氧化剂能够足量供给，在电磁阀的选型时尽可能兼顾大流量和快响应两个参数。

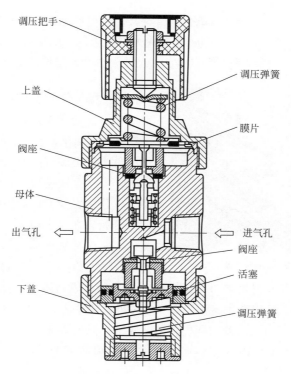

图 8.17 双级减压器结构示意图

调压把手
调压弹簧
上盖
膜片
阀座
母体
出气孔
进气孔
阀座
活塞
下盖
调压弹簧

根据使用要求，氧气的最大流量为 373L/min，氢气的最大流量为 746L/min。但目前成熟的高频防爆电磁阀产品在大流量使用环境下很难兼顾响应时间。在快响应大流量阀门（图 8.18）方面，日本 SMC 公司的 SX10 型防爆电磁阀，在入口压力为 0.25MPa 时，流量能力为 150L/min，当驱动功率达到 80W 时，开通响应时间为 0.6ms，关断响应时间为 0.75ms，工作频率满足 50Hz 使用条件。当入口压力提高到 0.7MPa 时，该阀门的最高流量可达 345L/min，与使用需求存在较大差距。在

图 8.18 大流量高频电磁阀门

原理样机研制阶段，选用美国 MAC 公司生产的 BV214A 型子弹阀。该阀门通径为 ϕ10mm，最大标称流量超过 750L/min，压力范围为 0 ～ 10bar，但响应时间较长，高达 4ms。因此，在复合推进实际运行时，主要依靠提高供给侧压力来提高填充速度，增加单位时间经过电磁阀的介质流量。

电磁阀出口端直接与法兰端进气管连接，尽可能缩短电磁阀出口端与加速腔之间的管路距离，减少管路余气。电磁阀入口端通过柔性金属波纹管与气源相连，能够降低加速腔与供气管路之间的应力，减小对推力测量造成的不利影响。

图 8.19　脉冲气量标定罐

(3)　标定罐尺寸确定

在向标定罐充入标定气体之前，先对标定罐进行氮气吹扫工作，时间为 15min。目的是将标定罐内的空气置换成氮气，保证工作安全。置换后标定罐的压力为一标准大气压。置换完成后关闭排气阀。流量标定开始，在一定压力下，向对应标定罐充入一定脉冲宽度的气体，根据压力变送器的压力变化计算标定罐内进入的气量，并根据该气量计算单脉冲的进气量（图 8.19）。标定罐的体积是由压力变送器的规格和精度决定的。这里选用量程为 0 ~ 25MPa，精度为 0.25% FS 的防爆型压力变送器。综合考虑压力变送器的量程和精度要求，标定罐容积选为 2L，标定时充气时间为 0.2s，相当于单脉冲宽度取 10ms 时充气 20 次的进气量。

8.3.4　控制模块设计

(1)　硬件组成

供气系统控制模块主要由 PLC 控制器、供配电及阀门驱动器组成，如图 8.20 所示，PLC 驱动器通过人机交互控制界面完成进气脉冲宽度、重复频率、阀门控制延时与电源触发信号等参数设置，其输出信号用于控制阀门驱动器和推力器电源系统工作。

(2)　脉冲气量标定控制

在推力器正常工作之前，首先完成对单脉冲进气量的标定，明确入口压力、供气脉宽与脉冲进气量的对应关系。最后根据不同的进气要求，设定合适的入口压力和单脉冲宽度。

以 H_2 为例，在执行自动控制流程之前，首先通过手动控制将 H_2 标定罐内的空气置换成 N_2。然后，控制 H_2 阀门的开通与闭合，向标定罐内充入一定质量的脉冲气体。H_2 标定 PLC 人机交互控制界面如图 8.21 所示，具体操作步骤如下：

① 打开 H_2 标定罐对应的排气阀，手动按下主界面"N_2 阀开 / 关"控制键，N_2 阀开通，向 H_2 标定罐内通入 N_2，将罐内空气置换；

(a) PLC控制器

(b) 供配电及阀门驱动器

图 8.20　供气系统硬件组成

② 持续约 2min 后，手动关闭排气阀，按下"N_2 开 / 关"控制键，关闭 N_2 阀，将标定罐内气体置换为约一个大气压的 N_2；

③ 单击"H_2 标定"功能框，进入 H_2 标定设置界面，对进气延时 t_3、t_4 和循环次数 N 进行输入设置，设置完成单击"确定"键保存数据，再单击"退出"键，返回主控界面；

④ 单击主界面"运行"按键，自动执行标定程序。

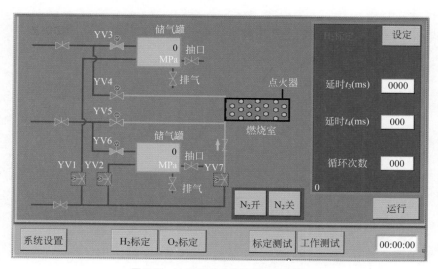

图 8.21　H_2 标定 PLC 人机交互控制界面

（3）正常工作控制

推力器正常工作时，对应的控制流程如图 8.22 所示。

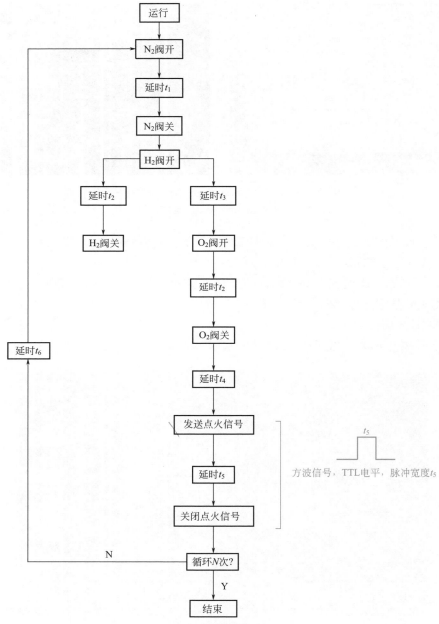

图 8.22　推力器正常工作控制流程

① 打开 N_2 阀，持续时间 t_1，关闭 N_2 阀，向燃烧室内充入一定量的 N_2；

② 关闭 N_2 阀，同时打开 H_2 阀门延时 t_2 后关闭 H_2 阀，向燃烧室内预先充入 H_2；打开 H_2 阀门延时 t_3 后打开 O_2 阀，延时 t_2 后关闭 O_2 阀；

③ 延时 t_4 后，PLC 控制器某一 I/O 口输出脉冲宽度为 t_5 的 TTL 方波信号（直接由 MCU 控制器的 I/O 口输出即可，不需要再加继电器），用于控制高压电源点火；

④ 判断是否达到设定的循环次数。如果循环次数没有达到，延时 t_6 后重复上述流程；达到循环次数后，结束运行。

以上控制流程执行以及参数的设置通过图 8.23 所示的 PLC 人机交互控制界面实现。其中，脉冲宽度 t_1、t_2 对应的调节范围为 0 ～ 100ms，调节精度为 1ms；延时 t_3、t_4 的调节范围为 0 ～ 20ms，调节精度为 1μs；高压点火电源的触发脉冲宽度 t_5 调节范围为 0 ～ 10ms，调节精度为 1μs；延时 t_6 调节范围为 1 ～ 1000ms，调节精度为 1ms；循环次数分为单次、5 次、50 次、100 次、连续等几种模式。

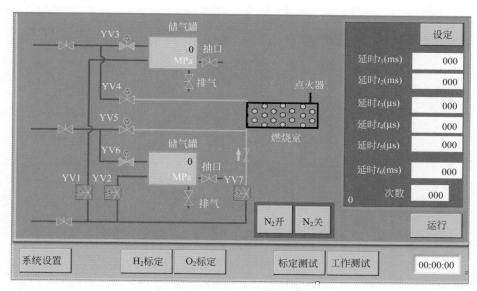

图 8.23　正常工作时 PLC 人机交互控制界面

在气体标定和推力器正常工作过程中供气参数的设置会因工作环境和测试工况的不同而略有差异。当推力器在低真空环境下进行单脉冲测试时，将不再需要预先充入 N_2，t_1 参数将设置为 0。相应地，在进行气体标定时，标定罐内不需要预先将罐内空气用 N_2 进行置换，而是将罐内抽真空，保证了标定过程和工作过程中进气环境基本一致。

参考文献

[1] 官长斌，沈岩，魏延明，等. 面向空间电推力器的氙气供给系统发展综述及展望 [J]. 宇航学报，2020，41（3）：251-260.

[2] 王春，姜宗林. 小尺寸自适应氢氧脉冲爆轰发动机设计和验证 [C]. 第二届爆轰与爆震发动机研讨会，北京，2011.

第**9**章

实验研究

开展实验研究的目的：一是从实验的角度验证电化学复合推进技术原理的可行性；二是验证加速腔、电源以及工质供给等关键功能模块的技术方案是否合理，为进行下一步优化设计提供依据和明确方向。除了完成关键功能模块集成以外，实验验证系统还配备了必要的推力传感器、压强传感器、数据处理器、示波器等测试仪器，以满足推力器技术指标测试和性能诊断需求。

9.1 实验系统及测试方法

（1）低气压环境实验验证系统

在图 9.1 所示的低气压环境实验验证系统中，推力器复合加速腔以及推力测试传感器、腔内压强传感器、高压探头等测试组件安装在真空系统内。真空系统直径为 80cm，长度为 120cm，能够实现最低 10Pa 左右低气压环境，其内部压强由成都正华 ZDF-IV-LED 型复合真空计进行测量。电源高压大电流引线、传感器信号线、气体管路等通过真空系统舱壁法兰进行转接。

（2）脉冲推力测量

脉冲推力幅值采用常州艾利逊科技有限公司生产的高频拉压力传感器进行测量。整个测试模块由 6023 型高频拉压力传感器、数据处理器及电源、数据采集器和上位机组成，如图 9.2 所示。其中，高频拉压力传感器是一款采用石英作为敏感元件的力传感器，选用量程为 0 ～ 500N，测量精度优于 0.5N，谐振频率大于

70kHz，响应时间约 14ns。数据处理器主要发挥将力传感器输出的小信号进行比例放大以及 AD 转换功能，然后经过 USB3200 型数据采集器传输至上位机进行读取显示。对测力软件的要求是能够实时显示脉冲推力的大小和采集时间的波形曲线，且可以辅助计算平均推力。上位机软件内可完成对数据采样率、触发阈值、报警门限等参数的设置，能够实时记录推力的大小、频率、时间等信息，并将推力数据以"CSV"格式保存，方便后期进行调取和平均推力计算。

图 9.1 低气压环境实验验证系统实物

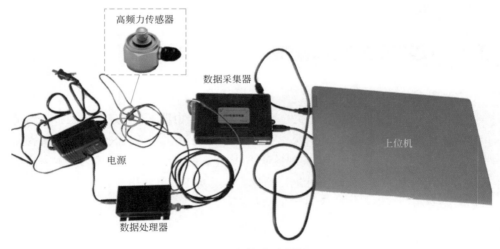

图 9.2 脉冲推力测试模块

由于加速腔前端引入高压引线，无法在加速腔正前方中心位置安装测力装置。具体安装方式如图 9.3 所示，力传感器固定于平台前端支架处，工质喷出时推力器前端法兰底部的挡板前移并碰撞力传感器，会对传感器产生正向压力，使其产生推力脉冲信号。推力计算时应该考虑摩擦力的影响，在测试之前需要对滚轮与固定座之间的摩擦力进行标定。

图9.3 力传感器安装照片

根据获得的各采样点推力数据，可将脉冲推力换算成平均推力。计算公式如下：

$$T=\frac{T_1\tau+T_2\tau+\cdots+T_n\tau}{t} \tag{9.1}$$

式中，T_1，T_2，$\cdots$，T_n 为各采样点对应推力值；τ 为单个数据采样周期；t 为脉冲周期。

获得平均推力后，混合物比冲估算如下：

$$T=\mu\dot{M}=I_{sp}g\dot{M} \tag{9.2}$$

式中，$\dot{M}$ 为工质流量，g 取 9.8 N/kg。

(3) 加速腔内壁压强测试

在推力器工作过程中，对腔内压强进行多点测量可用于对燃烧和放电状态发展过程的辅助诊断。为掌握腔内压强变化情况，在加速腔外壁均匀分布 7 个压力测试孔，用来安装压强传感器，如图 9.4 所示。

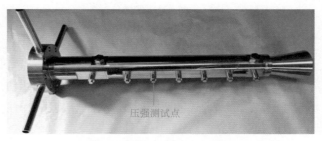

图9.4 腔内压强测试点设置照片

压强传感器共配备 113B21 和 113B24 两种规格，为 PCB 公司生产的产品。传感器输出信号经 PCB 公司生产的 482C05 型四通道信号处理器处理后可由示波器直接读取波形。数据经过处理后，11B21 型传感器输出信号为 ±5V 时对应最大量程为 1.379MPa，高压段（137.9kPa ~ 1.379MPa）测量灵敏度为 3442mV/MPa，低压段（0 ~ 137.9kPa）测量灵敏度为 3.513mV/kPa；11B24 型传感器的输出信号为 ±5V 时对应最大量程为 6.895MPa，高压段（689.5kPa ~ 6.895MPa）测量灵敏度为 711.8mV/MPa，低压段（0 ~ 689.5kPa）测量灵敏度为 0.7209mV/kPa。

（4）电性能测试

电性能测试主要包括对大电流源储能电容电压、推力器阴阳极之间电压、主回路放电电流以及传输线线阻等参数的测量。只有完成对上述参数的测量，才能有效评估放电期间阴阳极之间阻抗和等效电能利用效率。

大电流源储能电容电压和推力器阴阳极之间电压分别采用 Tektronix 公司生产的 P6139B 和 P6015A 型分压探头进行测量。主回路放电电流通过芜湖中电兆威电子股份有限公司研制的大功率电流互感器进行测量。该互感器最大可测电流幅值为 7kA，饱和脉冲宽度约 10ms。传输线阻抗则由上海安标电子生产的 PC9D 型微欧姆计进行测量。

9.2　性能测试及结果分析

在脉冲模式下，推力器的性能对于点火延时、背景压强、混合物配比及浓度、结构参数、电源指标、外加磁场等诸多因素的影响更为敏感，最佳工况的获得难度更大。基于现有硬件条件，在单脉冲工况下，对上述各因素的影响规律进行了初步研究。

9.2.1　点火延时影响

点火触发信号是由工质供给模块经一定延时后输送至电源系统，用于控制高压脉冲和大电流输出。点火延时是以控制器给出的阀门控制信号的下降沿为时间基准，向前或向后调节的时间长度，并非以阀门真正动作为参考，因为控制器输出的控制信号还要控制继电器，继电器接通后阀门加电才开始动作。向前调节延时记录为负值，向后调节延时记录为正值。

在实验过程中，点火延时分别调整为：-100μs、-90μs、-80μs、-50μs、-10μs、10μs、30μs、80μs 和 130μs。其他工况参数设置为：背景压强为 25Pa；高压脉冲幅值为 39kV，脉冲宽度为 1μs；储能电容为 1F，充电电压为 150V；单脉冲进气宽度为 5ms，进气量为 0.00984g，氢氧质量比为 1:4；阴极采用短电极，材料为 304 不锈钢，外径为 6mm，长度为 288mm；放电套环外径为 14mm，宽为 8mm，中间平顶宽度为 4mm，距前端推力壁 75mm。

点火延时与脉冲推力对应关系如图 9.5 所示。调节点火延时会引起推力器脉冲推力幅值的波动，波动范围为 55.2 ～ 72.3N，延时为 -80μs 时实现了相对最佳工况。工质气体从加速腔前端进气口注入后会在筒内逐步扩散。不同点火延时下，腔内气体分布和点火位置的初始压强存在一定的差异。由帕邢定律可知，在放电电压和电极间距一定时，不同的点火位置初始压强对应的放电状态也将不同，导致推力器性能发生变化。

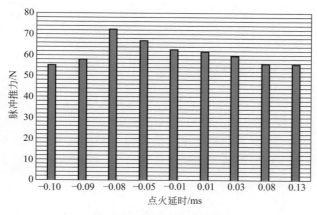

图 9.5　不同延时下的脉冲推力

在最佳工况下，大电流源储能电容两端电压变化及主回路放电电流波形如图 9.6 所示。其中，CH1 为储能电容两端电压波形，CH2 为主回路放电电流波形。混合气体工质在高压脉冲作用下放电，并形成低阻抗电子通道。储能电容能量开始泄放，泄放结束后，电压由 150V 降为 30V，泄放时间持续约 125ms。主回路放电电流与电流互感器采样电压对应关系为 7kA/V，测得的放电电流幅值约为 3.5kA，脉冲宽度约为 10ms，远小于电容泄放持续时间。由于当前设计电流互感器可响应脉冲宽度仅有 10ms 左右，超过这一宽度互感器进入饱和状态。因此，显示的电流波形脉冲宽度信息并不真实，但电流脉冲幅值认为能够反映真实的放电状态。由此，可以估算出放电时整个主回路阻抗约为 42.8mΩ。在整个放电回路，测量的传输线阻抗约为 1.3mΩ，续流二极管阻抗为 1.5mΩ，储能电容内阻约为 1mΩ，则放电时阴、阳极之间阻抗约为 39mΩ。相比常规的 MPD 推力器（10mΩ 左右），电化学复合推进在该工况下的阻抗提高了几倍。可能的原因在于，该工况下的工质流量较大，并且工质类型为复合工质。

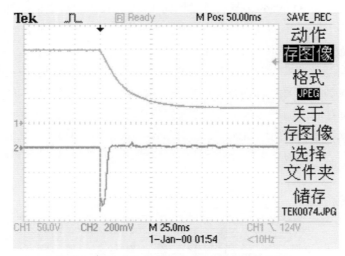

图 9.6　最佳工况下储能电容压降及主回路放电电流波形

最佳工况对应的脉冲推力为 72.3N，脉冲宽度约 1.58ms，如图 9.7 所示。推力脉冲数据采样率为 50kSPS，则采样周期为 0.02ms。根据采集的脉内数据，由式（9.1）计算得到单个脉冲提供的平均推力约为 53mN；再由式（9.2），进一步计算得到的混合物比冲约为 550s。假如每秒只输出一个脉冲，则推力器输出功率计算如下：

$$P_{\text{out}} = \frac{T^2}{2\dot{M}} = \frac{0.053^2}{2 \times 0.00984 \times 10^{-3}} = 142.7\text{W} \tag{9.3}$$

单个脉冲储能电容泄放能量：

$$\Delta Q = Q_1 - Q_2 = \frac{1}{2}C(U_1^2 - U_2^2) = 10.8\text{kJ} \tag{9.4}$$

式中，C 为储能电容容值，为 1F。根据主回路阻抗分布关系，估算出注入加速腔内的能量约为 9.84kJ。则每秒输出一个脉冲时，推力器等效电能利用效率（将化学能发挥的作用等效成完全由电能实现）估算为：

$$\eta = \frac{P_{\text{out}}}{P_{\text{in}}} = \frac{142.7}{9840} = 1.45\% \tag{9.5}$$

可以看出，在该工况下电能等效利用效率偏低。大部分电能以热的形式被浪费掉，直接后果是将造成阴极和阳极严重烧蚀。阴极尖端烧蚀示例如图 9.8 所示。与电能利用效率偏低相关的几点因素在于：①相比传统 MPD 推力器，电化学复合推力器设计的加速腔长径比太大，粒子被洛伦兹力加速后一部分轰击在

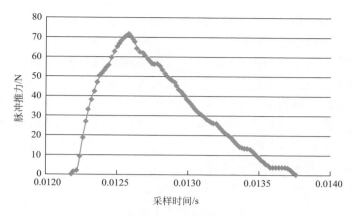

图 9.7　最佳工况对应的脉冲推力波形

阳极内壁，并没有从喷口喷出；②电化学复合推力器采用的工质流量较大，对应的放电阻抗较高，由于电源设计电压偏低，放电电流较小，小电流模式下粒子加速效率不高；③脉冲模式下，在充气和放电过程中同时伴随气体向腔外的缓慢外溢，造成部分气体浪费，并且背景压强越低，气体扩散速度越快，浪费越严重。因此，目前采用的实验验证系统无论是加速腔结构、电源参数还是进气模式都具有较大的优化空间。

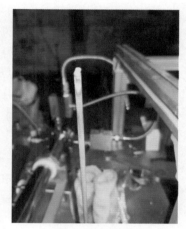

图 9.8　阴极尖端烧蚀

9.2.2　背景压强影响

为研究背景压强对推力器性能的影响，首先采用真空泵将真空罐抽至极限真空附近进行放电测试，然后关闭真空泵，再通过控制连通大气环境的排气阀调节罐内压强，并在不同压强下进行测试。

背景压强分别设置为：30Pa、100Pa、500Pa、980Pa、1200Pa 和 1500Pa。其他工况参数设置为：点火延时为 30μs；高压脉冲幅值为 39kV，脉冲宽度为 1μs；储能电容为 1F，充电电压为 150V；单脉冲进气宽度为 5ms，进气量为 0.0102g，其中氢氧质量比为 1:8；阴极采用不锈钢长电极，外径为 6mm，长度为 450mm；放电套环距前端推力壁 50mm。

对于电化学复合推力器，背景压强的影响主要体现在：①对于带喷管结构的推力器，调节背景压强可以改变喷口内外压力差，进而使脉冲推力产生差异；②对于脉冲模式，背景压强越高，工质注入加速腔后扩散速度越慢，点火时腔内气体压强分布也会发生变化，这将直接影响气体放电状态，进而改变推力器性能。整个加速腔和尾喷管容积约为0.433L，理想状态下一个脉冲内的进气量完全填充后的压强约为4.8kPa。由于气体填充后会逐步向喷口处扩散，当背景压强低于该填充压强值时，认为点火时腔内残余空气在注入的气体推动下已排空，加速腔内仅剩余工质气体。如果点火较晚，气体已溢出加速腔，则工质利用率将下降，会造成推力器性能不佳。单脉冲模式下不同背景压强对应的推力器输出性能如表9.1所示。当背景压强在100～980Pa中间气压段内变化时，推力器性能并未发生明显变化；而在30Pa左右的低气压段和超过1200Pa的高气压段，推力器性能呈现明显的变化趋势。分析认为：在较低背景压强下，由于工质气体向喷口处扩散速度较快，存在点火时工质外溢的可能。但较低的压强环境更有利于气体的电离和电磁加速过程的进行，储能电容泄放时间较长，注入的电能较多，在一定程度上弥补了工质利用率下降造成的负面影响。在30Pa背景压强下，获得高于中间气压段的脉冲推力，但推力脉冲波形宽度变窄，假设工质全部得到利用，计算的混合物比冲为676s。该工况下，储能电容能量泄放较多，电压由150V泄放至26V，估算出电能等效利用效率约为2.3%。而在较高背景压强下，工质气体利用率将得到提高，化学能贡献比例将增大，推力将显著提升。但由于较高气压下气体放电和维持难度增大，储能电容泄放时间缩短，注入电能减少。当背景压强升高到1200Pa以上的，脉冲推力呈下降趋势，但推力脉冲波形宽度变宽，换算以后的平均推力反而增大。在背景压强为1500Pa工况下，假设工质全部得到利用，计算混合物比冲高达940s，储能电容能量泄放较少，电压由150V泄放至60V，估算出电能等效利用效率约为5.5%。

表9.1　不同背景压强对应的推力器输出性能

性能指标	30Pa	100Pa	500Pa	980Pa	1200Pa	1500Pa
脉冲推力 /N	74.5	62	66	71.6	74	58.2
脉冲宽度 /ms	1.70	1.82	1.8	1.88	2.04	2.78
平均推力 /mN	67.6	52	60	65.2	77.5	95.9
混合物比冲 /s	676	520	600	652	760	940

大气环境下的测试结果进一步验证了上述分析。工况参数设置为：背景压强为大气；点火延时为130μs；高压脉冲幅值为39kV，脉冲宽度为1μs；储能电

容为 1F，充电电压为 152V；单脉冲进气宽度为 5ms，进气量为 0.0118g，其中氢氧质量比为 1:8；阴极材料更换为纯钨，外径为 6mm，长度为 430mm。在该工况下，单个脉冲内储能电容能量泄放仅持续几 ms，电压降至 130V，注入电能 3.1kJ，脉冲推力幅值达到 114N，推力脉冲波形宽度约 3.86ms，对应波形如图 9.9 所示。假设每秒一个脉冲，提供的平均推力高达 224mN，每秒 50 个脉冲则可提供 11.2N 的平均推力。在大气环境下，由于背景压强远高于填充压强，工质注入后扩散较慢，认为利用率达到 100%。计算得到的混合物比冲为 1937s，等效电能利用效率高达 72%。虽然大气环境下理论上能够全部利用工质气体，但点火时腔内除了工质气体以外还将残留大量空气。而这部分空气，其中主要是氧气，将会对燃烧和放电产生一定的影响。如果将残余空气中的全部氧气考虑成有效工质，计算出的混合物比冲仅有 190s，等效电效率约 7%。但由于注入的氢气含量一定，实际燃烧过程中加速腔内残余空气所含的氧气也不可能全部发挥作用，其具体作用过程依靠当前测试条件还不能进行清晰的诊断。可以预见：在较高背景压强下，注入气体受扩散速度影响得以留存在腔内。此时，腔内气压很高，气体放电状态变差，储能电容能量泄放少，化学燃烧反而在较高压强下更为剧烈，成为决定推力器性能的主导因素。

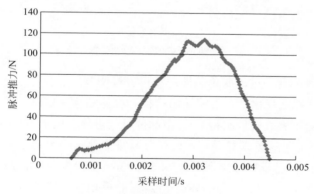

图 9.9　大气环境下推力脉冲波形

9.2.3　混合物配比及浓度影响

氢气在氧气中具有广泛的可燃浓度范围，氢氧化学配比对其燃烧进程会产生一定的影响。为了考察氢氧化学配比对电化学复合推力器性能的影响，将氢氧质量比分别设置为 1:3.67、1:8 和 1:10，对推力器脉冲推力进行了测试。其他工况参数设置如下：背景压强为 20Pa；点火延时分别为 10μs、30μs 和 80μs；高压脉冲幅值为 39kV，脉冲宽度为 1μs；储能电容为 1F，充电电压为 150V；单脉冲进气宽度为 5ms，进气量为 0.014g；阴极采用不锈钢长电极，外径为 6mm，长度为 450mm；放电套环距前端推力壁 50mm。

不同延时下脉冲推力与氢氧质量比的关系如图 9.10 所示。在以上几种工况下，储能电容泄放能量和推力脉冲波形宽度未发生明显变化，脉冲推力变化趋势基本上反映了平均推力的变化趋势。可以看出，在一定配比范围内，随着氢气比例的提升，推力器性能得到改善。这与前文表 6.1 描述的氢氧爆震燃烧效率变化趋势较为符合。

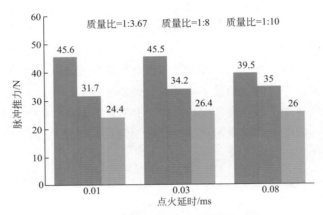

图 9.10 不同延时下脉冲推力与氢氧质量比的关系

腔内混合物浓度通过改变单脉冲进气量进行调节。混合物浓度发生变化，腔内初始填充压强随之变化；在电源输出指标和腔体结构一定时，腔内放电状态存在一定差异。选用氢氧质量比为 1:8，单脉冲进气量分别设定为 0.0102g、0.0162g 和 0.03g，其他工况参数设置保持不变。脉冲推力测试结果显示：随着混合物浓度增加，脉冲推力逐步减小（分别为 74.5N、36.5N 和 24.4N），脉冲宽度逐步变大（分别为 1.7ms、2.13ms 和 6.34ms），换算的平均推力分别为 67.6mN、36mN 和 58mN。电极间电压和电流测试结果显示：在三种浓度下储能电容能量泄放都很彻底，但脉冲电流峰值随混合物浓度增加而降低，说明气体浓度提高以后引起放电期间阴阳极之间阻抗增大，对应的放电强度逐步变弱。由于充电电压已固定，大电流源在较高阻抗下输出电流较小，难以满足更大流量工况使用。在单个脉冲为 0.0162g 进气量条件下，将背景压强提高至 1500Pa，通过调节气体扩散速度进一步改变腔内气体浓度，脉冲推力提高至 52N，脉冲宽度变为 3.22ms，对应平均推力为 94.3mN，混合物比冲为 582s。此时，储能电容电压由 150V 降为 144V，能量几乎没有泄放，化学燃烧释放的化学能发挥较大作用，假定工质完全利用时的等效电能利用效率也提升至 31%。参考以上测试结果，同时考虑到更高减压器输出压力下 PVC 气管耐压承受能力可能不足，后续实验并未继续提高单脉冲进气量。

9.2.4 结构参数影响

无论对于磁等离子体推力还是脉冲爆震发动机，阴阳极外径、加速腔长度等结构参数都会对推力器性能产生重要影响，具体影响规律已得到较为清晰的认识。这里主要介绍放电环位置和阴极长度对电化学复合推力器性能的影响。

在阴极前端设计可轴向移动的放电环主要出于调节点火位置的目的。因为放电环处的阴阳极间距较小，在同等击穿电压和压强下能够优先放电。实验过程中，采用的放电套环外径为 14mm，宽 8mm，中间平顶宽度为 4mm，放电环中心与前端推力壁的距离 d 分别设置为 25mm 和 75mm。其他工况参数设置为：背景压强为 25Pa；高压脉冲幅值为 39kV，脉冲宽度为 1μs；储能电容为 1F，充电电压为 150V；单脉冲进气宽度为 5ms，进气量为 0.00984g，其中氢氧质量比为 1:4；阴极采用不锈钢短电极，外径为 6mm，长度为 288mm；点火延时分别为 -10μs、10μs、30μs、80μs 和 130μs。由图 9.11 所示的测试结果，放电环位置并未对脉冲推力幅值产生明显影响，将两种放电环位置下各延时对应的脉冲推力值进行统计平均，所得结果基本相当。可能原因在于放电环对于控制点火位置发挥的作用并不太理想，需要对其结构进行优化。

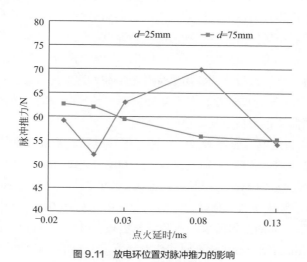

图 9.11　放电环位置对脉冲推力的影响

将放电环固定在距前端推力壁 50mm 处，采用长度分别为 288mm 和 450mm

两种阴极进行对比测试。其他工况参数设置为：背景压强为 20Pa；高压脉冲幅值为 39kV，脉冲宽度为 1μs；储能电容为 1F，充电电压为 150V；单脉冲进气宽度为 5ms，进气量为 0.0118g，其中氢氧质量比为 1:8；点火延时分别为：−10μs、10μs、30μs、80μs 和 130μs。测试结果显示：阴极长度对推力器输出性能的影响更为显著，短阴极能够实现较大的脉冲推力指标，其中在 −10μs 和 130μs 延时下的数据如表 9.2 所示。阴极长度产生的另外一个显著影响是推力脉冲宽度，在所有延时下，短阴极对应的推力脉冲宽度都小于长阴极。阴极长度能够对加速腔内气体放电和燃烧进程产生一定的影响，其具体作用过程需要开展更为全面的参数测试方能判定。

表 9.2　不同长度阴极对应的推力器输出性能

性能指标	长阴极		短阴极	
	−10μs	130μs	−10μs	130μs
脉冲推力 /N	26.8	34.2	56	45.9
脉冲宽度 /ms	3.02	2.78	1.4	2.24
平均推力 /mN	32.4	39.6	51	47.6

9.2.5　电源参数影响

电源系统的高压脉冲幅值、储能电容的容值及充电电压等参数会对气体放电和粒子加速状态产生较大影响，进而造成推力器输出性能的显著差异。由气体放电理论基本可以判定：气体击穿电压和储能电容充电电压越高越有利于更优性能的获得。因此，在实验过程中高压电离源模块和大电流源模块一直以最大输出能力工作。对储能电容容值进行优化主要出于提升电能注入速度的考虑。因为，当储能电容取 1F 时，电化学复合推进存在单个脉冲周期内储能电容能量泄放持续时间过长的突出问题，限制了推力器重复频率的提高。

为确定最佳储能电容容值参数，对储能电容电压波形和脉冲推力指标进行了实验测试。储能电容容值 C_s 分别设置为 1F、600mF、200mF 和 100mF。其他工况参数为：背景压强为 21Pa；高压脉冲幅值为 39kV，脉冲宽度为 1μs；储能电容充电电压为 150V；单脉冲进气宽度为 5ms，进气量为 0.01004g，其中氢氧质量比为 1:3.7；点火延时为 30μs；阴极采用不锈钢长电极，外径为 6mm，长度为 450mm；放电套环距前端推力壁 50mm。不同储能电容下推力器单个脉冲的性能如表 9.3 所示。随着储能电容不断减少，推力性能逐步降低。但由于单个脉冲内注入的电功率基本在成比例下降，等效电能利用效率反而得到改善。在 200mF 时，提升至 2.1%；

在100mF时，效率反而开始下降。分析认为：减少储能电容等同于降低了注入能量，减弱了气体放电状态和粒子加速效果。

表9.3　不同储能电容下推力器单个脉冲的性能

性能参数	1F	600mF	200mF	100mF
储能电容压降 /V	25	31	32	39
推力脉冲幅值 /N	48.4	31.9	38	17.8
脉冲宽度 /ms	2.44	2.88	1.87	1.84
平均推力 /mN	46	41.2	30.8	14
混合物比冲 /s	468	400	307	142
输出功率 /W	105.4	84.6	47.2	15
输入功率 /kW	11.24	6.64	2.2	1.08
等效电效率 /%	0.94	1.3	2.1	1.38

储能电容两端电压和主回路放电电流波形如图9.12所示，其中，CH1为电压波形，CH2为电流波形。可以看出，随着储能电容减少，能量泄放时间缩短，不同储能电容分别对应150ms、100ms、40ms和15ms。由于储能电容泄放速度与回路的 RC 值成正比，在回路阻抗和充电电压一定的前提下，一定范围内通过降低储能电容容值提升泄放速度是完全可行的。但为了保证电能供应量，在降低储能电容的同时进一步提高储能电容充电电压，使大电流源工作在"高电压 + 小电容"模式是下一步电源优化的主要方向。该模式下不仅能够使电能快速注入，还可增大放电电流，改善粒子加速效果。

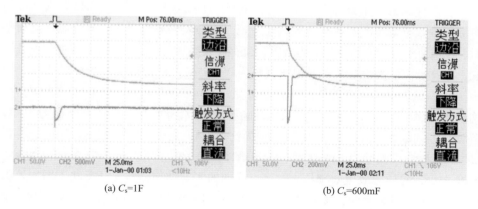

(a) C_s=1F　　　　　　　　　　(b) C_s=600mF

图9.12

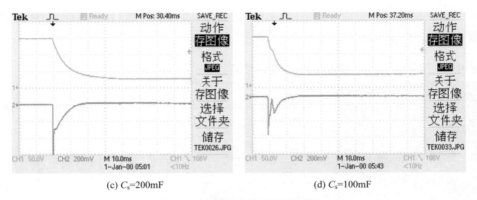

(c) C_s=200mF   (d) C_s=100mF

图 9.12   不同储能电容对应的放电波形

9.2.6 外加磁场影响

在现有硬件条件下，电化学复合推进等效电效率较低。可能的原因在于复合推进采用工质流量较大，而脉冲电流太小。较小的脉冲电流形成的自感应磁场强度较弱，二者相互作用产生的洛伦兹力偏低，对粒子的加速效果也不明显。

借鉴 AF-MPDT 设计方法，通过增加外磁场的方式提升推力器性能。实验过程中选用西南磁学研究所研制的环状钐钴永磁体，磁感应强度 B 分别为 50mT、100mT 和 200mT，并将其安装在喷管与阳极直筒交界处，具体如图 9.13 所示。其他工况参数设置为：背景压强为 24Pa；高压脉冲幅值为 39kV，脉冲宽度为 1μs；储能电容充电电压为 150V，容值为 200mF；单脉冲进气宽度为 5ms，进气量为 0.01312g，其中氢氧质量比为 1:4，点火延时为 30μs；阴极采用不锈钢长电极，外径为 6mm，长度为 450mm；放电套环距前端推力壁 50mm。

不同外加磁场下推力器性能如表 9.4 所示。随着外加磁感应强度增大，推力指标和等效电效率不断提高。同时还发现，增加外磁场以后推力器性能对点火延时、工质流量等因素的变化更为敏感，尚有较大提升空间。通过进一步优化参数设置，在背景压强为 18Pa，单脉冲进气量为 0.00656g，氢氧质量比为 1:4，点火延时为 70μs，储能电容为 200mF，磁感应强度为 100mT 时，实现脉冲推力 37.3N，平均推力 40.6mN，混合物比冲 632s，对应等效电效率约 6%。在背景压强为 28Pa，单脉冲进气量为 0.0164g，其中氢氧质量比为 1:4，点火延时为 80μs，储能电容为 200mF，磁感应强度为 100mT 时，实现脉冲推力 29N，平均推力 73.2mN，混合物比冲 450s，对应等效电效率约 15.8％。前期的实验结果已经充分反映了增加外磁场的作用是极其显著的，接下来的工作中，针对磁场参数的设置，如磁场类型、永磁体物理尺寸、放置位置、方向性等更值得深入研究。

图 9.13　永磁体安装位置

表 9.4　不同外加磁场下推力器性能

性能参数	B=50mT	B=100mT	B=200mT
脉冲推力 /N	41.2	49.1	55.6
平均推力 /mN	52.6	55.4	67.2
混合物比冲 /s	409	431	527
等效电效率 /%	5.44	5.8	8.4

9.2.7　腔内压强分布诊断

为了解推力器工作过程中腔内压强的变化情况，在阳极外筒设置两个压强测试点 p_1 和 p_2，距离推力壁分别为 83mm 和 405mm，采用 11B21 型传感器对其压强进行测量。通过在多种工况下对比测试，得到了较为一致的结果，以其中一种工况为例对其规律进行描述。工况参数设置为：点火延时为 10μs；高压脉冲幅值为 39kV，脉冲宽度为 1μs；储能电容为 1F，充电电压为 150V；单脉冲进气宽度为 5ms，进气量为 0.00984g，其中氢氧质量比为 1:4；阴极为不锈钢长电极，外径为 6mm，长度为 450mm；放电套环距前端推力壁 50mm。在 20Pa 低背景压强和大气环境下测得的 p_1 和 p_2 位置的压强波形如图 9.14 所示，其中 CH1、CH2 分别对应 p_1 和 p_2 位置的压强。首先，压强幅值方面，背景压强为 20Pa 时，p_2 位置的压强高于 p_1 位置，分别为 639kPa 和 581kPa，相比初始填充压强（约为 6.9kPa）提升了几十倍，增幅高于常规的气体工质脉冲爆震发动机；当背景压强为大气压力时，p_1

位置的压强明显高于 p_2 位置，分别为 813kPa 和 639kPa，且脉冲宽度变宽。其次，波形时序方面，p_2 位置超前于 p_1 位置，与常规脉冲爆震发动机正好相反。

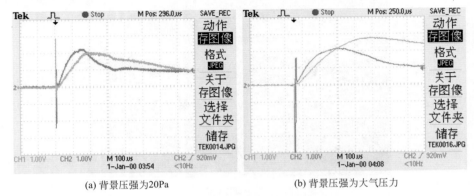

(a) 背景压强为20Pa   (b) 背景压强为大气压力

图 9.14 p_1 和 p_2 位置加速腔内壁压强波形

上述现象可能的成因在于：电化学复合推进电能的注入使燃烧得到增强，大幅抬升了腔内压强。另外，由于放电环对于前端点火位置的控制效果并不理想，阴极尖端处可能优先放电点火，造成 p_2 位置压强先于 p_1 位置抬升。在较低背景压强下，由于气体扩散较快，腔内余气较少，阴极尖端放电以后燃烧向腔内发展时逐渐衰弱，造成 p_1 位置压强降低；而在大气环境下恰好相反，阴极尖端位置点火后，由于腔内余气较多，燃烧向腔内发展时逐步增强，引起 p_1 位置压强进一步抬升。

9.3   实验研究总结

通过开展多工况实验测试，较为系统地研究了点火延时、背景压强、混合物配比及浓度、结构参数、电源参数以及外磁场等因素对推力器性能的影响规律，深入分析了实验数据，形成了一些规律性的认识，并对其成因给出了粗浅的解释。基于对现有实验结果的分析，初步评估了电化学复合推力器技术可行性，并对各硬件模块设计方案的进一步优化形成了指导性建议。

(1) 研究结论及问题分析

电化学复合推进采用氢氧混合物气体作为工质，且工质流量较大，通过同时利用电能和化学能，期望获得较高的推力和中等量级比冲。从推力测试结果看，在当前实验装置下已基本实现了这一目标。推力器阴阳极间电压、放电电流以及火焰发展测试结果基本印证了前文描述的电化学复合推进工作原理。

当前结果反映出的最大问题是推力器的电能利用效率较低，尤其是低气压工况下尤为明显。原因之一可能在于推力器工作在脉冲模式下，其性能对点火延时、进气量、背景压强等很多因素变化极其敏感，当前推力测试结果可能并非最佳工况。另外，实验系统中的复合加速腔、电源、气路等硬件已设计定型，可供调整的空间有限，局限了推力器性能的进一步提升。最后，采用的推力测量和数据处理方法不够精确，所得结果略低于真实的推力水平。

(2) 下一步改进建议

针对实验研究发现的问题，在未来的研究中，建议尝试以下优化设计：

① 供气方面：在保证进气量不变的前提下，提高气源出口减压器压力，缩短进气脉冲宽度。另外，加速腔前端改造成多孔进气，氢氧进气口呈交叉分布，促进两种气体充分混合。

② 电源方面：大电流源采用"高电压＋小电容"模式，提高充电电压，减少储能电容，既能增大放电电流，又能保证电能快速注入。另外，尝试将高压源和大电流源输出端隔离，使其独立工作，借鉴图 4.12 所示的结构，高压源线束环绕阴极前端外周，控制点火位置，同轴实心阴极接通大电流源，二者采用陶瓷套筒进行绝缘。最后，升级电流互感器设计指标，使其可响应更大的脉冲电流幅值和更宽的脉冲宽度。

③ 结构方面：减小腔体长径比，可以尝试以下两种设计：一是在总长度不变的前提下，缩短直筒段长度，增加喷管段长度；二是缩短加速腔总长度，增大外筒内径，同时设计多种外径规格的阴极。另外，阴极结构尝试空心构型，降低烧蚀。最后，放电环外周设计成锯齿状，进一步验证控制点火位置的可行性。

④ 材料方面：采用纯钨、钨镧、钍钨等合金材料，降低放电烧蚀，提高工况稳定性。

⑤ 磁场方面：丰富永磁体规格，改变磁场位置，进一步研究磁感应强度、磁体物理尺寸、磁场位置的影响。另外，尝试采用大电流线圈周向环绕加速腔以提供外磁场，并通过控制线圈供电，对施加的磁场进行精确调控。

⑥ 性能测试方面：在现有方式下采用多种类型推力器传感器开展对比测试，对测试精度进行评估。另外，改变推力测量方法，尝试推力器吊装方式，采用悬摆法测量。进一步优化测量手段，使其满足对火焰发展过程、腔内粒子分布、腔压及温度分布、燃烧波腔内演化等方面的诊断。

⑦ 其他方面：配备大尺寸真空系统，方便推力器吊装、拆卸等操作。另外，还需为气体标定模块和真空系统配备大功率抽气泵和高精度压强传感器等。

第 10 章

数值模拟研究

电化学复合推进技术与传统电推进和化学推进技术在机理上存在较大的差别，其粒子的加速包含多个过程，机理更加复杂。在复合推进技术的数值仿真方面，国际上尚未开展相关研究，也没有成熟的仿真研究方法和模型可供参考。本章将对前期开展的复合推进技术数值仿真方面的探索以及获得的一些结果进行介绍。

10.1 爆震燃烧数值模拟方案

10.1.1 爆震燃烧模拟控制方程

爆震在本质上是一种在可燃混合物中传播并诱发剧烈化学反应的强激波，具有极强的可压缩效应，因此在模拟时需要求解式（10.1）所示的可压缩方程组。

$$
\begin{cases}
\text{连续方程：} & \dfrac{\partial \rho}{\partial t} + \dfrac{\partial \rho u_j}{\partial x_j} = 0 \\[2mm]
\text{动量方程：} & \dfrac{\partial \rho u_i}{\partial t} + \dfrac{\partial \rho u_i u_j}{\partial x_j} = -\dfrac{\partial p}{\partial x_i} + \dfrac{\partial \tau_{ij}}{\partial x_j} \\[2mm]
\text{能量方程：} & \dfrac{\partial \rho E}{\partial t} + \dfrac{\partial (\rho E + p) u_j}{\partial x_j} = \dfrac{\partial \tau_{ij} u_i}{\partial x_j} + \dfrac{\partial q_j}{\partial x_j} \\[2mm]
\text{组分方程：} & \dfrac{\partial \rho Y_k}{\partial t} + \dfrac{\partial \rho Y_k u_j}{\partial x_j} = -\dfrac{\partial \rho Y_k V_{k,j}}{\partial x_j} + \dot{\omega}_k
\end{cases}
\tag{10.1}
$$

式中，ρ 为气体密度；u_i 为速度分量；p 为气体压强；E 为气体总能量；τ_{ij} 为黏性应力；q_j 为热流；$V_{k,j}$ 为扩散速度；$\dot{\omega}_k$ 为组分质量净生成速率；Y_k 为第 k 个组分的质量分数，%。

气体总能量 E 的表达式为：

$$E = -\frac{p}{\rho} + \frac{u_i u_j}{2} + h \tag{10.2}$$

式中，h 为混合物的焓，由各组分的焓 h_k 按质量加权计算，h_k 可根据物质的热力学参数由 CHEMKIN 函数库计算。

气体压强 p 满足理想气体状态方程：

$$p = \rho \frac{R_u}{\overline{M}} T \tag{10.3}$$

式中，R_u 为通用气体常数，8.314J/（mol·K）；$\overline{M}$ 为混合物的平均分子量。

黏性应力 τ_{ij} 的表达式为：

$$\tau_{ij} = \rho \nu \left(\frac{\partial u_i}{\partial x_j} + \frac{\partial u_j}{\partial x_i} \right) - \frac{2}{3} \rho \nu \frac{\partial u_k}{\partial x_k} \delta_{ij} \tag{10.4}$$

式中，ν 为混合物的运动黏性系数，根据物质的输运参数由 CHEMKIN 函数库计算。

热流 q_j 的表达式为：

$$q_j = \lambda \frac{\partial T}{\partial x_j} - \rho \sum_{k=1}^{N_s} h_k Y_k V_{k,j} \tag{10.5}$$

式中，T 为温度，K；λ 为混合物的热导率，可根据物质的输运参数由 CHEMKIN 函数库计算；N_s 为化学反应机理包含的组分数目。

扩散速度 $V_{k,j}$ 满足：

$$-Y_k V_{k,j} = D_k \frac{\partial Y_k}{\partial x_j} \tag{10.6}$$

式中，D_k 为第 k 个组分的质量扩散系数，根据物质的输运参数由 CHEMKIN 函数库计算。

组分质量净生成速率 $\dot{\omega}_k$ 的表达式为：

$$\dot{\omega}_k = M_k \sum_{l=1}^{N_r} \left(v''_{k,l} - v'_{k,l} \right) \left[k_{f,l} \prod_{k=1}^{N_s} \left(\frac{\rho_k}{M_k} \right)^{v'_{k,l}} - k_{b,l} \prod_{k=1}^{N_s} \left(\frac{\rho_k}{M_k} \right)^{v''_{k,l}} \right] \tag{10.7}$$

式中，N_r 为化学反应机理包含的反应数目；M_k 为第 k 个组分的分子量；ρ_k 为第 k 个组分的密度；$v'_{k,l}$ 为第 k 个组分在第 l 个反应中作为反应物时的化学当量系数；$v''_{k,l}$ 为第 k 个组分在第 l 个反应中作为生成物时的化学当量系数；$k_{f,l}$ 为正向反应速率；$k_{b,l}$ 为逆向反应速率。

正向和逆向反应速率满足 Arrhenius 定律：

$$\begin{cases} k_{f,l}=A_{f,l}T^{\beta_{f,l}}\exp\left[-\dfrac{E_{f,l}}{R_{\mathrm{u}}T}\right] \\[3mm] k_{b,l}=A_{b,l}T^{\beta_{b,l}}\exp\left[-\dfrac{E_{b,l}}{R_{\mathrm{u}}T}\right] \end{cases} \tag{10.8}$$

式中，$A_{f,l}$ 为正向反应的指前因子；$\beta_{f,l}$ 为正向反应的温度指数；$E_{f,l}$ 为正向反应的活化能；$A_{b,l}$ 为逆向反应的指前因子；$\beta_{b,l}$ 为逆向反应的温度指数；$E_{b,l}$ 为逆向反应的活化能。

上述 6 个参数由选取的化学反应机理给定。对于 H_2/O_2 系统，可以考虑采用如表 10.1 所示的 8 种组分（H_2、O_2、H、O、OH、HO_2、H_2O_2、H_2O）和 19 个化学反应的机理，对应的 $A_{f,l}$、$\beta_{f,l}$ 和 $E_{f,l}$ 值可以通过查表获得。

表 10.1 氢氧化学反应机理

考虑的反应式			$k=AT^{\beta}\exp[-E/(RT)]$		
			A [1]	β	E [2]
1. $H+O_2=O+OH$			1.92×10^{14}	0.0	16440.0
逆向 Arrhenius 因子:			5.48×10^{11}	0.4	−293.0
2. $O+H_2=H+OH$			5.08×10^{4}	2.7	6292.0
逆向 Arrhenius 因子:			2.67×10^{4}	2.6	4880.0
3. $OH+H_2=H+H_2O$			2.16×10^{8}	1.5	3430.0
逆向 Arrhenius 因子:			2.30×10^{9}	1.4	18320.0
4. $O+H_2O=OH+OH$			2.97×10^{6}	2.0	13400.0
逆向 Arrhenius 因子:			1.46×10^{5}	2.1	−2904.0
5. $H_2+M=H+H+M$			4.58×10^{19}	−1.4	104400.0
逆向 Arrhenius 因子:			1.15×10^{20}	−1.7	820.0
H_2	提高	2.500			
H_2O	提高	1.200×10^{1}			
6. $O_2+M=O+O+M$			4.52×10^{17}	−0.6	118900.0
逆向 Arrhenius 因子:			6.16×10^{15}	−0.5	0.0
H_2	提高	2.500			
H_2O	提高	1.200×10^{1}			
7. $OH+M=O+H+M$			9.88×10^{17}	−0.7	102100.0
逆向 Arrhenius 因子:			4.71×10^{18}	−1.0	0.0
H_2	提高	2.500			
H_2O	提高	1.200×10^{1}			
8. $H_2O+M=H+OH+M$			1.91×10^{23}	−1.8	118500.0
逆向 Arrhenius 因子:			4.50×10^{22}	−2.0	0.0
H_2	提高	7.300×10^{-1}			
H_2O	提高	1.200×10^{1}			

考虑的反应式			$k=AT^\beta\exp[-E/(RT)]$		
			A [1]	β	E [2]
9.$H+O_2$（+M）=HO_2（+M）			1.48×10^{12}	0.6	0.0
低压极限值：	0.34820×10^{17}	−0.41100	-0.11150×10^4		
TROE 中心：	0.50000	0.10000×10^{-29}	0.10000×10^{31}	0.10000×10^{101}	
H_2	提高	1.300			
H_2O	提高	1.400×10^1			
10.$HO_2+H=H_2+O_2$			1.66×10^{13}	0.0	823.0
逆向 Arrhenius 因子：			3.16×10^{12}	0.3	55510.0
11.$HO_2+H=OH+OH$			7.08×10^{13}	0.0	295.0
逆向 Arrhenius 因子：			2.03×10^{10}	0.7	36840.0
12.$HO_2+O=OH+O_2$			3.25×10^{13}	0.0	0.0
逆向 Arrhenius 因子：			3.25×10^{12}	0.3	53280.0
13.$HO_2+OH=H_2O+O_2$			2.89×10^{13}	0.0	−497.0
逆向 Arrhenius 因子：			5.86×10^{13}	0.2	69080.0
14.$H_2O_2+O_2=HO_2+HO_2$			4.63×10^{16}	−0.3	50670.0
逆向 Arrhenius 因子：			4.20×10^{14}	0.0	11980.0
15.H_2O_2（+M）=$OH+OH$（+M）			2.95×10^{14}	0.0	48430.0
低压极限值：0.12020×10^{18}	0.00000		0.45500×10^5		
TROE 中心：0.50000	0.10000×10^{-29}		0.10000×10^{31}	0.10000×10^{101}	
H_2 提高	2.500				
H_2O 提高	1.200×10^1				
16.$H_2O_2+H=H_2O+OH$			2.41×10^{13}	0	3970.0
逆向 Arrhenius 因子：			1.27×10^8	1.3	71410.0
17.$H_2O_2+H=H_2+HO_2$			6.02×10^{13}	0	7950.0
逆向 Arrhenius 因子：			1.04×10^{11}	0.7	23950.0
18.$H_2O_2+O=OH+HO_2$			9.55×10^6	2.0	3970.0
逆向 Arrhenius 因子：			8.66×10^3	2.7	18560.0
19.$H_2O_2+OH=H_2O+HO_2$			1.00×10^{12}	0	0
逆向 Arrhenius 因子：			1.84×10^{10}	0.6	30890.0

注：① 单位：mol-cm-s-K。
　　② 单位：cal/mol。

10.1.2　爆震燃烧模拟数值方法

基于有限体积法对控制方程式（10.1）进行离散。连续方程、动量方程和总能方程不含源项，在网格上对这些方程进行积分可得（半离散）：

$$\frac{\partial \overline{U}}{\partial t} = \frac{1}{\Delta V}Q(\overline{U})\qquad（10.9）$$

式中，ΔV 为网格体积；U 为守恒量，即 ρ、ρu_i 以及 ρE；$Q(\overline{U})$ 为 U 在网格边界上的数值通量。

对于 $Q(\overline{U})$ 中的扩散通量采用二阶中心差分格式确定，对流通量通过 AUSM+ 格式求解黎曼问题确定。AUSM+ 格式需要使用网格边界上的守恒量，这里采用 MUSCL 格式对其进行重构。

在 $Q(\overline{U})$ 确定后，通过三阶 Runge-Kutta 格式求解式（10.9）以获得下一时刻的 $\overline{U}$：

$$\overline{U}^{l+1} = \overline{U}^{l} + \Delta t b_{l+1} q_{l+1}, \ l = 0, \ 1, \ 2 \tag{10.10}$$

式中，Δt 为时间步长；$\overline{U}^0$ 为当前时刻的 $\overline{U}$；$\overline{U}^3$ 为下一时刻的 $\overline{U}$。

q_{l+1} 的表达式为：

$$q_{l+1} = a_{l+1} q_l + \frac{1}{\Delta V} Q(\overline{U}^l) \tag{10.11}$$

式（10.10）和式（10.11）中的格式系数 a_{l+1} 和 b_{l+1} 的取值如下：

$$a_1 = 0, \ a_2 = -\frac{5}{9}, \ a_3 = -\frac{153}{128}$$
$$b_1 = \frac{1}{3}, \ b_2 = \frac{15}{16}, \ b_3 = \frac{8}{15} \tag{10.12}$$

组分方程含化学反应源项，会导致刚性问题。对该方程在网格上进行积分可得：

$$\frac{\partial \overline{\rho Y_k}}{\partial t} = \frac{1}{\Delta V} Q(\overline{\rho Y_k}) + \overline{\dot{\omega}_k(Y_k, T)} \tag{10.13}$$

式中，$\overline{\rho Y_k}$ 为守恒量 ρY_k 在网格内的体积平均值；$\overline{\dot{\omega}_k(Y_k, T)}$ 为守恒量 $\dot{\omega}_k(Y_k, T)$ 在网格内的体积平均值；$Q(\overline{\rho Y_k})$ 为 ρY_k 在网格边界上的数值通量，所采用的格式同其他控制方程。

如果假设

$$\overline{\dot{\omega}_k(Y_k, T)} = \dot{\omega}_k(\overline{Y_k}, \overline{T}) \tag{10.14}$$

则可利用分数步法将式（10.13）分解为常微分方程和没有源项的偏微分方程，分别如下：

$$\frac{\mathrm{d}\overline{\rho Y_k}}{\mathrm{d}t} = \dot{\omega}_k(\overline{Y_k}, \overline{T}) \tag{10.15}$$

$$\frac{\partial \overline{\rho Y_k}}{\partial t} = \frac{1}{\Delta V} Q(\overline{\rho Y_k}) \tag{10.16}$$

然后在每个时间步内，首先从 n 时刻的值 $\overline{Y_k}^n$ 出发，利用 VODE 方法或半隐方法求解式（10.15），获得 $\overline{Y_k}^*$。由于在此过程中认为密度、速度和总能不变，因此实际计算的是 $\mathrm{d}\overline{Y_k} / \mathrm{d}t = \dot{\omega}_k(\overline{Y_k}, \overline{T}) / \overline{\rho}$。再以 $\overline{\rho}^n$、$\overline{\rho u_i}^n$、$\overline{E}^n$ 和 $\overline{\rho}^n \overline{Y_k}^*$ 为初始值求解

式（10.15）和式（10.16），获得 $n+1$ 的值 $\overline{\rho}^{n+1}$、$\overline{\rho u_i}^{n+1}$、$\overline{E}^{n+1}$ 和 $\overline{\rho Y_k}^{n+1}$，从而克服刚性问题。如前所述，求解 PDE 时采用三阶 Runge-Kutta 格式。至此，便完成了与时间相关的爆轰数值模拟。

此外，能量方程中求解的是总能，而在很多具体应用中需要知道温度，因此借助牛顿迭代法由式（10.2）计算温度：

$$T^{m+1} = T^m - \frac{F(T^m)}{F'(T^m)} \qquad (10.17)$$

式中，m 为迭代次数。

结合式（10.3）可知：

$$F(T^m) = E + \frac{R_u T^m}{M} - \frac{u_i u_j}{2} - h \qquad (10.18)$$

该式对温度求导便得 $F'(T^m)$，将其以及式（10.17）代入式（10.18），便能得到第 $m+1$ 次的迭代结果，如果满足误差要求，便可得到温度值。

10.2　粒子模拟方案

10.2.1　低温等离子体数值仿真模型简介

数值模拟是研究等离子体演化问题的重要方法。等离子体作为一个呈现集体运动特性的带电粒子的复杂系统，经过几十年的发展，逐步形成了流体描述方法和动力学描述方法两个最基本的研究手段。

流体描述方法从宏观的角度研究了等离子体大范围、长时间的性质，将微观得到的参数作为已知条件，数值求解其流体控制方程。而动力学描述主要分为两种：一种是 Vlasov 方程或者 Fokker-Planck 方程的求解，但对其进行数值求解时比较困难，容易出现非物理失真；另外一种就是粒子模拟的方法，即在高速计算机上通过跟踪大量微观粒子的运动，再对其进行统计平均得到宏观下的物理特性和运动规律。此外，粒子模拟方法与流体模拟方法相结合，构成另外一种混合模拟方法。图 10.1 所示为等离子体数值模拟方法的分类示意图。

粒子模拟可以看成是方便而粗糙的流体力学模拟和严格但困难的动力学方程求解的一种有效折中，已发展成为研究等离子体问题较为成熟的手段之一，它通过跟踪大量单个微观粒子的运动，并统计平均，得到等离子体的宏观特性。与流体力学方法相比，粒子模拟方法更加直接，避免了采用流体近似造成的计算失真，但是粒子模拟方法最大的问题是计算量过大。随着计算机性能的不断提升，采用粒子模拟方法对推力器的一些特殊问题进行研究也成为可能。目前，针对推力器的数值模拟，粒子模拟和流体模拟方法以及综合这两种方法的混合模拟方法，均得到广泛的应用。

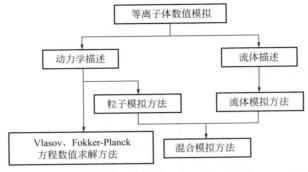

图 10.1　等离子体数值模拟研究方法分类示意图

粒子模拟方法又分为直接蒙特卡洛碰撞（DSMC）方法、粒子网格单元（PIC）方法及 PIC/MCC 方法 [1-3]。

(1) DSMC 方法

DSMC 方法是基于概率论的一种粒子模拟方法，其核心内容是将粒子的运动和碰撞耦合求解。这种方法是通过产生一系列介于 [0，1] 之间均匀分布的随机数与由碰撞截面表示的碰撞概率来比较，得出粒子是否碰撞，如果碰撞会发生何种碰撞，再结合能量和动量守恒等定律来确定碰撞后粒子的新状态。

(2) PIC 方法

PIC（Particle-In-Cell，粒子网格单元）方法通过求解 Maxwell 方程、电流密度方程、粒子运动方程来实现对粒子的跟踪，其核心思想是将网格内粒子参数赋予周围的网格点，即将粒子的电量、粒子运动产生的电流等按一定的权重（如面积权重法、体积权重法等）分配至网格点上，再计算网格点上的场强等参数，然后考虑粒子在该场强下的运动。

(3) PIC/MCC 方法

PIC 方法在模拟集体相互作用方面之所以取得巨大的成功在于采取了有限大小粒子模型，抑制了碰撞效应，所以一般的 PIC 方法只能处理无碰撞的物理问题。然而很多情况下，粒子间的相互碰撞效应往往不能被忽略，而且通常会对结果产生决定性的影响。进入 20 世纪 80 年代末 90 年代初，MCC（Monte Carlo Collision，蒙特卡洛碰撞）方法开始被引入 PIC 方法中用来处理粒子碰撞。PIC 和 MCC 方法联合求解，可以兼顾 PIC 模拟处理集体相互作用和 MCC 处理粒子碰撞的优势，这也是本书所采用的主要模拟方法。

本章将采用粒子模拟的方法对电化学复合推力器内部爆震燃烧产生的等离子体流动演化规律进行数值建模及仿真，即利用 PIC 的方法跟踪粒子运动。考虑到该方法对碰撞作用有一定的抑制效应，而在推力器的数值研究中各种粒子之间的碰撞过程是不可忽略的，因此结合 MCC 的方法模拟粒子之间的碰撞，通过 PIC 和 MCC 方法的联合求解，可以兼顾 PIC 模拟处理集体相互作用和 MCC 处理粒子碰撞的优势。

10.2.2　粒子模拟方法介绍

（1）有限大小粒子

粒子模拟通过跟踪大量单个微观粒子的运动，并统计平均从而得到等离子体的宏观特性。但是由于真实等离子体系统粒子数目巨大，而计算机容量及速度有一定限制，不可能跟踪每个粒子的运动。为了使计算成为可能，粒子模拟引入了有限大小粒子模型（finite-size particle model）。有限大小粒子就是用一些宏粒子（云）的运动来代替实际等离子体带电粒子的运动，从而减少模拟需要跟踪的粒子数，其基本思想是：仿真粒子具有一定的大小和形状，当它们距离较远时，是库仑远程力起作用，为多体相互作用，表现出集体运动特性；当两粒子开始重合时，它们之间的作用力开始下降；当两粒子完全重合时，它们之间的作用力下降为零。有限大小粒子方法可以使得近距离碰撞的作用极大降低，而不改变远程相互作用，从而使得集体运动特性保存下来，同时使得粒子模拟成为可能。粒子模拟的基本流程如图 10.2 所示。

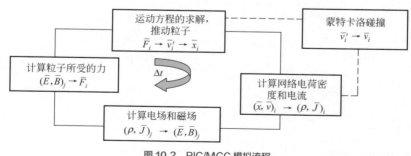

图 10.2　PIC/MCC 模拟流程

有限大小粒子所代表的真实粒子具有相同的特性，即具有相同的速度、位置以及受力等，通过权重分配将宏粒子所代表的电荷及速度等参量分配至周围网格节点，在网格点上求解 Maxwell 方程组得到电磁场分布后可获得带电粒子所受的电场力和磁场力，而粒子下一刻的位置和速度通过求解运动方程得到，最后还要考虑粒子运动过程中发生的碰撞。

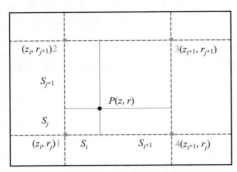

图 10.3　宏粒子在网格的位置及插值分配示意图

(2)　权重分配

在 PIC 模拟程序中，需要将粒子的电荷分配到网格节点上统计获得网格点处粒子电荷密度，以求解电磁场方程。

粒子电荷分配到网格节点的方法一般包括：最近格点法 NGP 方法、粒子云分室法（Cloud in Cell，CIC）、偶极近似法（QS）等。其中，粒子云分室法运用最为普遍。粒子云分室法把粒子看作与网格形状相同的粒子云，电荷在粒子云内均匀分配。图 10.3 所示为某宏粒子在网格的位置及插值分配示意图。以面积权重为例，使用远离某格点的面积比作为该网格点的权重，图 10.3 中格点 3 的权重为：

$$W_3 = \frac{S_i S_j}{\mathrm{d}z\mathrm{d}r} \tag{10.19}$$

本章涉及的是二维轴对称模型，Ruyten 研究提出一种适用于轴对称模型的较高精度的分配权重，在此类模型 PIC 计算中使用较为广泛。各个方向权重：

$$\begin{cases} S_j = \dfrac{(r_{j+1} - r)(2r_{j+1} + 3r_j - r)}{2(r_{j+1}^2 - r_j^2)} \\ S_{j+1} = \dfrac{(r - r_j)(3r_{j+1} + 2r_j - r)}{2(r_{j+1}^2 - r_j^2)} \\ S_i = \dfrac{(x_{i+1} - x)}{(x_{i+1} - x_i)} \\ S_i = \dfrac{(x - x_i)}{(x_{i+1} - x_i)} \end{cases} \Rightarrow \begin{cases} W_1 = S_i S_j \\ W_2 = S_i S_{j+1} \\ W_3 = S_{i+1} S_{j+1} \\ W_4 = S_{i+1} S_j \end{cases} \tag{10.20}$$

(3)　电磁场求解

① 电磁场方程。

电磁场是推动粒子运动的主要能量来源，决定了粒子的运动轨迹。电磁场通过求解麦克斯韦电磁场方程得到。下面为麦克斯韦电磁场方程组：

$$\begin{cases} \nabla \times \boldsymbol{H} = \boldsymbol{J} + \dfrac{\partial \boldsymbol{D}}{\partial t} \\ \nabla \times \boldsymbol{E} = \dfrac{\partial \boldsymbol{B}}{\partial t} \\ \nabla \cdot \boldsymbol{D} = \rho_q \\ \nabla \cdot \boldsymbol{B} = 0 \end{cases} \tag{10.21}$$

式中，$\boldsymbol{H}$ 为磁场强度，A/m；$\boldsymbol{J}$ 为传导电流，A；$\boldsymbol{D}$ 为电位移矢量，C/m²；$\boldsymbol{B}$ 为磁感应强度，T；$\boldsymbol{E}$ 为电场强度，V/m；ρ_q 为电荷密度，m⁻³。

在本书研究的问题中电场和磁场的时变量小，因此忽略时变量，最终电磁场求解方程可以写为：

$$\begin{cases} \nabla \times \boldsymbol{B} = \mu_0 \boldsymbol{J} \\ \nabla \times \boldsymbol{E} = 0 \end{cases} \tag{10.22}$$

同时根据：

$$\begin{cases} \boldsymbol{B} = \nabla \times \boldsymbol{A} \\ \boldsymbol{E} = -\nabla \varphi \end{cases} \tag{10.23}$$

式中，$\boldsymbol{A}$ 为矢量磁位，Wb/m；φ 为电势，V。
可将电磁场方程写为泊松方程形式：

$$\begin{cases} \nabla^2 \varphi = -\dfrac{\rho_e}{\varepsilon_0} \\ \nabla \cdot \boldsymbol{A} = \mu_0 \boldsymbol{J} \end{cases} \tag{10.24}$$

再结合具体的边界条件，即可通过数值方法求解上述方程。其中，矢量磁位 $\boldsymbol{A}$ 可以写成各个分量 A_i 的形式。通过求解泊松方程可以得到电势 φ 和矢量磁位 $\boldsymbol{A}$ 的分布，从而可以得到电场分布和磁场分布。

电场强度可计算如下：

$$\begin{cases} E_r = -\dfrac{\partial \varphi}{\partial r} \\ E_z = -\dfrac{\partial \varphi}{\partial z} \end{cases} \tag{10.25}$$

其中，中心点可以通过二阶差分近似求解，边界点通过一阶差分求解。

对于磁感应强度的求解，是在三维圆柱坐标系求解，分别得出各个方向的磁场分量。在圆柱坐标系下有磁感应强度 $\boldsymbol{B}$ 为：

$$\begin{vmatrix} B_r \\ B_\theta \\ B_z \end{vmatrix} = \frac{1}{r} \begin{vmatrix} \boldsymbol{a}_r & r\boldsymbol{a}_\theta & \boldsymbol{a}_z \\ \dfrac{\partial}{\partial r} & \dfrac{\partial}{\partial \theta} & \dfrac{\partial}{\partial z} \\ A_r & rA_\theta & A_z \end{vmatrix} = \begin{vmatrix} \dfrac{1}{r}\left(\dfrac{\partial A_z}{\partial \theta} - \dfrac{\partial (rA_\theta)}{\partial z}\right)\boldsymbol{a}_r \\ \dfrac{1}{r}\left(\dfrac{\partial A_r}{\partial z} - \dfrac{\partial A_z}{\partial r}\right)r\boldsymbol{a}_\theta \\ \dfrac{1}{r}\left(\dfrac{\partial (rA_\theta)}{\partial r} - \dfrac{\partial A_r}{\partial \theta}\right)\boldsymbol{a}_z \end{vmatrix} \qquad (10.26)$$

由于为轴对称结构，有：

$$\frac{\partial A_r}{\partial \theta} = 0, \ \frac{\partial A_z}{\partial \theta} = 0 \qquad (10.27)$$

所以，磁感应强度计算式可以简化为：

$$\begin{vmatrix} B_r \\ B_\theta \\ B_z \end{vmatrix} = \begin{vmatrix} \dfrac{\partial A_\theta}{\partial z}\boldsymbol{a}_r \\ \left(\dfrac{\partial A_r}{\partial z} - \dfrac{\partial A_z}{\partial r}\right)\boldsymbol{a}_\theta \\ \dfrac{\partial A_\theta}{\partial r}\boldsymbol{a}_z \end{vmatrix} \qquad (10.28)$$

后续计算方法同电场计算，在中间网格点才有二阶差分格式，在边界点使用一阶差分计算。

② 泊松方程求解。

由于本书是计算轴对称结构，主要是在二维轴对称坐标系（r，z）下进行求解，因此以电场的泊松方程为例，在轴对称坐标系下方程具体可以写为：

$$\frac{\partial^2 \varphi}{\partial r^2} + \frac{1}{r} \times \frac{\partial \varphi}{\partial r} + \frac{\partial^2 \varphi}{\partial z^2} = -\frac{\rho_q}{\varepsilon} \qquad (10.29)$$

将其在计算区域内进行离散，得出离散方程。本书采用五点差分的离散方法将方程写为：

$$aN_{i,j}\varphi_{i,j+1} + aS_{i,j}\varphi_{i,j-1} + aW_{i,j}\varphi_{i-1,j} + aE_{i,j}\varphi_{i+1,j} + \left(\frac{\rho_e}{\varepsilon_0}\right)_{i,j} = a0_{i,j}\varphi_{i,j} \qquad (10.30)$$

③ 电磁场边界条件。

一般的泊松方程 $\nabla\varphi^2 = f$ 有三类边界条件，本书使用第二类边界条件，即：$\partial\varphi / \partial n = g(x,y)$，（$x$，$y$）为空间坐标。

第二类边界条件使用在自由边界以及对称边界处。该边界条件给定了待求变量在边界的导数与空间位置的关系：

$$\frac{\partial \varphi}{\partial n} = \frac{\partial \varphi}{\partial x}\cos(n,x) + \frac{\partial \varphi}{\partial y}\cos(n,y) = g(x,y) \tag{10.31}$$

式中，(n,x)、(n,y) 分别为求导方向与 x、y 方向的夹角。

处理此类边界同样使用数值差分的方法，将边界条件转化为离散的线性关系式：

$$\frac{\varphi(P)-\varphi(E)}{\mathrm{d}x}\cos(n,x) + \frac{\varphi(P)-\varphi(N)}{\mathrm{d}y}\cos(n,y) = g(x,y) \tag{10.32}$$

从而联合泊松方程离散方程形成封闭线性方程求解。

（4）粒子运动方程

粒子的运动通过牛顿 - 洛伦兹力方程进行描述，如下：

$$\begin{cases} m\dfrac{\mathrm{d}\boldsymbol{v}}{\mathrm{d}t} = e(\boldsymbol{E}+\boldsymbol{v}\times\boldsymbol{B}) \\ \dfrac{\mathrm{d}\boldsymbol{x}}{\mathrm{d}t} = \boldsymbol{v} \end{cases} \tag{10.33}$$

式中，m 为粒子的质量，kg；$\boldsymbol{v}$ 为粒子的速度，m/s。

对运动方程的求解采用 Boris 的"蛙跳"算法，该算法将电场力和磁场力对粒子速度的影响分别进行描述。具体的思路如图 10.4 所示。

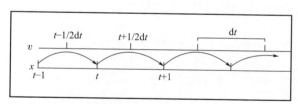

图 10.4 蛙跳算法示意图

在推动带电粒子运动时，将电磁场作用分为两个半步，前半个先通过半次电场加速，将速度 $u^{t-\Delta t/2}$ 更新为 u^-，然后根据 u^- 计算粒子在磁场旋转得到 u^+，最后经过半次电场求解得到新的速度 $u^{t+\Delta t/2}$。

（5）PIC 计算稳定性条件

首先，引入几个需要使用的等离子体的指标参数。

德拜长度 λ_D：

$$\lambda_D = \sqrt{\frac{\varepsilon_0 T_e}{n_e e}} \tag{10.34}$$

式中，ε_0 为真空介电常数，$\varepsilon_0 = 8.8542\times10^{-12}$ F/m；T_e 为电子温度，eV；e 为

电子电荷，C；n_e 为电子数密度，m^3。

电子振荡频率 ω_{pe}：

$$\omega_{pe} = \sqrt{\frac{n_e e^2}{\varepsilon_0 m_e}} \qquad (10.35)$$

电子回旋频率 ω_{Be}：

$$\omega_{Be} = \sqrt{\frac{eB}{m_e}} \qquad (10.36)$$

完全的 PIC 模拟存在一系列稳定性约束，这些约束的存在是为了产生正确的物理描述，模拟过程必须能够分辨最快的重要物理过程，这些约束限制了空间步长和时间步长的大小。

① 空间步长。

空间步长主要是需要保证计算网格步长 dx 要小于等离子体的德拜长度 λ_D，即：

$$dx < \lambda_D \qquad (10.37)$$

② 时间步长。

时间步长限制方面较多，首先保证在数值计算方面的稳定性，粒子在单个时间步长运动不能大于一个网格步长，需要满足：

$$dt < \frac{dx}{v_{max}} \qquad (10.38)$$

其次，为了防止等离子体自加热现象，需要保证：

$$dt < \frac{1}{\omega_{pe}} \qquad (10.39)$$

要保证粒子在磁场下的运动精度，需要满足：

$$dt < \frac{0.35}{\omega_{Be}} \qquad (10.40)$$

(6) 粒子之间的相互作用

在真实情况下，等离子体粒子不仅受外部的远程作用力，还会受到其他粒子的作用力，即粒子之间的碰撞。这包括了带电粒子与中性粒子、带电粒子与带电粒子之间的碰撞作用。

本书以 H_2 和 O_2 为工质气体，存在的粒子种类包含等离子体在内的 11 种组分（H_2、O_2、H、O、OH、HO_2、H_2O_2、H_2O、H^+、O^+、e^-）。Nanbu[4] 将带电粒子与中

性粒子之间的碰撞叫作近程碰撞，将带电粒子之间的碰撞叫作远程碰撞。PIC方法处理粒子之间的碰撞一般使用蒙特卡洛（Monte Carlo）方法，但是在不同的碰撞类型碰撞处理算法有所不同。下面为几种碰撞的具体处理方法。

① 电子与中性分子碰撞。

电子与中性分子的碰撞有弹性散射碰撞、激发碰撞以及电离碰撞。不同的碰撞对应有不同的碰撞截面。处理碰撞时是在网格内抽取一定数量的碰撞对，然后进行碰撞后的速度处理。

首先是确定碰撞对的抽取，抽取的同时还需要确定抽取的碰撞对发生的碰撞类型。电子与分子在 Δt 时间内发生第 k 种碰撞的概率如下：

$$P_k = \nu_k \Delta t \tag{10.41}$$

式中，ν_k 为第 k 种碰撞的碰撞频率，计算式为：

$$\nu_k = n_{\mathrm{g}} v \sigma_k \tag{10.42}$$

式中，n_{g} 为气体分子的数密度，$\mathrm{m^{-3}}$；v 为电子入射速度，$\mathrm{m/s}$；σ_k 为第 k 种碰撞的碰撞截面，$\mathrm{m^{-2}}$。

假设总共有 N 种碰撞，则发射碰撞的总概率 P_{T} 为：

$$P_{\mathrm{T}} = \sum_{k=1}^{N} P_k \tag{10.43}$$

Nanbu提出了一种确定碰撞类型的方法，由概率的性质有：

$$1 = P_{\mathrm{T}} + (1 - P_{\mathrm{T}}) = \sum_{k=1}^{N} \left[P_k + \left(\frac{1}{N} - P_k \right) \right] \tag{10.44}$$

根据图10.5，Nanbu将整个碰撞事件划分为 N 个等分区间，每个区间对应一个碰撞类型，同时每个区间内存在一个发生该种碰撞的碰撞概率 P_k。现在可以通过生成随机数 R，构造 $i=[RN-1]$，其中 [] 符号表示取整数，i 即发生碰撞的类型区间，然后按如下方法确定第 i 种碰撞是否发生：

$$\begin{cases} R > \dfrac{i}{N} - P_i \ , & \text{第 } i \text{ 种碰撞发生} \\[2mm] R \leqslant \dfrac{i}{N} - P_i \ , & \text{第 } i \text{ 种碰撞不发生} \end{cases} \tag{10.45}$$

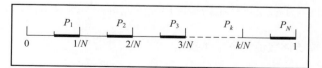

图10.5　Nanbu的碰撞概率划分示意图

式中，P_i 对应第 i 种碰撞的概率。

通过上述方法，可以只生成一个随机数决定是否发生某种类型的碰撞。处理电子 - 分子碰撞，一般以电子作为入射粒子，通过计算判断每个电子的碰撞情况，随后进行相应的速度处理。

② 离子与中性分子之间的碰撞。

本次考虑的离子 - 分子的碰撞同样也有两者类型：弹性碰撞和电荷交换（CEX）碰撞。处理流程与电子 - 分子碰撞相似，首先确定各种碰撞类型的发射概率。碰撞反应式如下：

弹性碰撞：

$$A^+(v_A) + B(v_B) \longrightarrow A^+(v'_A) + B(v'_B) \tag{10.46}$$

电荷交换碰撞：

$$A^+(v_A) + B(v_B) \longrightarrow A(v'_A) + B^+(v'_B) \tag{10.47}$$

以离子 A^+ 作为入射粒子，发生离子 - 分子碰撞的总的概率为：

$$P_T = n_B \bar{g} \sigma_T \Delta t \tag{10.48}$$

其中，$g = |v_A - v_B|$，$\bar{g}$ 表示网格内 g 的平均值。

③ 库仑碰撞。

库仑碰撞是一种远程碰撞，主要是以小角度碰撞为主，碰撞频率也较大，因此将会导致计算量的急剧增加。为了简化库仑碰撞，一般将多次小角度碰撞累积为一次大角度散射的碰撞。具体方法如下所述。

在一个网格内有 a、b 两种带电粒子的库仑碰撞，认为网格内两种粒子的分布趋于均匀分布，两种粒子的权重相同。假设一个网格内有宏粒子 a 数量为 N_a 个，粒子数密度为 n_a，宏粒子 b 的个数为 N_b，粒子数密度为 n_b，且两种粒子的总粒子数密度为 n。两种粒子的权重相同，因而有 $N'_a = N'_b$，且每个粒子与同类或者不同类的粒子碰撞次数为一次。库仑碰撞是以计算网格为单位进行抽样组成碰撞对进行处理。

a、b 不同种粒子库仑碰撞处理：首先计算平均碰撞次数 N'_a，而后将网格内的 a、b 两种粒子随机排序为 {a1、a2、a3、⋯、aN_a} 和 {b1、b2、b3、⋯、bN_b} 两组。取 a 粒子的前 N'_a 与 b 粒子的前 N'_b 个组成碰撞对，进行 a、b 不同种粒子库仑碰撞处理。

对于同种粒子间的库仑碰撞，之前对前面两种带电粒子分别抽取了 $N'_a = N'_b$ 个粒子，而剩余的粒子各自进行组内搭配形成碰撞对，如图 10.6 所示。

（7）磁等离子体数值仿真缩比模型

① 简化背景。

由于上述时间和空间限制的存在，完整的 PIC 方法的时间步长和空间网格宽度相对于流体力学或者其他典型的模拟技术来说总是很小的。很多问题都由于需要的网格过于精细及时间步数太多而无法用 PIC 方法进行全尺寸模拟，甚至不存在完全模拟的可能性。以本次模拟为例：

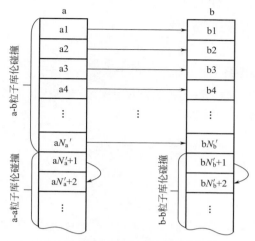

图 10.6　库仑碰撞粒子碰撞对划分示意图

空间尺度：

$$\mathrm{d}x \leqslant \lambda_{\mathrm{D}} \approx \Rightarrow N_{\min} = \frac{L_r}{\lambda_{\mathrm{D}}} \times \frac{L_z}{\lambda_{\mathrm{D}}} \approx \frac{0.16 \times 0.036}{(4.7 \times 10^{-7})^2} \approx 2.61 \times 10^{10} \tag{10.49}$$

时间尺度：

$$\mathrm{d}t_{\min} = \frac{\lambda_{\mathrm{D}}}{v_{\max}} \approx \frac{4.7 \times 10^{-7}}{3 \times 10^7} \approx 1.6 \times 10^{-14}\,\mathrm{s} \tag{10.50}$$

可见，为保证一定的计算精度和稳定性，时间步长和空间步长会被限制得非常小，如果再考虑庞大的粒子数，整个数值模拟的计算开销将巨大，不利于程序调试，同时程序的实用性也将大大降低。

② 缩比模型。

粒子模拟目前有两大类简化加速方法：一种是直接改变介电常数以及重离子质量来加速计算的方法，另一种是以相似性准则得到的缩比模型的方法。本次采用缩比模型的方法。本方法的主要思路是将推力器的整体尺寸 L 缩小为原来的 $1/\eta$，因此德拜长度 λ_{D} 与推力器尺寸的比值增加：

$$\frac{\lambda_{\mathrm{D}}}{L'} = \eta \frac{\lambda_{\mathrm{D}}}{L} \tag{10.51}$$

由于德拜长度决定网格步长，推力器缩放后使得网格步长相对于推力器尺寸也增加，从而降低整体的网格数量。下面具体分析缩比系数的确定原则以及对各个物理参数的影响。

本方法首先需要保证三个不变的原则。

原则一：推力器的比冲 I_{sp} 不变。需要保证：

$$\frac{I'_{sp}}{I_{sp}} \propto \frac{v'_i}{v_i} \propto \frac{V'}{V} = 1 \tag{10.52}$$

因此，缩放前后电压保持不变，也使得电子速度 v_e、离子速度 v_i 都保持不变。

原则二：保证电子自由程与推力器尺寸 L' 的比值保持不变，从而保证电子在缩比后运动出推力器的能量损失不变，即：

$$\frac{\lambda'_e}{L'} = \frac{\lambda_e}{L} \Rightarrow \frac{1}{n_n \sigma_{en} L} = \frac{1}{n'_n \sigma'_{en} L'} \tag{10.53}$$

从而可得到：

$$n'_n = \eta n_n \tag{10.54}$$

由于碰撞截面不改变，则需要将背景气体粒子数密度 n_n 放大为原来的 η 倍。

原则三：保证磁场对带电粒子的约束效果不变，即带电粒子在磁场下的回旋半径 r_c 与推力器尺寸 L 比值不变，以电子为例：

$$\frac{m'_e v'_e}{qB'L'} = \frac{m_e v_e}{qBL} \tag{10.55}$$

可得：

$$B' = \eta B \tag{10.56}$$

即缩放后磁场强度需要扩大为原来的 η 倍。

上述三个原则是缩放模型的最基本要求，保证了推力器的相似性，现在具体分析各个物理量的缩放关系。

由原则一有，电压保持不变，而电场强度 E 有：

$$E' \propto \frac{V'}{L} \propto \eta E \tag{10.57}$$

由原则二有，需要将背景气体粒子数密度放大 η 倍，为了保证推力器各种粒子的比值，同样需要扩大电子数密度 n_e，有：

$$n'_e = \eta n_e \tag{10.58}$$

由于保证了电子的自由程，则离子数密度 n_i 与电子数密度线性相关，有：

$$n'_i = \eta n_i \tag{10.59}$$

对于工质流量 $\dot{m}$，有：

$$\dot{m}' = m_n' v_n' n_n' S' \propto n_n' L^2 \propto \frac{1}{\eta} \dot{m} \qquad (10.60)$$

同样，电流密度 j 缩放后满足：

$$j' = e n_e' v_e' \propto \eta j \qquad (10.61)$$

则电流 J 有：

$$J' = j' S' \propto \frac{1}{\eta} J \qquad (10.62)$$

此时，推力器的推力 T 为：

$$T' = \dot{m}' v_g' \propto \frac{1}{\eta} T \qquad (10.63)$$

因此，各个物理量的缩比系数如表 10.2 所示。

表 10.2 缩比模型各物理量的缩比系数

参数	J	$\dot{m}$	n_i	n_e	n_n	E	B	I_{sp}	η_T	T
倍率	$\frac{1}{\eta}$	$\frac{1}{\eta}$	η	η	η	η	η	1	1	$\frac{1}{\eta}$

使用本方法将推力器尺寸缩小为原来的 $\frac{1}{\eta}$ 后，电子数密度扩大为原来的 η 倍，使得德拜长度缩小为原来的 $\sqrt{\eta}$ 倍，可以说其缩比系数 η 对单方向的网格数量的缩小量为 $\sqrt{\eta}$ 倍，二维网格数量缩小 η 倍。根据稳定性条件的要求有：

$$dx' \leqslant \lambda_D' = \sqrt{\frac{\varepsilon_0' T_e'}{n_e' e'}} \qquad (10.64)$$

代入缩比系数 η，可以得到：

$$\frac{dx}{\eta} \leqslant \sqrt{\frac{\varepsilon_0 T_e}{\eta n_e e}} \qquad (10.65)$$

最终求得：

$$\eta \geqslant \frac{n_e e dx^2}{\varepsilon_0 T} \qquad (10.66)$$

式中，dx 为原尺寸下计算网格步长，n_e 为原尺寸推力器电子数密度，式子给出了确定缩比系数的方法。

(8) 模拟方案与流程

考虑到实际推力器结构的对称性，数值仿真采用 2D-3V 的二维轴对称模型。2D-3V 是指计算模型为二维的但是同时考虑三维的速度，即引入粒子周向的速度。结合前文所述各环节建模原则，可确定程序数值仿真模型结构及输出参数，具体如图 10.7 所示。

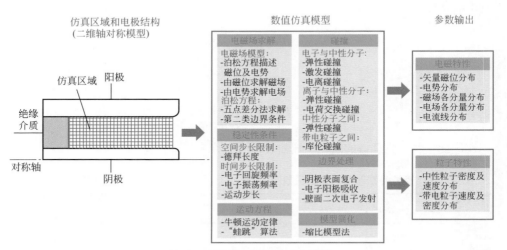

图 10.7　数值仿真模型结构及输出参数

在确定整个数值仿真模型后，程序按照图 10.8 所示的流程进行编写。程序开始后，首先进行网格划分及参数初始化，然后进行气体扩散及碰撞处理，明确碰撞

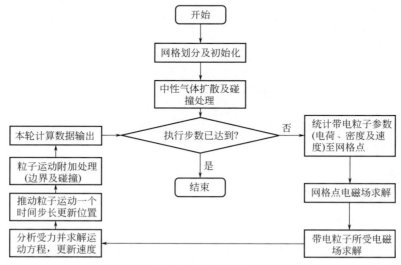

图 10.8　粒子模拟流程

类型及截面数据，最后进行循环迭代计算。在循环迭代计算过程中，首先根据工况设置求解麦克斯韦方程，计算计算域中的电磁场分布；然后对宏粒子的运动位置和速度进行求解，采用 MCC 方法对粒子间碰撞进行处理，由此得到一个计算时间步长后粒子的分布参数；若稳定，则得到最终结果，否则进入下一次循环直至计算达到稳定，至此程序结束。

10.3　电化学复合推进模拟方案

10.3.1　弱耦合模拟方法

复合推进粒子动力学特征的仿真拟采用爆震燃烧与等离子体的弱耦合模拟方案。所谓弱耦合模拟，是指不仅考虑爆震燃烧反应，也考虑了等离子体与分子、原子之间的离解和电离反应，研究其复合作用下推力器的性能参数。

如图 10.9 所示，仿真方法的内容可以描述为：对仿真区域进行网格划分后，基于有限体积法对可压缩方程组进行离散求解，实现非定常数值爆轰模拟。进而采用求解的燃烧组分密度分布、速度分布、温度分布以及压强分布等结果作为电磁力求解中等离子体发展演变的初始条件，应用 PIC/MCC 方法对推力器内部爆震燃烧产生的等离子体流动演化规律进行计算，进而求得推力器复合推力等性能。弱耦合仿真思路合理清晰，可靠性较高，易实现，对复合推进技术的计算仿真有重要意义。

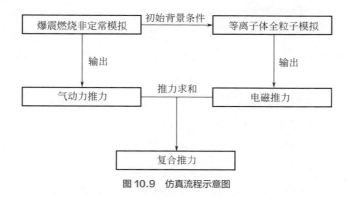

图 10.9　仿真流程示意图

10.3.2　仿真模型设计

根据推力 50N、比冲 1000s 技术指标，经过理论设计，确定加速腔阴极和阳极长度为 450mm，阴极和阳极内径分别为 6mm 和 30mm，并且假设点火位置距离前端

50mm，进气口距离前端30mm，阴阳极间的电压为 0 ～ 50kV，电流为 0 ～ 20kA。推力器工作时，将以物质的量之比为 2:1 加入 H_2 和 O_2 气体工质，单个脉冲进气量 H_2 和 O_2 分别为 0.011g、0.089g。加速腔初始温度设为 300K，充气结束后进行点火，认为腔内（不含喷管）气体均匀分布，初始填充压强为 0.62atm。

考虑到实际推力器结构的对称性，按照复合加速腔设计参数，建立如图 10.10 所示的仿真模型。红色区域代表气体工质注入区域，橙色区域代表陶瓷套管阴极区域。数值仿真采用 2D-3V 的二维轴对称模型。其中，阳极和阴极长度为 450mm，阳极和阴极半径分别为 18mm 和 3mm。为保证所搭建物理模型边界更接近实际工作状态，同时便于观察电极外粒子物理过程，粒子仿真区域长度在轴向延长 50mm。

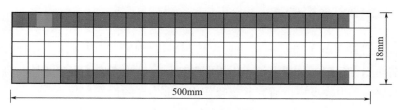

图 10.10　仿真模型示意图

10.3.3　考虑的碰撞类型及截面数据

（1）氢气
氢气工质中主要考虑电子与中性粒子之间的弹性及电离碰撞、离子和中性粒子之间的弹性和电荷交换碰撞。

① 对于电子与氢气分子之间的碰撞，包括弹性碰撞：$e+H_2 \rightarrow e+H_2$；电离碰撞：$e+H_2 \rightarrow H_2^{+}+2e$；激发碰撞：$e+H_2 \rightarrow e+H_2^{*}$。其中，弹性碰撞对应的碰撞截面（单位：$m^2$）表达式为：

$$\sigma_{en,elastic}(e+H_2) = \begin{cases} 7.41\times10^{-20} & (\varepsilon \leqslant 0.02\,eV) \\ (-5.402\times10^{-20})\times\varepsilon^2+(1.929\times10^{-19})\times\varepsilon\times\sqrt{\varepsilon}+(-2.435\times10^{-19})\times\varepsilon+ \\ (1.737\times10^{-19})\times\sqrt{\varepsilon}+5.435\times10^{-20} & (0.02eV<\varepsilon\leqslant1.5\,eV) \\ (-2.137\times10^{-20})\times\varepsilon^2+(1.804\times10^{-19})\times\varepsilon\times\sqrt{\varepsilon}+(-5.879\times10^{-19})\times\varepsilon+ \\ (8.378\times10^{-19})\times\sqrt{\varepsilon}-2.923\times10^{-19} & (1.5eV<\varepsilon\leqslant6\,eV) \\ (2.263\times10^{-23})\times\varepsilon^2+(-8.036\times10^{-22})\times\varepsilon\times\sqrt{\varepsilon}+(1.192\times10^{-20})\times\varepsilon+ \\ (-8.748\times10^{-20})\times\sqrt{\varepsilon}+2.674\times10^{-19} & (6eV<\varepsilon\leqslant100\,eV) \\ 7.4\times10^{-21} & (\varepsilon>100\,eV) \end{cases}$$

（10.67）

电离碰撞对应的碰撞截面表达式为:

$$\sigma_{en,ionization}(e+H_2) = \begin{cases} 0 & (\varepsilon \leqslant 15.5eV) \\ 6.42 \times 10^{-21} & (15.5eV < \varepsilon \leqslant 30eV) \\ (-4.58 \times 10^{-24}) \times \varepsilon^2 + (1.995 \times 10^{-22}) \times \varepsilon \times \sqrt{\varepsilon} + (-3.253 \times 10^{-21}) \times \varepsilon + \\ (2.308 \times 10^{-20}) \times \sqrt{\varepsilon} - 5.099 \times 10^{-20} & (30eV < \varepsilon \leqslant 180eV) \\ (-1.328 \times 10^{-26}) \times \varepsilon^2 + (8.655 \times 10^{-25}) \times \varepsilon \times \sqrt{\varepsilon} + (-6.413 \times 10^{-24}) \times \varepsilon + \\ (-6.439 \times 10^{-22}) \times \sqrt{\varepsilon} + 1.469 \times 10^{-20} & (180eV < \varepsilon \leqslant 1000eV) \\ 1.99 \times 10^{-21} & (\varepsilon > 1000eV) \end{cases}$$

(10.68)

式中，ε 为电子相对于氢气分子的能量，eV。

对于氢气工质，电子 - 中性粒子碰撞截面与电子能量趋势分布如图 10.11 所示。

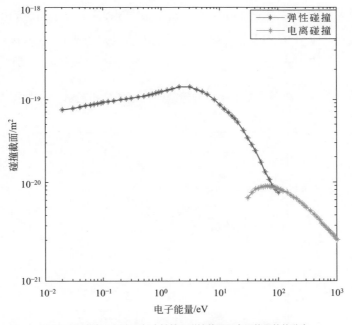

图 10.11　氢气工质电子与中性粒子碰撞截面及电子能量趋势分布

② 对于离子与中性粒子之间的碰撞，包括：弹性碰撞，$H_2^+ + H_2 \rightarrow H_2^+ + H_2$；电荷交换碰撞，$H_2^+ + H_2 \rightarrow H_2 + H_2^+$。其中，离子与氢气分子弹性碰撞截面表达式为：

$$\sigma_{\mathrm{in,elastic}}(H_2^+ + H_2) = \begin{cases} 78 \times 10^{-20} & (\varepsilon \leqslant 0.1\mathrm{eV}) \\ (2.167 \times 10^{-18}) \times \varepsilon^2 + (-7.608 \times 10^{-18}) \times \varepsilon \times \sqrt{\varepsilon} + (1.023 \times 10^{-17}) \times \varepsilon + \\ (-6.643 \times 10^{-18}) \times \sqrt{\varepsilon} + 2.075 \times 10^{-18} & (0.1\mathrm{eV} < \varepsilon \leqslant 1.334\mathrm{eV}) \\ (-5.119 \times 10^{-22}) \times \varepsilon^2 + (-4.869 \times 10^{-21}) \times \varepsilon \times \sqrt{\varepsilon} + (9.649 \times 10^{-20}) \times \varepsilon + \\ (-4.102 \times 10^{-19}) \times \sqrt{\varepsilon} + 5.41 \times 10^{-19} & (1.334\mathrm{eV} < \varepsilon \leqslant 17.78\mathrm{eV}) \\ 1.5 \times 10^{-22} & (\varepsilon > 17.78\mathrm{eV}) \end{cases}$$

（10.69）

电荷交换碰撞截面表达式为：

$$\sigma_{\mathrm{in,CEX}}(H_2^+ + H_2) = \begin{cases} 0.28 \times 10^{-20} & (\varepsilon \leqslant 0.1\mathrm{eV}) \\ (-8.142 \times 10^{-21}) \times \varepsilon^2 + (4.796 \times 10^{-20}) \times \varepsilon \times \sqrt{\varepsilon} + (-6.566 \times 10^{-20}) \times \varepsilon + \\ (4.828 \times 10^{-20}) \times \sqrt{\varepsilon} - 7.685 \times 10^{-21} & (0.1\mathrm{eV} < \varepsilon \leqslant 4.22\mathrm{eV}) \\ (-1.341 \times 10^{-21}) \times \varepsilon^2 + (2.485 \times 10^{-20}) \times \varepsilon \times \sqrt{\varepsilon} + (-1.673 \times 10^{-19}) \times \varepsilon + \\ (4.79 \times 10^{-19}) \times \sqrt{\varepsilon} - 3.828 \times 10^{-19} & (4.22\mathrm{eV} < \varepsilon \leqslant 42.2\mathrm{eV}) \\ (1.156 \times 10^{-24}) \times \varepsilon^2 + (-6.623 \times 10^{-23}) \times \varepsilon \times \sqrt{\varepsilon} + (1.418 \times 10^{-21}) \times \varepsilon + \\ (-1.47 \times 10^{-20}) \times \sqrt{\varepsilon} + 1.437 \times 10^{-19} & (42.2\mathrm{eV} < \varepsilon \leqslant 421\mathrm{eV}) \\ 6.4 \times 10^{-20} & (\varepsilon > 421\mathrm{eV}) \end{cases}$$

（10.70）

对于氢气工质，离子 - 中性粒子碰撞截面与电子能量趋势分布如图 10.12 所示。

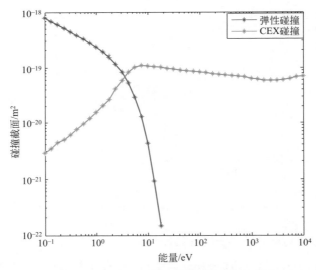

图 10.12　氢气工质离子与中性粒子碰撞截面及电子能量趋势分布

（2）氧气

氧气工质中主要考虑电子与中性粒子之间的弹性及电离碰撞、离子和中性粒子之间的弹性和电荷交换碰撞。

① 对于电子与氧气分子之间的碰撞，包括：弹性碰撞，$e+O_2 \rightarrow O_2+e$；电离碰撞，$e+O_2 \rightarrow O_2^+ +2e$；激发碰撞，$e+O_2 \rightarrow e+O_2^*$。其中，弹性碰撞对应的碰撞截面表达式为：

$$\sigma_{en,elastic}(e+O_2) = \begin{cases} 1.20226\times10^{-20} & (\varepsilon \leqslant 0.001258925\text{eV}) \\ 1.0\times10^{-19}\times(-2.345\times\varepsilon^2 +5.559\times\varepsilon\times\sqrt{\varepsilon}-4.753\times\varepsilon+ \\ 2.114\times\sqrt{\varepsilon}+0.05594) & (0.001258925\text{eV}<\varepsilon \leqslant 1\text{eV}) \\ 1.0\times10^{-20}\times(0.01243\times\varepsilon^2 -0.1931\times\varepsilon\times\sqrt{\varepsilon}+0.7196\times\varepsilon+ \\ 0.3706\times\sqrt{\varepsilon}+5.4 & (1\text{eV}<\varepsilon \leqslant 63\text{eV}) \\ 1.0\times10^{-19}\times(0.00000824\times\varepsilon^2 -0.0007297\times\varepsilon\times\sqrt{\varepsilon}+ \\ 0.02388\times\varepsilon-0.3547\times\sqrt{\varepsilon}+2.287) & (63\text{eV}<\varepsilon \leqslant 400\text{eV}) \\ 1.0\times10^{-19}\times(-0.000005579\times\varepsilon^2 +0.0005738\times\varepsilon\times\sqrt{\varepsilon}-0.02144\times\varepsilon+ \\ 0.3341\times\sqrt{\varepsilon}-1.581) & (400\text{eV}<\varepsilon \leqslant 1000\text{eV}) \\ 1.12202\times10^{-20} & (\varepsilon>1000\text{eV}) \end{cases}$$

（10.71）

电离碰撞对应的碰撞截面表达式为：

$$\sigma_{en,ionization}(e+O_2) = \begin{cases} 0 & (\varepsilon \leqslant 12.1\text{eV}) \\ 1.0\times10^{-20}\times(0.006575\times\varepsilon^2 -0.1674\times\varepsilon\times\sqrt{\varepsilon}+1.555\times\varepsilon- \\ 5.83\times\sqrt{\varepsilon}+7.548) & (12.1\text{eV}<\varepsilon \leqslant 63\text{eV}) \\ 1.0\times10^{-20}\times(-0.00002771\times\varepsilon^2 +0.002535\times\varepsilon\times\sqrt{\varepsilon}-0.08242\times\varepsilon+ \\ 1.056\times\sqrt{\varepsilon}-2.654) & (63\text{eV}<\varepsilon \leqslant 1000\text{eV}) \\ 7.76247\times10^{-21} & (\varepsilon>1000\text{eV}) \end{cases}$$

（10.72）

式中，ε 为电子相对于氧气分子的能量，eV。

对于氧气工质，电子 - 中性粒子碰撞截面与电子能量趋势分布如图 10.13 所示。

② 对于离子与中性粒子之间的碰撞，包括：弹性碰撞，$O_2^+ +O_2 \rightarrow O_2^+ +O_2$；电荷交换碰撞，$O_2^+ +O_2 \rightarrow O_2+O_2^+$。其中，离子与氧气分子弹性碰撞截面表达式为：

$$\sigma_{in,elastic}(O_2^+ + O_2) = \begin{cases} 4.46684\times10^{-18} & (\varepsilon \leq 0.001023293\text{eV}) \\ 1.0\times10^{-14}\times(1.148\times\varepsilon^2 - 0.7949\times\varepsilon\times\sqrt{\varepsilon} + 0.1976\times\varepsilon - 0.02128\times\sqrt{\varepsilon} + \\ 0.0009303) & (0.001023293\text{eV}<\varepsilon \leq 0.034673685\text{eV}) \\ 1.0\times10^{-18}\times(0.9422\times\varepsilon^2 - 3.977\times\varepsilon\times\sqrt{\varepsilon} + 5.937\times\varepsilon - 3.854\times\sqrt{\varepsilon} + \\ 1.11) & (0.034673685\text{eV}<\varepsilon \leq 0.751622894\text{eV}) \\ 1.0\times10^{-19}\times(0.01631\times\varepsilon^2 - 0.2189\times\varepsilon\times\sqrt{\varepsilon} + 1.095\times\varepsilon - 2.536\times\sqrt{\varepsilon} + \\ 3.086) & (0.751622894\text{eV}<\varepsilon \leq 15.13561248\text{eV}) \\ 1.0\times10^{-19}\times(0.00004435\times\varepsilon^2 - 0.001904\times\varepsilon\times\sqrt{\varepsilon} + 0.03106\times\varepsilon - \\ 0.2403\times\sqrt{\varepsilon}+1.212) & (15.13561248\text{eV}<\varepsilon \leq 199.5262315\text{eV}) \\ 1.0\times10^{-20}\times(-0.000004231\times\varepsilon^2 + 0.0003498\times\varepsilon\times\sqrt{\varepsilon} - \\ 0.008184\times\varepsilon+4.98) & (199.5262315\text{eV}<\varepsilon \leq 1000\text{eV}) \\ 3.63078\times10^{-20} & (\varepsilon>1000\text{eV}) \end{cases}$$

$$(10.73)$$

电荷交换碰撞截面表达式为：

$$\sigma_{in,CEX}(O_2^+ + O_2) = \begin{cases} 8.12831\times10^{-18} & (\varepsilon \leq 0.001071519\text{eV}) \\ 1.0\times10^{-14}\times(6.139\times\varepsilon^2 - 3.199\times\varepsilon\times\sqrt{\varepsilon} + 0.6166\times\varepsilon - 0.05358\times\sqrt{\varepsilon} + \\ 0.00199) & (0.001071519\text{eV}<\varepsilon \leq 0.024547089\text{eV}) \\ 1.0\times10^{-18}\times(0.2221\times\varepsilon^2 - 1.588\times\varepsilon\times\sqrt{\varepsilon} + 3.957\times\varepsilon - 4.09\times\sqrt{\varepsilon} + \\ 1.721) & (0.024547089\text{eV}<\varepsilon \leq 1.432187899\text{eV}) \\ 1.0\times10^{-19}\times(0.06697\times\varepsilon^2 - 0.7519\times\varepsilon\times\sqrt{\varepsilon} + 3.181\times\varepsilon - 6.326\times\sqrt{\varepsilon} + \\ 6.666) & (1.432187899\text{eV}<\varepsilon \leq 15.09568020\text{eV}) \\ 1.0\times10^{-19}\times(0.000005695\times\varepsilon^2 - 0.0004824\times\varepsilon\times\sqrt{\varepsilon} + 0.01491\times\varepsilon - \\ 0.2052\times\sqrt{\varepsilon}+1.846) & (15.09568020\text{eV}<\varepsilon \leq 169.8243652\text{eV}) \\ 1.0\times10^{-19}\times(-0.0000002914\times\varepsilon^2 + 0.001255\times\varepsilon - \\ 0.04667\times\sqrt{\varepsilon}+1.22) & (169.8243652\text{eV}<\varepsilon \leq 1000\text{eV}) \\ 7.07946\times10^{-20} & (\varepsilon>1000\text{eV}) \end{cases}$$

$$(10.74)$$

对于氧气工质，离子-中性粒子碰撞截面与电子能量趋势分布如图 10.14 所示。

（3）水和其他中性粒子

以氢气和氧气混合气体为工质的电化学复合推力器，在工作中会产生一些氢氧化合物粒子。在保持供气条件为氢氧物质的量之比为 2:1，初始温度为 300K 不变的条件下，通过仿真试算可得到反应后混合气体中不同生成物所占比例，如图 10.15 所示。在所有生成物中，H_2O、OH 和 O 三部分组分共占全部的约 97%。因此，生成物中只考虑这三种粒子。

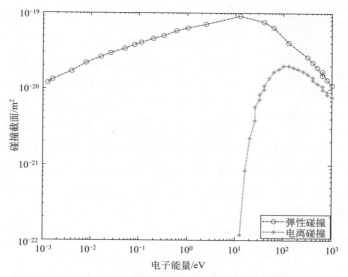

图 10.13　氧气工质电子与中性粒子碰撞截面及电子能量趋势分布

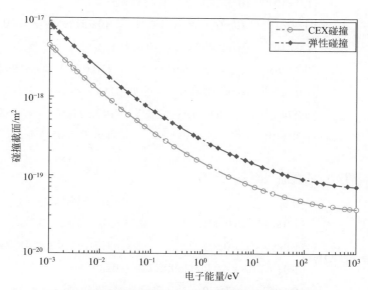

图 10.14　氧气工质离子与中性粒子碰撞截面及电子能量趋势分布

进行复合场下混合气体等离子体仿真时需要掌握 H_2O、OH 和 O 三种粒子的碰撞界面。但是，经查阅资料发现需要的数据难以收集齐全，因此这里考虑一种简单的粒子截面等效代替方法。由于 H_2O 的半径为 $2×10^{-10}m$，OH 的半径为 $1.37×10^{-10}m$，O 的半径为 $0.74×10^{-10}m$，把其数值半径与所占比例进行加权求和可以得到混合气体粒子等效半径为 $1.75×10^{-10}m$。根据查阅数据发现，氩气原子半径为 $1.91×10^{-10}m$，与混合气体粒子等效半径较为接近。因此，在碰撞计算过程中，项目考虑采用氩气来代替氢氧反应后的混合气体。

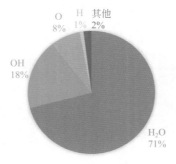

图 10.15　氢氧爆震燃烧生成物占比

由于混合气体中 H_2O 占绝大多数，后续用 H_2O 代表混合气体。生成物中同样主要考虑电子与中性粒子之间的弹性及电离碰撞、离子和中性粒子之间的弹性和电荷交换碰撞。

对于电子与 H_2O 之间的碰撞，包括：弹性碰撞，$e+H_2O \rightarrow e+H_2O$；电离碰撞，$e+H_2O \rightarrow 2e+H_2O^+$；激发碰撞，$e+H_2O \rightarrow e+H_2O^*$。其中，弹性碰撞对应的碰撞截面表达式为：

$$\sigma_{en,elastic}(e+H_2O) = \begin{cases} 6.2984×10^{-20} & (\varepsilon \leqslant 0.001eV) \\ 1.0×10^{-18}×(-3.425×\varepsilon^2+3.482×\varepsilon×\sqrt{\varepsilon}- \\ 0.7729×\varepsilon-0.1876×\sqrt{\varepsilon}+0.06593) & (0.001eV < \varepsilon \leqslant 0.2517eV) \\ 1.0×10^{-19}×(0.06283×\varepsilon^2+0.4587×\varepsilon×\sqrt{\varepsilon}- \\ 0.9624×\varepsilon+1.066×\sqrt{\varepsilon}-0.3623) & (0.2517eV < \varepsilon \leqslant 10.614eV) \\ 1.0×10^{-19}×(0.0004433×\varepsilon^2-0.02101×\varepsilon×\sqrt{\varepsilon}+ \\ 0.3476×\varepsilon-2.5×\sqrt{\varepsilon}+6.961) & (10.614eV < \varepsilon \leqslant 99.577eV) \\ 1.0×10^{-20}×(0.0000218×\varepsilon^2-0.002076×\varepsilon×\sqrt{\varepsilon}+ \\ 0.07413×\varepsilon-1.203×\sqrt{\varepsilon}+7.973) & (99.577eV < \varepsilon \leqslant 965.05eV) \\ 1.70480×10^{-21} & (\varepsilon > 965.05eV) \end{cases}$$

（10.75）

电离碰撞对应的碰撞截面表达式为：

$$\sigma_{en,ionization}(e+H_2O) = \begin{cases} 0 & (\varepsilon \leqslant 15.7eV) \\ 1.0×10^{-19}×(0.001656×\varepsilon^2-0.03964×\varepsilon×\sqrt{\varepsilon}+0.3271×\varepsilon- \\ 1.009×\sqrt{\varepsilon}+0.9183) & (15.7eV < \varepsilon \leqslant 78.95eV) \\ 1.0×10^{-21}×(-0.0002698×\varepsilon^2+0.02325×\varepsilon×\sqrt{\varepsilon}- \\ 0.6962×\varepsilon+7.479×\sqrt{\varepsilon}+2.614) & (78.95eV < \varepsilon \leqslant 964.27eV) \\ 9.2408×10^{-21} & (\varepsilon > 964.27eV) \end{cases}$$

（10.76）

式中，ε 为电子相对于 H_2O 的能量，eV。

对于 H_2O 工质，电子 - 中性粒子碰撞截面与电子能量趋势分布如图 10.16 所示。

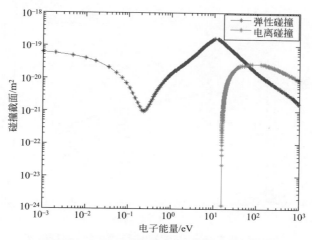

图 10.16 生成物电子与中性粒子碰撞截面及电子能量趋势分布

对于离子与中性粒子之间的碰撞，包括：弹性碰撞，$H_2O^+ + H_2O \rightarrow H_2O^+ + H_2O$；电荷交换碰撞，$H_2O^+ + H_2O \rightarrow H_2O + H_2O^+$。其中，离子与 H_2O 弹性碰撞截面表达式为：

$$
\sigma_{\text{in,elastic}}(H_2O^+ + H_2O) = \begin{cases}
1.57 \times 10^{-18} & (\varepsilon \leqslant 0.01\,\text{eV}) \\
1.0 \times 10^{-18} \times (0.0009219 \times \varepsilon^2 - 0.0212 \times \varepsilon \times \sqrt{\varepsilon} + \\
0.1677 \times \varepsilon - 0.5615 \times \sqrt{\varepsilon} + 1.598) & (0.01\,\text{eV} < \varepsilon \leqslant 60\,\text{eV}) \\
1.0 \times 10^{-19} \times (0.0000001864 \times \varepsilon^2 - 0.00004919 \times \varepsilon \times \sqrt{\varepsilon} + \\
0.004872 \times \varepsilon - 0.2476 \times \sqrt{\varepsilon} + 9.495) & (60\,\text{eV} < \varepsilon \leqslant 10000\,\text{eV}) \\
2.88 \times 10^{-19} & (\varepsilon > 10000\,\text{eV})
\end{cases}
$$

（10.77）

电荷交换碰撞截面表达式为：

$$
\sigma_{\text{in,CEX}}(H_2O^+ + H_2O) = \begin{cases}
6.1 \times 10^{-19} & (\varepsilon \leqslant 0.056234\,\text{eV}) \\
1.0 \times 10^{-19} \times (0.0006167 \times \varepsilon^2 - 0.01735 \times \varepsilon \times \sqrt{\varepsilon} + \\
0.1842 \times \varepsilon - 1.016 \times \sqrt{\varepsilon} + 6.734) & (0.056234\,\text{eV} < \varepsilon \leqslant 100\,\text{eV}) \\
1.0 \times 10^{-19} \times (0.00000005963 \times \varepsilon^2 - 0.00001964 \times \varepsilon \times \sqrt{\varepsilon} + \\
0.001853 \times \varepsilon - 0.1086 \times \sqrt{\varepsilon} + 4.704) & (100\,\text{eV} < \varepsilon \leqslant 10000\,\text{eV}) \\
1.39 \times 10^{-19} & (\varepsilon > 10000\,\text{eV})
\end{cases}
$$

（10.78）

对于 H_2O 工质，离子 - 中性粒子碰撞截面与电子能量趋势分布如图 10.17 所示。

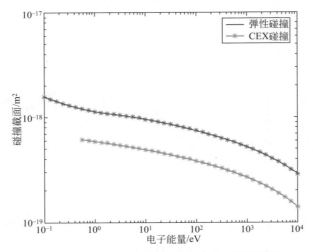

图 10.17　生成物离子与中性粒子碰撞截面及电子能量趋势分布

10.4　复合推进氢氧放电特性模拟

复合推力器加速腔内氢氧等离子体流场特征是工质气体电离加速机制直观的反映。对于等离子体流场特征的仿真分析，在保持供气条件、电极间距、腔体长度等参数不变的前提下，仅改变高压脉冲幅值，计算击穿电压分别为 5kV、10kV、20kV、35kV 和 50kV 时氢氧混合气体工质的电离率、等离子体密度分布、温度分布等等离子体流场规律，评估击穿电压对放电情况的影响。

在模型参数条件下，放电电流设置为 8kA，仅改变击穿电压大小，仿真得到混合气体粒子电离率分布如图 10.18 所示。从电离率分布可以看出，在紧接阴极表面处和阴极尖端处电离率几乎为 1，即能够实现完全电离。这是因为阴极表面附近电势降落快，因此附近电场较强，电子在此区域更易被加速。产生的局部强电场会引起粒子发生剧烈电离，从而能最大限度从电磁场获得能量。对比击穿电压分别为 5kV、10kV、20kV、35kV 和 50kV 的电离率分布图可以发现，随着击穿电压的提高，阴极表面的强电离区域在向阳极拓宽延伸，同时腔体径向中部的电离率也由约 0.15 提高至 0.3 左右，电离率提高将近一倍。

在电磁加速过程中，电子数密度在阴极尖端处达到最大，而在阳极附近密度较小。随着击穿电压的提高，电子数密度也随之增大，离子数密度分布与电子数密

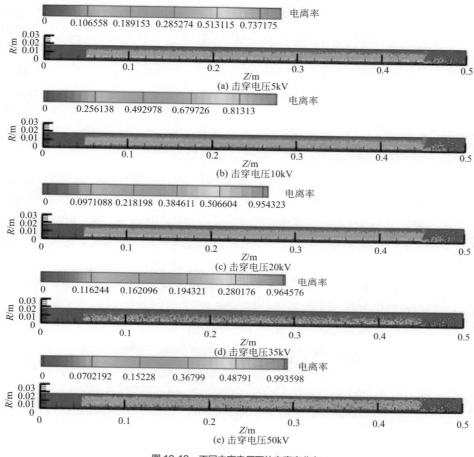

图10.18　不同击穿电压下的电离率分布

度相似，在阴极尖端处最大达到 $2×10^{15}/m^3$，而在阳极附近区域较小。图 10.19 所示为仿真得到的击穿电压为 5kV 时，在电极尖端处的电子数密度和 O_2^+ 数密度分布。总的来说，带电粒子数分布存在以下几个特点：

① 靠近阴极表面以及阴极尖端附近电子数密度较高。阴极表面处有强电离发生，从而导致此处出现较高的电子数密度。阴极尖端处电场强度较强，受电磁力作用，此处电子向腔体外呈放射状分布。在径向分布上，电子数密度随径向位置 r 增大有减小趋势，尤其是阳极附近电子数密度较低。这个分布特点主要是由于洛伦兹力 $J_z B_\theta$ 的作用形成的。当电子向前运动时，在周向磁场 B_θ 的作用下产生一个向下的力从而迫使电子有靠近阴极的趋势。此现象也可在国外推力器实验中以及流体仿真中观察到。

② 离子数密度分布与电子数密度分布相似。由于电离是离子的唯一来源，因此离子数密度分布与电子数密度具有一定相似性。此外，从电离能量分配的角度来看，电子从阴极被发射，在电场加速下积累能量，而由于阴极附近电场较强，电子在发射不久获得足够的能量，因此可以发现离子最先在阴极附近产生，由此不断累积在阴极附近出现高密度区域。而电子电离后能量经过分配而大大减小，此后一段距离电离不如阴极附近处强烈。另外由于离子在洛伦兹力作用下（$J_z B_\theta$ 使离子有靠近阴极运动的趋势，$J_r B_\theta$ 使离子有向前运动的趋势），在运动过程中逐渐被电磁场约束到阴极表面，形成了越来越窄的离子高密度区域。

③ 阳极尖端处有局部电子/离子高密度。当磁场强度沿径向和轴向递减时，电子运动至阴极根部强磁场区域外后，磁约束力减小，在靠近阴极末端处受电场牵引而向阳极运动并到达阳极完成电流传输，因此电子是主要载流子。在向阳极运动的过程中，电子也在不断积累能量，尤其是阳极尖端处也有局部的强电场区域，因此会形成局部高密度区域。

④ 离子数密度分布与电离率分布相似。随着击穿电压的提高，阴极表面附近的电子获得的能量更高，因此离子数密度也相应增大。

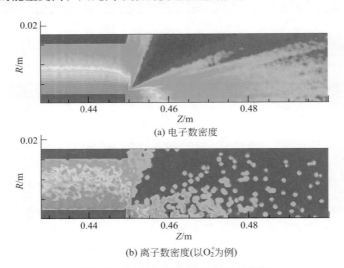

(a) 电子数密度

(b) 离子数密度(以O_2^+为例)

图10.19 带电粒子数在电极尖端处的密度分布

将仿真得到的电离率分布数据进行统计平均，计算得到的电离率与击穿电压之间的对应关系如图10.20所示。可以看出，电离率随电压的增大而增大。这是由于阴极不断发射电子，电子获得的能量随外施电压的升高而升高，一部分电子在近阴极区域与中性粒子碰撞产生离子，另一部分电子在电场的作用下向阳极运动，参与电离或被电极吸收。由于电压升高，电子移动相同的距离获得的能量更高，电离更加强烈，同时电子源源不断地从阴极发射参与电离，离子不断累积，因此离子数也随外施电压升高而增大，计算得到的电离率与离子数存在相同的变化规律。

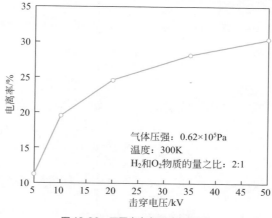

图 10.20　不同击穿电压对应电离率

10.5　复合推进氢氧爆震燃烧模拟

本节介绍对二维半模型复合推力器内部的爆轰燃烧过程进行的非定常模拟结果。在初始时刻，推力器内充满处于化学当量比下的氢氧混合气，在距离推力壁 50mm 处放电，激发爆轰产生。在模拟中，在放电位置处设置宽为 2mm 的高温（3670K）、高压（1.8MPa）区域以促发爆轰。可以看到，在 10μs 时，产生的爆轰波分别向左右两侧传播，向左侧传播的爆轰波在撞击推力壁后，因反应物被消耗无法维持爆轰状态而衰减（20μs 及以后各时刻），而向右侧传播的爆轰波因不断有反应物被引燃，能持续向前推进，直至 149μs 时，爆轰波到达推力器出口。

从初始时刻到 149μs，复合推力器内部的压强分布与演化如图 10.21 所示。注意到推力器内的压强从初始状态下的 0.062MPa 上升到约 1.46MPa。该值符合氢氧爆轰系统 MPa 级压强的规律。还注意到，从约 50μs 开始，推力壁附近的压强基本保持不变，该压强便是推力器推力的主要来源。

在第 30μs 和 130μs 时，y=0.01m 上的压强分布如图 10.22 所示。该图显示出，在这两个时刻之间，爆震波向右侧传播了 0.268m，据此可以算出爆轰波波速为 2680m/s。

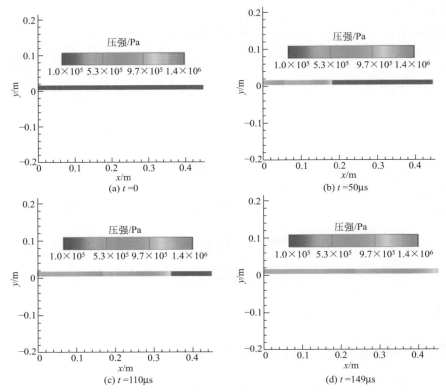

图 10.21　从初始时刻到 149 μs 的压强分布

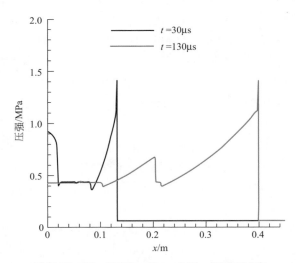

图 10.22　30μs 和 130μs 时，y=0.01m 处的压强分布

图 10.23 展示了 30μs 和 130μs 时，推力器内部的温度分布。可以看出，爆轰波高速向右侧传播，温度从初始状态下的 300K 上升到约 3568K。

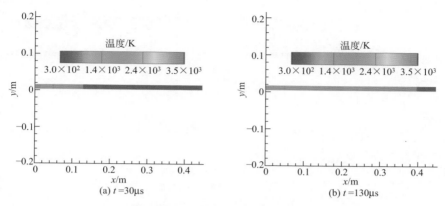

图 10.23　30μs 和 130μs 时的温度分布

图 10.24～图 10.31 进一步展示了 30μs 和 130μs 时，推力器内部的 H_2、O_2、H、O、HO_2、H_2O_2、OH、H_2O 的分布。从图中可以清晰地看到，随着爆轰波的传播，中间组分（H、O、HO_2、H_2O_2、OH）以及最终产物（H_2O）的分布变化情况。当一个脉冲周期结束，最终的反应产物中主要成分是 H_2O、OH 和 O 三部分，约占全部产物的 97%。

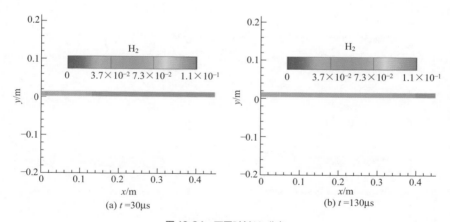

图 10.24　不同时刻 H_2 分布

另外，还对三维全模复合推力器内部的爆轰燃烧过程进行了非定常模拟。图 10.32 展示了爆轰波传播到推力器出口时（149μs）的压强和温度分布。此时，爆轰波阵面的压强约为 1.44MPa，温度约为 3485K。在二维计算中，也是在 149μs 时，爆轰波传播到推力器出口，爆轰波阵面上的压强和温度分别为 1.44MPa 和 3543K。可见，二维和三维计算结果基本一致。此外，三维计算得到的爆轰波波速也与二维一致。

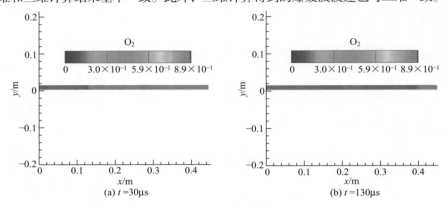

图 10.25　不同时刻 O_2 分布

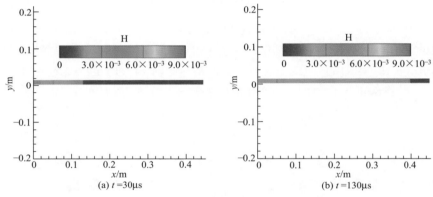

图 10.26　不同时刻 H 分布

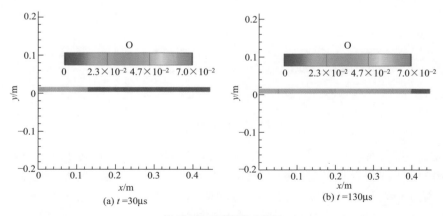

图 10.27　不同时刻 O 分布

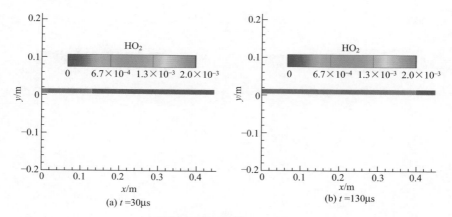

(a) $t = 30\mu s$ (b) $t = 130\mu s$

图 10.28　不同时刻 HO_2 分布

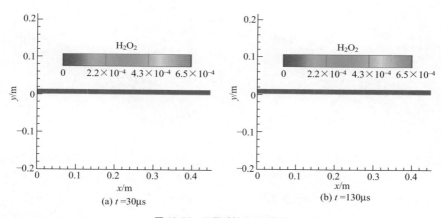

(a) $t = 30\mu s$ (b) $t = 130\mu s$

图 10.29　不同时刻 H_2O_2 分布

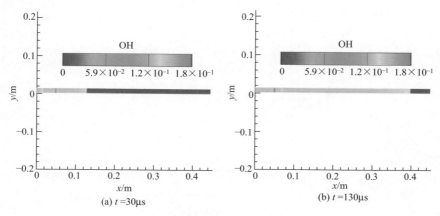

(a) $t = 30\mu s$ (b) $t = 130\mu s$

图 10.30　不同时刻 OH 分布

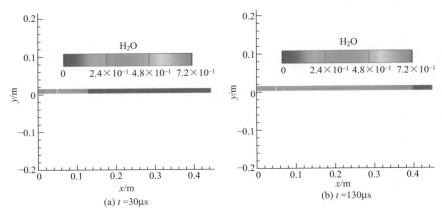

(a) $t = 30\mu s$

(b) $t = 130\mu s$

图 10.31 不同时刻 H_2O 分布

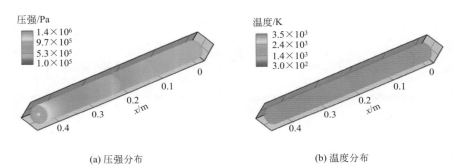

(a) 压强分布

(b) 温度分布

图 10.32 149μs 时的压强与温度分布

从约 50μs 开始，推力壁附近的压强基本保持不变，存在推力壁压强平台，其值约为 0.433MPa。从初始时刻到爆震波传出燃烧室，推力壁压强随时间的变化情况如图 10.33 所示。

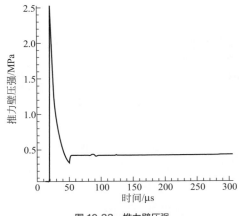

图 10.33 推力壁压强

多循环复合推力器爆震燃烧提供的平均推力可采用"Wintenberger"模型的半经验公式（10.79）进行粗略估算。

$$F = K \frac{P_3 - P_1}{U} V f \tag{10.79}$$

式中，P_3 为推力壁平台压强，Pa；P_1 为推力壁初始压强，Pa；U 为爆震波波速，m/s；V 为加速腔体积，m³；f 为重复频率，Hz；K 为经验常数。

根据前面仿真结果，平台压强为 0.433MPa，推力器初始压强为 0.062MPa，爆轰波波速为 2680m/s，推力器体积为 3.05×10⁻⁴m³，爆轰频率为 50Hz，经验常数取 5.35，计算出复合推力器的推力约为 11.3N。由于复合推进工作时的工质秒耗量为 5g/s，则可以计算出混合物比冲约为 231s。

通过开展这部分仿真研究，掌握了处于爆震状态的氢氧燃烧对应的压强、温度、波速等热力学参数，为后续方案设计和功能性验证实验评估提供了参考。如果在仿真过程中考虑整个氢氧燃烧发展过程，计算耗时较长，数据量将很大。因此，采用的仿真模型与实际的氢氧燃烧过程相比更为简单，通过对点火源参数的设计使燃烧迅速发展成爆震状态，仅呈现了爆震波在加速腔内的传播过程，并没有考虑氢氧燃烧由爆燃向爆震状态的发展过程、爆震波传至加速腔出口后第一道反射膨胀波到达推力壁的过程以及扩张喷管的作用，忽略了这三部分过程对推力和比冲的贡献，因此可能导致得到的推力和比冲值相对较低。另外一种原因可能是采用式（10.79）评估中间带同轴电极结构的爆震燃烧本身就会产生较大误差，因为这一公式仅适合于直筒加速腔的爆震燃烧评估。

10.6 复合推进弱耦合模拟

复合场下的粒子加速机理相比较纯粹的化学推进和电推进更为复杂。为了研究氢氧燃烧对等离子体电磁加速过程的影响，本部分仿真时将 10.5 节中得到的爆震燃烧过程中背景气体密度、温度等参数以及粒子组分变化参数作为电磁加速模型的初始条件，计算了放电电流为 8kA、12kA、16kA 和 20kA 条件下推力器放电腔内的气体电离率、等离子体密度分布、轴向速度分布、温度分布等特征。同时，根据仿真得到的统计平均数据，计算出了推力器的推力、比冲和效率等重要输出参数。

10.6.1 流场特征

不同放电电流下的电子数密度和离子数密度分别如图 10.34 和图 10.35 所示。

由于放电电流的增大，电子密度相应增大，高密度区域从阴极表面向阳极扩散，参与碰撞的电子数增多，离子密度也增大。由于燃烧对压强和温度分布的影响，在阴极表面尤其是靠近陶瓷板根部处有强电离发生，从而导致此处出现较大的高离子数密度区域。在轴向方向，由于粒子受到洛伦兹力的作用逐渐被压缩到阴极表面的更小区域，当粒子运动出腔体后呈放射状发散分布。

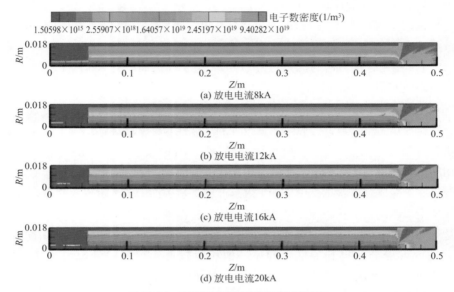

图10.34 不同放电电流对应的电子数密度分布

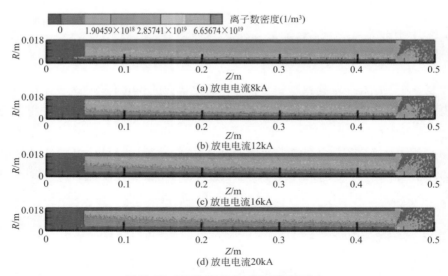

图10.35 不同放电电流对应的离子数密度分布

电子轴向速度分布随放电电流的变化如图10.36所示。随电流增大，洛伦兹力对电子的束缚作用稍有增强且电子的轴向速度随放电电流增大而增大。电极右侧区域中性粒子数较少，电子由碰撞损失的能量相应降低，在电场的作用下沿轴向速度不断提升，积累能量，因此该区域电子速度较高。当放电电流为8kA时，最大的电子轴向速度约为2.8×10^6m/s；当放电电流为12kA时，约为3.3×10^6m/s；当放电电流为16kA时，约为3.8×10^6m/s；当放电电流为20kA时，约为4.6×10^6m/s。

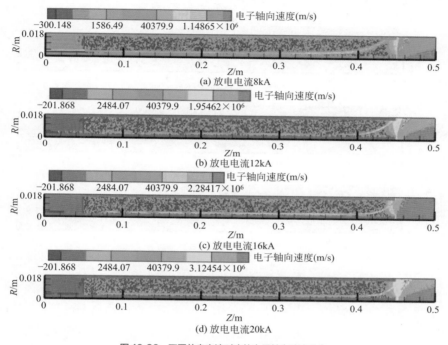

图10.36　不同放电电流对应的电子轴向速度分布

离子轴向速度分布随放电电流的变化如图10.37所示。离子在运动出复合推力器腔后可以获得较大速度，从而提供推力。随着放电电流增大，有更多的离子获得更高的能量，最大离子的速度也随之增加。当放电电流为8kA时，最大的离子轴向速度约为1.4×10^3m/s；当放电电流为12kA时，约为1.7×10^3m/s；当放电电流为16kA时，约为2.0×10^3m/s；当放电电流为20kA时，约为2.4×10^3m/s。

电子温度分布随放电电流的变化如图10.38所示。从阴极发射出被电场加速的电子一部分与中性粒子碰撞电离，另一部分未发生碰撞的电子运动至阳极被吸收，这一过程未发生电离碰撞的电子能量损失较小，且在电场的作用下不断获得能量。因此，从电子温度分布图中可以看出，电子能量随径向略有增加。而在电极右侧由于气压骤降，中性粒子密度较低，电子参与碰撞的次数减少，在沿径向的运动中不断积累能量，因此在阴极右侧可以观察到电子能量较高的区域。随着放电电流增大，整个区域的电子能量随放电电流增大而增加，尤其是在腔体出口处表现得更为明显。

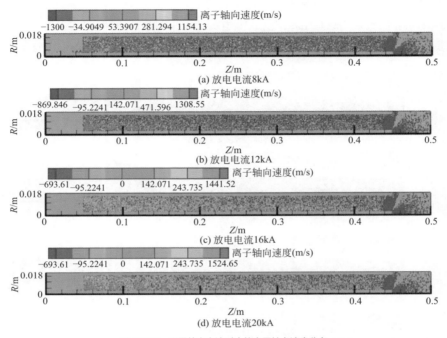

图10.37　不同放电电流对应的离子轴向速度分布

离子温度分布随放电电流的变化如图10.39所示。腔体内离子较高温度区域存在于阴极表面附近，一方面是因为此处有较强电场的作用，另一方面是因为离子受到洛伦兹力的作用，在不断朝着径向中心处以及轴向加速。离子温度最大值随电流的增大而增大。当离子运动出腔体后与电子分布类似，呈现放射发散状朝后运动。由于离子从碰撞的电子中获得能量，离子能量随放电电流的增大而增大，相比电子能量变化更加显著。

电离率分布与10.4节的电离率分布图10.18类似，如图10.40所示。在紧接阴极表面处和阴极尖端处能够实现完全电离。随着放电电流的提高，阴极表面的强电离区域在向阳极拓宽延伸，同时腔体径向中部的电离率也由约0.2提高至0.6左右，这也能够看出电流对电离率的影响是非常大的，直接关乎推力器的电磁力输出大小。随着放电电流增大，电离率提升，这也是推力器在大功率工况下效率较高的原因。随着向腔体外运动，电离率逐渐降低。电子数的高密度区域随着放电电流的增大而向阳极扩展，进而使得电极间的平均电离率相应增大。

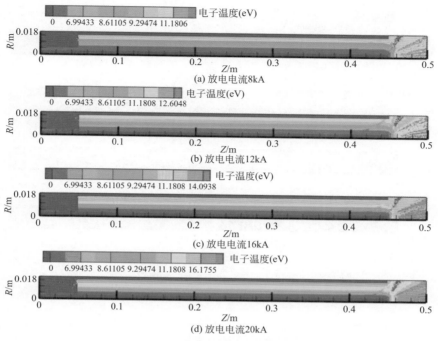

图 10.38　不同放电电流对应的电子温度分布

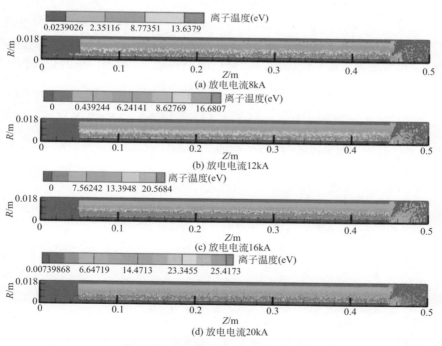

图 10.39　不同放电电流对应的离子温度分布

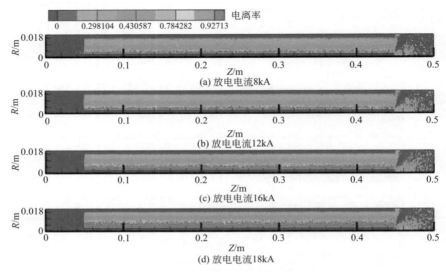

图 10.40　不同放电电流对应的电离率

10.6.2　推力与放电电流的关系

复合推进中的电磁加速过程类似于自感应磁场磁等离子体推力器（SF-MPDT）的加速过程。SF-MPDT 中主要依靠自身场加速，包括自身感应磁场 B_θ 与电流 J_r、J_z 作用产生的轴向推力 $J_r \times B_\theta$ 以及径向收缩力 $J_z \times B_\theta$，其中轴向作用力直接产生推力，径向收缩力导致中心电极处压力不平衡间接增加了推力。根据文献中的计算公式，仿真模型中电磁推力采用以下公式进行计算：

$$T = \int_V \sqrt{(J_r B_\theta)^2 + (J_z B_\theta)^2}\, \mathrm{d}V \qquad (10.80)$$

式中，J_r 为径向电流，A；J_z 为轴向电流，A；B_θ 为周向感应磁场，T；V 为加速腔体积，m³。

MPDT 的推力一般采用 Maecker 公式进行估算：

$$T = \frac{\mu_0 I^2}{4\pi}\left[\ln\left(\frac{r_a}{r_c}\right) + b\right] \qquad \left(\frac{1}{2} \leqslant b \leqslant \frac{3}{4}\right) \qquad (10.81)$$

式中，I 为阴阳极之间的放电电流，A；r_a 为阳极半径，m；r_c 为阴极半径，m。

不同电流下电磁推力的仿真计算值以及理论估计值对比如图 10.41 所示，其中仿真计算采用式（10.80），理论计算值采用式（10.81），公式中的常数 b 取常用数值 0.5。对比结果显示，放电电流在 8kA 时仿真计算值略小于理论估计值，两者较为接近。随着放电电流增加，两者之间的数值差逐渐增大。这种结果可能有以下几种解释：

① 该推力器结构长径比较大，在该推力器超大长径比的结构下，尤其是径向距离较短时，带电粒子很快运动至电极被吸收，受电磁力作用时间较短，由此导致非直接动能无法充足地转化为等离子体轴向动能，使得推力偏小，传统的 Maecher 经验公式不再适用。对于设计的指导意义在于：可以通过改变高压、大电流作用位置，即点火位置，使其靠近后半段或喷口位置，等效于缩小长径比。

② 仿真中的电流 J 是通过追踪粒子运动统计而来的，会引入数值误差，且该误差随电流增大而积累。

③ 磁场强度随放电电流的增大而增大，带电粒子尤其是电子受强磁场的束缚无法沿径向移动足够的距离获得电离能量，导致电离程度增幅跟不上电流增速，由此引起推力的误差在大电流下增大。

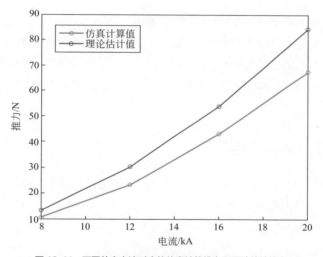

图 10.41　不同放电电流对应的仿真计算推力和理论估计推力

传统经验公式中系数 b 的调节范围为 $0.5 \sim 0.75$，取传统经验公式中的 b 最小值 0.5 所计算出的推力仍大于仿真计算推力值，因此关于推力计算的经验公式可作如下优化：经验公式中的系数 b 应有更大的调节范围以估算大长径比结构推力器的推力。根据仿真的结果计算所得 b 的取值为 0.0749，即优化后的考虑爆震燃烧的电磁推力计算公式为：

$$T = \frac{\mu_0 I^2}{4\pi} \left[\ln\left(\frac{r_a}{r_c}\right) + 0.0749 \right] \tag{10.82}$$

此时，仿真计算推力值与经验估计值对比如图 10.42 所示。

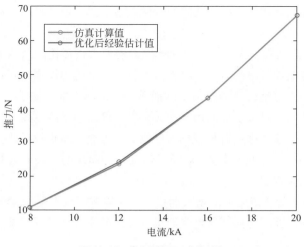

图 10.42 优化后的 $T\text{-}I$ 曲线对比

优化后的相对误差为 0.4204%，相对于优化前的 20.2363% 大大减小。如前文分析所述，由于仿真过程中存在数值误差，且缺少相关的实验数据进行对比，因此数值 b 的选取后续仍需可靠的实验数据佐证。但由仿真计算值与经验公式估算值的 $T\text{-}I$ 曲线来看，两者的变化趋势基本相同，因此后续的进一步优化方法仍然是调整系数 b 的大小。

10.6.3　效率与输入功率的关系

这里采用 SF-MPDT 的效率计算公式对复合推进的效率进行一个大概评估。对于 SF-MPDT，其效率表达式为：

$$\eta = \frac{T^2}{2\dot{m}VI_{\mathrm{d}}} \tag{10.83}$$

式中，I_{d} 为阴阳极之间的放电电流，A；$\dot{m}$ 为工质秒耗量，kg/s；T 为平均推力，N；V 为阴阳极之间的电势，V。

在仿真过程中，放电电流分别为 8kA、12kA、16kA 和 20kA 时，对应的阴阳极之间电势分别为 25V、39V、54V 和 71V。则根据式（10.83）可以得到，在电流为 8kA 时，效率仅为 5.8%。随着功率增大，效率也不断提升；在放电电流为 20kA 时，效率上升至 32.2%，效率与功率的曲线变化趋势与文献中此方面的研究是一致的。但同等放电电流下，效率略微偏低。可能的原因在于：首先是由于工质属性不同导致，SF-MPDT 很少采用像复合推进这样的氢氧混合工质，且还采用 5g/s 的大工质流量，这势必导致放电过程中阻抗特性的不同，进而引起效率的差异；再就是复合推进采用超大长径比结构，尤其是径向距离较短，导致推力偏小，由效率计算公式知效率也偏小。为了提高效率，在进行推力器设计时可以考虑借鉴采用 AF-MPDT 外加磁场的方式进行改善。$\eta\text{-}P$ 曲线如图 10.43 所示。

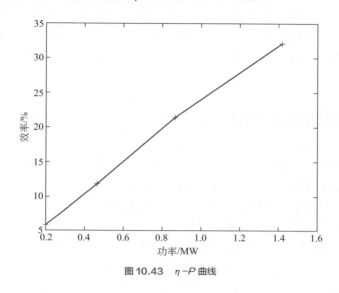

图 10.43　$\eta\text{-}P$ 曲线

10.6.4　弱耦合处理前后结果对比

为研究燃烧产物对电磁推力的影响，在放电电流为 8kA 下分别对以燃烧产物为背景气体以及无燃烧产物下的背景气体进行仿真，对比分析两种工况下的推力、效率、比冲等参数，仿真结果如表 10.3 所示。

表 10.3　考虑爆震燃烧影响前后推力器性能对比

对比条件	推力 /N	效率 /%	比冲 /s
不考虑燃烧	8.5	3.6	174
考虑燃烧	10.8	5.8	221

从表 10.3 可以看出，以燃烧后产物为背景气体所产生的推力相比初始均匀分布的气体时较大，效率和比冲的情况相似。分析有以下几点原因：首先，从 10.5 节中的爆震燃烧结果来看，爆震燃烧后放电腔内压强大于初始压强 0.62×10^5Pa，由理想气体状态方程可知，压强增大后中性粒子密度增大，由此导致电离变强烈，离子数增多使得放电腔内放电电流增大，引起推力增大；另外，爆震燃烧后主要组分

是 H_2O，前文提到使用 Ar 的碰撞截面数据来代替，对比 Ar、H_2、O_2 的碰撞界面数据可知，对于相同能量的电子，Ar 的碰撞截面要大于 H_2、O_2，因此以燃烧后的产物作为背景气体时电离会更加剧烈，放电电流增大，由此使得推力增大。

综合爆震燃烧输出与电磁粒子仿真输出结果可以得到，在方案设定仿真条件下，此结构的推力器可以达到 22 ~ 79N 范围的推力（气动力推力与电磁推力之和），比冲范围为 452 ~ 1609s，推力器总效率最高可达 32.2%。

10.7　数值模拟研究总结

数值模拟研究过程中，模型参数仍按照 50N、1000s 指标要求进行设置。虽然部分参数，如单脉冲进气量、大电流源输出电流等，与实际实验时采用的设定值存在较大差异，但数值模拟研究呈现的一些规律与实验较为吻合，有助于对实验现象的解释和电化学复合推进工作机理的研究。

通过以上数值模拟及理论计算工作的开展，对电化学复合推进的流场特征、输出性能等有了一个规律性的认识。本章采用的一些现有经验公式对于粗略预测复合推力器性能具有一定的可行性，但预测精度肯定不高。因为复合推力器结构与传统的爆震室及 MPDT 加速腔相比存在较大差别，经验公式能否适用尚需验证。虽然仿真结果并不能完全等同于推力器实际的工作状况，但对实验系统的设计也具有一定的指导意义，主要体现在：

① 在一定放电电流条件下，击穿电压越高，电离率越大；固定阴阳极之间电势，提高放电电流，即提高功率，可以提升电离率进而获得更高的效率；对于复合推进电源的设计来说，气体击穿电压为 10 ~ 40kV、放电电流为 5 ~ 20kA 可以满足原理验证实验需求。

② 复合推进在小功率下能量利用效率较低，在不同功率下的效率与同等阴阳极直径比的 SF-MPDT 相比也略有降低。主要是因为复合推力器长径比较大，尤其是径向距离较短，带电粒子很快运动至电极被吸收，受电磁力作用时间较短，由此导致非直接动能无法充足地转化为等离子体轴向动能，使得推力和效率都偏小。设计电极时，可以通过改变高压、大电流作用位置，即点火位置，使其靠近后半段或喷口位置，等效于缩小长径比。另外，借鉴 AF-MPDT 设计方法，在复合推进外周增加线圈或永磁体提供外加磁场以提高效率。

③ 仿真模型没有考虑喷管的影响，设计时应加装喷管，挽回一定的动量损失，提高能量利用效率。

参考
文献

[1] Takekida H, Nanbu K. Weighting factor for particle modeling of axisymmetrical low temperature plasmas [J]. J. Phys. Soc. Jpn., 2004, 73 (3): 756-757.

[2] Vahedi V, DiPeso G, Birdsall C, et al. Capacitive RF discharges modeled by particle-in-cell Monte Carlo simulation. I. Analysis of numerical techniques [J]. Plasma Sources Sci. Technol., 1993, 2 (4): 261.

[3] Birdsall C K. Particle-in-cell charged-particle simulations, Plus Monte Carlo collisions with neutral atoms, PIC-MCC [J]. IEEE Trans. Plasma Sci., 1991, 19 (2): 65-85.

[4] Nanbu K. Theory of cumulative small-angle collisions in plasmas [J]. Physical Review E, 1997, 55 (4): 4642-4652.

第 11 章

空间应用简析

　　航天事业的每一次突破都有赖于推进技术的发展，而新的航天活动又将对推进技术提出更高的要求。化学推力器和电推力器的诞生与发展使人类在探索和利用太空、改善自身的生活环境及质量等方面取得了辉煌的成就。但是，航天活动是一种综合性、高难度、高风险因而必然也是高成本的活动，近地航天事业如此，月球、火星等太阳系的空间探测尤甚。其中，运输成本又占相当大的比例。因此，发展高效的空间运输系统（成本低、有效载荷比高），确保空间探测任务能够顺利进行，是航天工作者日思夜虑、寻找解决途径的重要课题。

　　电化学复合推进技术正是在一系列新兴空间任务的需求牵引下诞生的一项新技术。本章将基于对该项技术先进性的合理判断，结合当前新型空间任务特点对电化学复合推力器的空间应用前景进行简要分析。

11.1　应用前景分析

11.1.1　载人深空探测

　　载人深空探测是一项多技术、多学科交叉的综合性工程，是世界航天最前沿的科技创新领域，能够推动航天技术向更高水平发展，已成为当前主要航天国家竞相发展的重要领域。未来，月球和火星将继续成为国外深空探测的主要目的地。其中，美国将载人重返月球作为近期目标，将载人登陆火星作为 2030 年代的最终目标；欧洲将月球探测作为验证未来载人火星技术的必要过程，向"曙光"计划的载人火星探索目标推进；俄罗斯将一系列无人月球探测作为其未来深空探测的首要任务，为未来载人月球基地建设奠定基础。

（1）国内外载人深空探测任务规划

① 美国。

美国于 1961 年 5 月 25 日确定了阿波罗登月计划，并最终于 1969 年 7 月由阿波罗 -11 号飞船将航天员送上了月球，实现了人类首次登月，但阿波罗 -11 号之后再也没人踏上月球。为了恢复美国民众对空间探索计划的热情，保持美国在航天领域的领导地位，小布什总统在 2004 年 1 月公布了《太空探索新愿景》，将载人航天活动聚焦在探索和发现上，确立了使美国人再次登上月球，并最终登陆火星的目标。但是随后的奥巴马政府对国家载人航天发展战略进行了调整，取消了载人重返月球计划。特朗普执政后，第一号总统航天政策令即确定重启重返月球计划。

2019 年 3 月 26 日，在美国国家航天委员会第五次会议上，副总统彭斯根据总统特朗普指示，宣布将在未来五年内将美国航天员送上月球表面的计划，要求 NASA 迅速响应特朗普总统航天政策 1 号令（SPD-1），制定五年内（即 2024 年前）从美国本土、利用美国运载火箭、将美国航天员送上月球的详细计划。

为响应 2024 重返月球的计划，NASA 于 2019 年 4 月将登月计划命名为"阿尔忒弥斯"[1]，加速推进重返月球计划。"阿尔忒弥斯"计划将采用地月空间站方案，以月球"门户"为枢纽，支持载人月球探测任务和未来的载人火星探测任务，并已选定月球南极作为着陆区，建立月球基地。具体来讲，"阿尔忒弥斯"计划将分为两个阶段实施：在第一阶段，即"2024 年登陆月球南极"阶段，将实现 21 世纪首次载人登陆月球，进行月球科学探测；在第二阶段，即"具备前往火星的能力，实现月球持续驻留"阶段，除进行月球科学探测外，还将进行火星任务技术演示验证，发展原位资源利用技术，并可能发送两辆月球车前往月球偏远地区进行探索。

美国 NASA 最初提出 2033 年实施载人火星探测任务，并于 2017 年委托国防分析研究院（IDA）科技政策研究所（STPI）对 2033 年实施载人火星任务相关的技术、进度、费用和预算进行独立评估，2018 年再次结合实际情况更新评估结果。评估结果认为：在现有航天预算基础上，保持航天预算与美国国内生产总值同步增长的情况下，2033 年载人登火所需费用和航天预算概算并不匹配，2037 年开展载人登火是可行的，在出现任务调整的情况下则需进一步推迟至 2039 年窗口。NASA 载人深空探测任务规划时间表如图 11.1 所示。

② 俄罗斯。

苏联也早在 20 世纪 60 年代就提出了"N1-L3"载人登月计划，以竞争美国的阿波罗登月计划。苏联在此期间开展了两个无人月球探测计划："月球（Luna）"系列（1959—1976 年）和"探测器（Zond）"系列（1964—1970 年），为载人登月积累技术和经验。但是，由于 N1 火箭连续 4 次发射均告失败，载人登月计划最终取消。随后，苏联将载人航天的重点工作放在空间站建设和应用上。

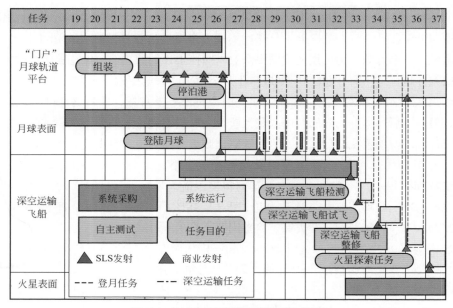

图 11.1　NASA 载人深空探测任务规划时间表

之后的俄罗斯联邦政府高度重视航天战略的制定，出重拳改革航天工业，强调要全面提高载人航天技术的竞争力，以取得在月球、火星及小行星探索领域的领先地位，将发展自有空间站、开展载人登月作为未来发展重点。俄罗斯在《2030 年前及未来俄罗斯航天活动发展战略》《2016—2025 年雄鹰航天规划》等一系列国家航天发展规划中，均将载人航天列为重点发展领域。根据《2030 年前及未来俄罗斯航天活动发展战略》，俄罗斯载人航天领域的近期和中期目标是建立先进的载人航天综合系统，一方面完成"国际空间站"俄罗斯舱段的建造工作，并确保其能够得到高效利用，同时扩大近地轨道的科学应用研究；另一方面建设先进的载人运输系统和空间基础设施，确保在 2030 年左右实现载人绕月轨道以及载人月面着陆。《2016—2025 年雄鹰航天规划》明确 2024 年前将持续运营"国际空间站（ISS）"，为俄罗斯舱段配备正在生产的组件，并为其补充可以在 2024 年后进行自主飞行的系统，确保在此基础上有能力建设独立的俄罗斯轨道站。此外，在实现月球计划第二阶段（载人）的范围内，已经从 2021 年开始新一代载人飞船的无人飞行测试，并于 2023 年向"国际空间站"进行第一次载人发射。同时，规划预计为 2025 年后的大规模月球研究建立必要的技术储备，并在 2030 年前实现人员登月。

③ 其他。

除美国和俄罗斯以外，欧洲航天局（ESA）于 2009 年公布了（载人）深空探测规划，即所谓的"曙光计划"（图 11.2），计划在 2024 年前后实现载人登月，之后欧洲航天局负责人也多次表达了要建立月球村的设想。

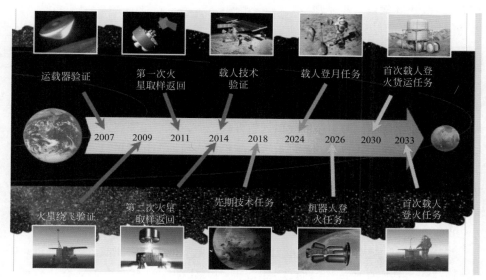

图 11.2　ESA 的"曙光计划"

我国也制定了包括载人登月、载人登火在内的深空探测发展规划。先期开展无人探月活动，已具备探月返回能力，并计划在 2030 年前后实现航天员登月。中国的无人月球探测已于 2004 年 1 月正式启动，分三期实施："绕"（绕月探测）、"落"（落月探测）、"回"（采样返回探测）。自 2007 年 10 月至 2020 年 11 月，我国已圆满完成"嫦娥一号"至"嫦娥五号"的发射和探测任务。无人探月工程的顺利实施，验证了多项关键技术，为未来载人登月奠定了良好的技术基础。此外，我国还在积极推进载人空间站建造计划，并在 2020 年至 2025 年间进行。建设大型空间站是中国载人航天三步走战略的第三步，这个阶段中国将掌握近地轨道空间组装、近地轨道长时间有人驻留等技术，为后续开展基于空间站的载人月球探测任务奠定基础。在火星探测方面，与国外相比尚处于起步阶段。2011 年发射的"萤火一号"是中国火星探测计划的首颗火星探测器。"萤火一号"原计划于 2009 年搭乘俄罗斯的"联盟号"运载火箭发射。该年 6 月份，宣布推迟到 2011 年发射。2011 年 11 月 8 日，"萤火一号"与俄罗斯的"福布斯 - 土壤"卫星共同搭载于"天顶-2SB"运载火箭,从哈萨克斯坦境内的"拜科努尔航天中心"成功发射。7小时后,俄方宣布"福布斯-土壤"卫星未能按计划成功变轨。2016年,中国火星探测工程正式立项,并于2016年8月23日公布了中国火星探测器和火星车外观设计构型。2020年7月,"天问一号"在文昌航天发射场由"长征五号"遥四运载火箭发射升空,启动我国第一次自主火星探测任务。在此基础上,根据中国新的载人登陆火星计划,力图在2033年执行第一次载人火星探测任务,后续还要建设火星基地。

(2) 载人深空探测任务特点及对推进系统的要求

载人深空探测集载人航天技术与深空探测技术之大成,对重型运载火箭技术、新型载人飞船研制技术、空间推进技术、轨道控制技术、地外天体着陆技术和深空返回技术等都提出了新的挑战。其中,新型空间推进技术的发展将对人类探月及探火活动产生重要影响。与卫星的发射入轨方式类似,深空探测载人飞行器先由重型火箭发射升空,再依赖自身的推进系统实施机动入轨。但与卫星轨道机动相比,深空探测载人飞行器轨道机动范围更大,机动次数更多,对应的任务速度增量更大。"嫦娥一号"月球探测器在发射以后将用8～9天时间完成调相轨道段、地月转移轨道段和环月轨道段飞行,期间经过了8次变轨。对于距离更远的火星探测任务,对应的速度增量更大。

"嫦娥一号"探测器奔月轨道机动主要依赖化学推力器来完成。由于推进系统的燃料消耗与其比冲成反比,而这类化学推力器比冲仅为300s左右,在执行速度增量较大的多次轨道机动任务时将消耗大量的燃料,这势必会降低有效载荷的携带能力。在未来载人深空探测任务中,航天员将经历数天甚至数月的轨道机动过程,并可能在月球及更远空间开展一定周期的探测活动,为满足航天员的乘坐和生活需求,航天器的有效载荷质量相比无人探测器将大幅增加。在运载火箭能力一定的情况下,必须降低完成空间轨道机动所需的燃料消耗,即需要进一步提高空间推进系统的比冲。在现有空间推进系统中,电推力器的比冲最高。2003年9月27日,ESA发射的第一颗无人月球探测器SMART-1采用了新型太阳能离子推进系统实施空间机动,花费十几个月后最终到达月球轨道,仅消耗了60kg氙气,实现了约3倍于化学火箭的比冲。虽然这类离子推力器能够显著降低燃料的消耗,但由于推力太小将会导致轨道机动周期过长。对于载人深空探测任务,数月的轨道机动时间显然是不能接受的。轨道机动时间过长,为满足航天员长期在轨生活,将需要增加生活物资的携带量,可能抵消高比冲节省的燃料量,可行性同样不高。因此,既能够提供高比冲,又能够实现大推力的空间推进系统,对于未来载人深空探测任务的高效实施意义非凡。

11.1.2 战略载荷快速投送

航天器上的推进系统是平台机动以及实施各种控制的动力保障，是航天器的重要组成部分之一，它的性能、可靠性、寿命和质量等参数直接影响着航天器的工作状态。

空间战略载荷平台实施机动时，根据平台与空间目标的相对位置关系，机动方式可区分为共轨机动、共面不共轨机动以及非共面机动等几种。每种机动模式可通过多种机动策略实现，每个机动策略将对应不同的速度增量。当速度增量一定时，为缩短机动任务时间，机动平台的推进系统必须能够提供大推力。另外，在一次任务中可能要作用于不同轨道上的多个目标。空间战略载荷平台的机动除了满足机动时效性对机动速度的要求以外，还存在对平台所能实施的机动次数的要求，预示着平台也必将携带更多的工质燃料。在同等推力下，比冲较高的推力器将能有效缩减燃料秒消耗量，意味着能够节省燃料。因此，对于执行特定任务的战略平台来说，为提高空间战略载荷的作用时效性和多目标作用能力，要求平台必须具备快速、多次、大范围变轨能力，这就对能够同时具备大推力（缩短机动时间）、高比冲（降低燃料占比，增加机动次数，作用多个目标）输出能力的空间推进系统提出了同样迫切的需求。

11.1.3 电化学复合推进适用性分析

电化学复合推进，从粒子加速机理来看，推动粒子喷出的主要是气动推力和电磁推力。由于采用能够发生化学燃烧反应的氢气和氧气作为工质，并寻求使复合工质能够实现爆震燃烧状态，使电化学复合推进可以获得相比电推进更大的气动推力，而电磁力的存在使粒子喷射速度进一步提升，进而使复合推进可以获得相比化学推进更高的比冲；从推力器结构来看，电化学复合推力器采用了类似磁等离子体推力器的同轴电极结构以及有助于爆震燃烧形成的长阳极筒结构，为其兼顾较大推力与较高比冲性能提供了硬件基础；从能量的角度看，电化学复合推进粒子喷射动能来源于化学反应释放的化学能和电源提供的电能，且两种能量的占比与各自贡献的粒子喷射速率也即混合物比冲的二次方成正比。受限于工质的化学能，化学加速过程提供的比冲很难突破500s。因此，在千s量级比冲，电化学复合推进对于电能的节约优势更为明显；从推力方面看，在比冲设计指标确定后，一味追求大推力，意味着所需的工质流量和电能消耗更大，这将增加工质电离和能源供给难度，也很难实现较高的电磁加速效率。综合来讲，电化学复合推进更适合用于提供百 N 甚至 kN 量级推力和千 s 量级比冲。

正是由于电化学复合推进上述技术特点，将使其在未来的载人深空探测、战略载荷的快速投送任务中都具有较好的应用前景。

11.2　相关配套技术

为获得大推力和高比冲指标，电化学复合推进将需要较大功率的电能供应。未来空间应用，除了解决高能量利用效率、长使用寿命、工况稳定性等自身问题外，对相关配套技术的发展也存在一定的依赖。其中，尤以对空间大功率核电源技术、轨道设计技术的依赖更为突出。

11.2.1　空间大功率核电源技术

核能的发现和利用是 20 世纪最具实际意义的科技成就之一。核能具有远高于常规化学能源的功率密度，其卓越的性能优势促使学界与工程界积极探索和研究将其应用于包括航天器供电、地面发电、水下 / 水面舰艇推进等在内的各种领域活动，早在 20 世纪 60 年代美国和苏联两个超级大国就已将核能成功应用于太空。1965 年 4 月，美国成功发射了世界上第一个空间核反应堆电源 SNAP-10A，从此拉开了人类将核反应堆电源应用于太空的序幕。据公开资料报道，迄今为止美国和俄罗斯（苏联）累计成功发射了 38 个装备有空间核反应堆电源的航天器。

随着深空探测任务越来越复杂，航天器距离地球越来越远，采用核动力成为航天器最有希望实现快速和更远深空探测的可靠技术途径。首先，使用化学燃料的航天器推力难以持久，每次发射必须寻找合适的发射窗口，以便利用行星的引力来加速。核动力航天器的推进系统相较于传统化学燃料航天器，能够负荷更大的承载量，以更灵活快捷的方式，进入行星轨道并返回地面。其次，传统太阳电池供电系统远不能满足载人星际航行的能量需求，必须依赖于核电系统的有效稳定供给。进入 21 世纪后，美国将空间核动力的发展瞄准 MW 级及以上的空间核电源、大功率核推进系统。本节将对空间核电源技术的技术特点、类别以及应用规划等进行简要介绍。

（1）空间核电源技术特点及分类

较之太阳电池系统，空间核电源的技术特点及应用优势主要体现在：

① 能量密度大，容易实现大功率（数 kW 至数 MW）供电，在高功率下功率质量比优于太阳电池阵 - 蓄电池组联合电源；

② 其为自主电源，不依赖于阳光，可全天时全天候连续工作，能够在深远空

间、日照阴影区工作；

③ 环境适应性好，生存能力强，可在尘暴、高温、辐射等恶劣条件下工作，具有很强的抗空间碎片撞击能力；

④ 适用功率范围广，可以覆盖 kW 至 MW 及以上的功率输出，可以有效满足航天任务日益增长的能源需求；

⑤ 质量功率比随功率增长而降低，在大功率条件下质量功率比优于太阳电池，且功率越大，质量优势越明显，非常适合于大功率航天任务；

⑥ 无对日定向要求，可设计成紧凑结构，隐身特性及机动特性好，大功率条件下系统体积及结构展开尺寸远小于太阳电池，受打击面积小，非常适用于为军事任务服务。

从电能产生的方式来看，空间核电源大致可分为两类，如图 11.3 所示，一是热电静态转换，二是热电动态转换。它们都是利用冷端和热端间的温度差将热能转换为电能。其中，静态方式是利用某些热电物理效应直接转换；动态方式需要循环工质在热端和冷端间交换热量的同时驱动运动机械切割磁力线做功而将热能转变成电能。前者结构简单、可靠性高，但效率低，适用于小微功率核电源；后者结构复杂，工作环节多，但效率高，适用于大中功率及以上的核电源。热电静态转换一般包括热光伏转换、热电子转换、热离子转换、碱金属转换、磁流体转换；热电动态转换一般采用斯特林循环、布雷顿循环和朗肯循环。其中，斯特林循环和布雷顿循环是当前技术推进的重点，百 kW 级一般选择斯特林循环，而 MW 级一般选择布雷顿循环进行热电转换。

图 11.3　空间核电源技术类别

(2) 基于空间核动力的深空探测计划

20 世纪，美国宇航局曾对空间核电源和太阳电池供电系统进行比较：当发电功率在 10kW 以上时，空间核反应堆的质量功率比要优于太阳电池。到 21 世纪，太阳电池不断发展，太阳能利用效率不断提高，根据目前太阳电池的发展情况，美国宇航局重新对航天器的电源系统进行了比较，并将 20 世纪得出的 10kW 提升到 40kW，认为只有电源系统功率在 40kW 以上时，空间核反应堆的质量功率比才优于太阳电池。但是从整体性能来看，在 40 ~ 100kW 范围内，空间核反应堆和太阳电池各有优势，只有在功率达到 100kW 以上时，空间核反应堆的优势才会明显体现出来。国际原子能机构（International Atomic Energy Agency，IAEA）在 2005 年出版的《核电源及核推进在和平探索太空中的作用》一书中也给出了不同空间电源的适用功率范围及适用任务周期[2]，如图 11.4 所示。对于小时量级的短期任务，化学电池可提供高达 67kWe 的电功率，但当任务周期延长至 1 个月时，其只能为航天器提供 kW 级及 kW 以下电功率，因此化学电池通常服务于短期任务，如执行短期任务的返回式卫星。太阳电池本身不适于提供瞬间大功率输出，其在 10 ~ 50kWe 功率量级最为高效，同时具有较长的使用寿命，因此太阳电池通常服务于光照条件良好、中等功率水平的长期任务，如目前绝大多数长期任务的地球轨道航天器采用太阳电池提供电力。空间核反应堆电源几乎可以为任何寿命周期的任务提供无限制电力供给，然而考虑到其综合效费比，通常将其应用在中高功率（大于 50kWe）需求的航天任务。

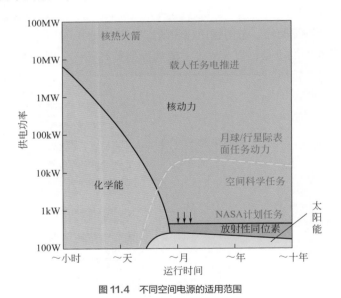

图 11.4　不同空间电源的适用范围

在中国原子能科学研究院苏著亭等撰写的《空间核动力》一书中对空间核反应堆在功率需求为 100kW 及以上的天基雷达系统、天基武器系统、激光通信和先进军事气象等领域的应用进行了详细说明，书中提出：军用卫星的电源系统在满足大功率要求下还应具备电源的独立性、机动性、环境适应性、较强的生存能力和抗打击能力等，而空间反应堆则具备以上特点[3]。除了军用航天领域外，空间核电源在民用领域也将扮演非常重要的角色，主要体现在：

① 轨道间物质运输。

未来我国将建设载人空间站、大型高价值地球同步轨道卫星、在轨维护综合服务站、太阳能电站等大型／超大型空间基础设施，涉及大质量物质轨道间的高效运输问题。传统货运飞船直接向高轨运送货物，需要携带质量占比 40% 以上的化学推进剂，采用 100kWe ～ 1MWe 功率量级的核电推进轨道运输器实施运输，可降低成本 30% 以上，大幅提高了大型空间设施建设和维护效益。

② 深空轨道转移。

未来月球／火星探测与开发，涉及人员与货物运输、地外资源物质返回等任务，对轨道运输提出了高效与快速的要求。其中，物质运输可采用较长运输时间的 100kWe ～ 1MWe 功率量级核电推进方案，人员运输可采用较短运输时间的 300MWt 热功率量级的核热推进方案。美国 NASA 曾对载人火星探测任务进行了分析，结果表明：在相同的飞行时间和等效速度增量下，化学推进、核热推进、核电推进的有效载荷比分别为 17.5%、37.7% 和 47.6%。采用核推进能够显著提高任务有效载荷比，从而提高任务经济性和效能。

③ 外太阳系和太阳系边界空间探测。

木星以外的太阳系探测任务，特别是太阳系边界，甚至更远深空的探测，已无法采用太阳能，必须采用核电源或核推进。围绕深空探测任务，美国于 2002 年提出"普罗米修斯"计划，开发"木星冰卫轨道器"（Jupiter Icy Moons Orbiter，JIMO）任务，拟采用核电推进技术，使用 200kWe 的电推力器作为飞行动力，由核反应堆电源提供电推进系统需要的能源。其中，核反应堆电源采用气冷快堆和布雷顿发电方案，反应堆热功率为 1MW，出口温度为 1150K，系统效率为 20%，系统总重为 6182kg，设计寿命 20 年。主要目标是研发一种较高功率的核反应堆电源，验证核电推进技术潜力，并探测木星的三颗卫星：木卫二、木卫三和木卫四。JIMO 探测器构型如图 11.5 所示，显著特点是一根 43m 长的主支撑杆，发射前为折叠收拢状态。主杆用于安装散热板，同时也将科学载荷部分与反应堆隔离。主推进为安装在两个可展开的推进板上的两组共 8 台电推力器，比冲大于 6000s，寿命大于 7 万小时。

俄罗斯于 2009 年提出研制 MW 级核动力航天器。该航天器由核电源系统供电，支持电推进系统实现载人深空探测等任务。空间核电源采用气冷快堆和布雷顿发电方案，其中 4 个布雷顿发电机两两对置布置，反应堆热功率为 3.5MW，系统输出电功率为 1MWe，系统效率为 28.6%。电推进系统比冲为 7000s，预期最高转换效率为 34%，飞行轨道高度为 1200km，于 2012 年完成初步设计，预计 2025 年实施在轨飞行。

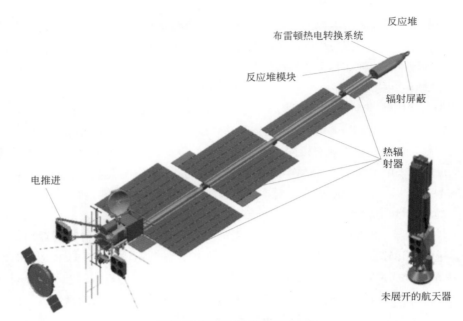

图 11.5　美国 JIMO 探测器方案示意

11.2.2　轨道设计技术

轨道机动（Orbital Maneuvers）是指航天器主动地改变飞行轨道的过程。无论是载人深空探测还是大型战略载荷的任意投送任务都包含轨道机动过程，都离不开对轨道动力学的研究和轨道的设计与优化。在轨道动力学研究的初期，由于研究对象是自然星体，没有控制力的介入，采用观测的方法，开普勒定律给出了完美的表达。随着空间应用领域的扩展，对轨道机动就有了新的要求，不乏出现主动改变飞行轨道的任意机动。对于此类机动，基于开普勒定律的脉冲变轨、霍曼转移等已无法胜任。任意的轨道机动要求控制与动力学深度交融，必须采用非开普勒的理论与方法，轨道的设计与优化将更加复杂。对于这类轨道设计理论，本书将不展开讨论，感兴趣的读者可自行查阅相关文献进行学习。

参考
文献

　［1］NASA. Forward to the Moon：NASA's Strategic Plan for Human Exploration［R］. NASA，2019.

　［2］王钊，夏陈超，康志宇. 模块化核动力航天器设计及其关键技术［J］. 上海航天，2019，36（6）：141-147.

　［3］苏著亭，杨继材，柯国土. 空间核动力［M］. 上海：上海交通大学出版社，2016.